天天理财

一生不可错过的6次理财机遇

BTV 北京电视台
《天天理财》栏目组

中国華僑出版社

天天理财

Preamble 序言

我与财经的不解之缘

北京电视台《财经频道》副主任　杨晓轩

时光如流，岁月如梭，今年已然是我在新闻战线工作的第二十个年头。静心回眸，这二十年时间，竟与财经领域有着割舍不断的联系。

1990年，懵懵懂懂初涉媒体行业，我便进入了当时的北京日报社财贸新闻部。从此开始了与“财经报道”的缘份。此间，我采访的范畴包括外经外贸、商业、餐饮、旅游、金融、保险、财政、物价、工商、税务等多个领域。当时平均每月2万字的见报稿件不免青涩，但凭借老师们的悉心点拨和自己的努力，几乎月月都有头版头条。可以说，我们这一代财经记者非常幸运，目睹了国家改革开放逐步走向深入的进程。

我于1992年采写的《人民大会堂进军“三产”》是一条极具象征意义的新闻，从新闻中人们可以强烈地感受到，昔日的神秘殿堂迈下高台阶融入改革开放的步伐；《35家小吃店是怎样“放”活的》这篇通讯浓缩了国企改制的艰难和凤凰涅槃后收获的喜悦；《“京酒”现象的启示》记录了国企转变传统的销售理念、实现工商联手开发产品推向市场的新模式……作为纸媒财经记者，我收获的不仅是各种奖项，更是锻造了在社会变革的时代背景下对财经热点、焦点问题的捕捉判断能力和思考问题的方式。

1997年7月，我阴差阳错进入电视媒体。在参与制作电视专题节目时，让我有了与财经大鳄近距离接触的机会。我曾陆续采访过紫檀大王——陈丽华、企业家——玉柴机器的董事长王建明、江民杀毒软件的创始人——王江民等风云财经人物，在展现他们光鲜成功的背后，我力求为观众寻找到他们身上对待失败和困苦从不屈服的精神，这才是他们的核心竞争力。

2003年以来，我先后在电视财经资讯类和专题类栏目担任副制片人、制片人，为栏目确立了财经资讯新闻不是强调“说什么”，而是强调“怎么说”，怎么“从经济角度说”——用脱口秀的方式展现每条经济新闻消息不同的角度。栏目的收视连创新高，日渐成为品牌栏目，多次被评为全国财经节目的创优栏目。

做财经节目的时间越久，我越清晰地意识到，把财经与观众紧密结合的秘诀，仅有一字——“小”。小之谓：百姓关心，观众视角，平民解读。无论是新闻还是专题，须臾不得偏离观众，唯有贴近观众，才能实现传播信息、解读新闻的媒体价值。

如今，财经类节目走下神坛、走向民间的最直接途径，是理财。随着全民理财时代的到来，与理财热相伴而生的，是理财信息的泛滥和理财误区的蔓延。作为媒体人，我深感百姓对理财知识的迫切需求，仅以本书，梳理多年来的理财节目精华，为大家奉上一些实质有效的理财知识，让理财真正惠泽于读者。

Contents 目录

规划篇

受益一生的理财规划

第一章
谋划自己一生的财富辉煌

要圆一个美满的人生梦，除了要有一个好的人生谋划外，也要懂得如何应对各个人生阶段的生活所需。一生中投资理财讲求以一个投资方针规划贯穿整个人生计划，各项投资相互联系不能孤立起来看，必须了解每一个投资项目在整个人生理财计划当中所占的地位、所扮演的角色。

第二章
一生理财的投资战略

人生是一个漫长的过程，我们根据各个年龄段的不同需求，明确地做好一生的理财规划，也便于我们有序地开展理财行动。理财战略是整个人生理财过程的起点，只有拥有合理的理财规划才能使理财实现个人（或家庭）的愿望，将自身所拥有的各种资源投入到未来理财的过程中事半功倍，从而保持人生理财的高效与规范。

第三章

一生理财的战术技巧

怎样选择自己的理财品种、理财方式，要结合经济的走势，也应结合自己家庭情况、年龄、性格、职业、收入等等方面具体情况综合考虑，切勿盲从。选好产品，做好投资组合，是获得长期稳定收益的根本途径。建立合适的投资组合能让不同类型的投资取长补短，让投资组合更好地满足多样化的财务需求，帮助投资人以时间换空间，稳定地获得长期增值。我们每个家庭要根据自己或家庭的实际情况选择适合自己的理财组合，相信成功终将会属于你。

第四章

时刻防控的理财战术调整

既然投资市场有多种形态，那么投资一定要做不同的投资组合，才能规避风险达到利润最大化。必须判断行情是熊市、牛市还是长熊市、长牛市。与此同时，伴随着年龄增长，理财规划、理财目标和理财策略也有所不同。因此，一生理财并不是一个固定不变的公式，投资者要根据不同情况调整投资组合。故此要以理性投资应对市场不确定性也要灵活地掌握。投资者可采取不同的策略应对市场的变化，见招拆招最重要！

Contents
目录

技巧篇

受用一生的理财技巧

第五章 让专家为你设计赚钱的方略

基金，尤其是开放式基金，是国内投资市场的绝对主力和当然主角，也是大多数投资者首选的对象。了解其投资的策略，掌握对其投资的技巧，是选择基金的必修课。只有熟知了基金的操作技巧，才能得心应手地驾驭和掌控基金投资。

第六章
买房赚钱的理财投资技巧

在投资理划众多规划目标中，最现实、最迫切的目标就是房地产投资。房地产理财时间最长，可跨越人生理财后半生，花费的投资在你的理财规划中应该占据1／3的资产。购房是大多数人一生当中最大的一笔消费。在众多的投资理财中，房产可能创造更多富翁和使普通大众致富，可以说，房产是创造和积累财富的最好途径之一。只要具备相应的知识、资金和经验，充分利用这一理财工具，买房理财致富绝不是梦。

Contents 目录

第七章

找到防止未来忧虑的“保护伞”

保险不仅可以积累现金价值，还可以提供偿债能力，当投保人遇到风险且没有时间在未来的岁月中继续增加收入以偿债的情况下，保险是唯一可以立即创造财富的法宝。“天有不测风云，人有旦夕祸福”，所以说保险投资已成为当今家庭不可或缺的理财范畴，保险就像是把保护伞，可以使投资者未雨绸缪。保险投资不仅能防范不测，而且还能将经济风险转移出去，从而给自己一份有效的保障。这时我们不得不承认保险是家庭经济生活的稳定器，更是家庭理财中最基本的避险保障。

第八章
理财风险和收益的博弈

股票投资者要想使自己的投资获得成功，必须掌握股票投资的基本策略，依据一定的策略去指导和实施自己的投资。时代在变，观念在变，投资技巧也在不断变化。投资虽讲究“天分”，但也不能只靠“天分”，而要积累经验，不断学习新的投资技巧。每日学一点，每日改进一点，才能在投资市场取得优势，赚钱多而亏钱少。

Contents
目录

第九章

人生理财武器“大阅兵”

多数投资者投资失败可能因为不知道如何利用众多令人眼花缭乱的投资工具达到“以钱生钱”的致富目的，只要熟练掌握几种常用投资工具并加以正确的运用，也可能创造财富。由小钱变大钱的过程中，资本在不断地积累，只要你善于游刃有余利用多种理财途径，你便可从一个普通老百姓变成富翁。

操作篇

享用一生的理财策略

第十章
把握一生中的第一次理财机遇
——单身期(参加工作到结婚前2~5年)

理财概要:没有家庭负担,精力旺盛,要为未来家庭积累资金。重点是寻找高薪工作,打好基础。也可进行高风险投资,积累经验。年轻人的保费相对较低,可为自己买点人寿保险。就让自己赢在起跑线上吧。

专家支招:可将积蓄的60%用于投资风险大、长期回报高的股票、基金等金融品种;20%选择定期储蓄;10%购买保险;10%存为活期储蓄,以备不时之需。

理财优先顺序:节财计划——资产增值计划——应急基金——购置住房

第十一章

把握一生中的第二次理财机遇

——家庭形成期(结婚到孩子出生前1～5年)

理财概要:家庭消费高峰期。经济收入增加，生活趋于稳定，但需要支付较大的家庭建设费用，如购买一些较高档的生活用品、还购房贷款等。理财重点应放在合理安排家庭建设的费用支出上，稍有积累后，可选择一些较激进的理财工具，如偏股型基金及股票等，为构筑幸福家庭的基石。

专家支招:可将积累资金的50%投资于股票或成长型基金;35%投资于债券和保险;15%留作活期储蓄。

理财优先顺序:购置住房——购置硬件——节财计划——应急基金

第十二章
把握一生中的第三次理财机遇
——家庭成长期(孩子出生到上大学9~12年)

理财概要:最大开支是子女教育费用和保健医疗费等。随着子女自理能力增强,父母可根据经验在投资方面适当进行创业,如进行风险投资等。购买保险应偏重于教育基金、父母自身保障等。

专家支招:可将资本的30%投资于房产;40%投资股票、外汇或期货;20%投资银行定期存款或债券及保险;10%活期储蓄,以备家庭急用。

理财优先顺序:子女教育规划——资产增值管理——应急基金——特殊目标规划

第十三章

把握一生中的第四次理财机遇

——子女大学教育期(孩子上大学以后4～7年)

理财概要:子女的教育费和生活费猛增。对于积累了一定财富的家庭来说,可继续发挥理财经验,发展投资事业。而未富裕起来的家庭,应把子女教育费用和生活费用作为理财重点。

专家支招:将积蓄资金的40%用于股票或成长型基金的投资,但要注意严格控制风险,40%用于银行存款或国债,以应付子女的教育费用;10%用于保险;10%作为家庭备用。

理财优先顺序:子女教育规划——债务计划——资产增值规划——应急基金

第十四章

把握一生中的第五次理财机遇

——家庭成熟期(子女参加工作到父母退休前约15年)

理财概要：经济状况达到最佳状态，子女生活独立，家庭负担逐渐减轻，最适合积累财富，理财重点应侧重于扩大投资。进入人生后期，不宜过多选择风险投资的方式。还要存储一笔养老金，为晚年安康奠基。

专家支招：将可投资资本的50%用于股票或同类基金;40%用于定期存款、债券及保险,10%用于活期储蓄。风险投资比例应逐渐减少。

理财优先顺序：资产增值管理——养老规划——特殊目标规划——应急基金

第十五章

把握一生中的第六次理财机遇

——退休期(退休以后为老年生活穿上保护服)

理财概要：子女已经自立门户，要以安度晚年为目的，最好不要进行风险比较高的投资，尤其不能再进行风险投资。要以比较保守稳健的固定收益类投资，以防影响幸福的生活。

专家支招：将可投资资本的10%用于股票或股票型基金；50%投资于定期储蓄或债券；40%进行活期储蓄。

理财优先顺序：养老规划——遗产规划——特殊目标规划——应急基金

引言

全民理财的时代已经到来

目前，整个社会进入了全民理财的时代。学习投资理财不仅是理财的基础，更是一种生存方式！一些城镇居民的家庭资产组合已由单一银行存款，逐步被股票、基金、房产、黄金、保险等更多金融资产组合所取代。许多人突然间发现，周遭的人们都已加入股民、基民大军，而自己变得落伍了。

如今，人们的收入成倍增长，生活越来越好，越来越富裕。但是，随着今后不断高涨的通货膨胀和飙升的房价，都迫使我们进一步去关注理财。聪明的投资者可能早已发现，这是一个理财致富的时代。自此国人对个人和家庭投资理财的认识经历了一个重要的拐点。

理财已经成为多数人追求的目标和茶余饭后的热门话题，很多人明白了"你不理财，财不理你"的道理，于是一场"钱"生"钱"的战役就此展开。在现实社会里，我们需要掌握这个生存技能。"吃不穷，穿不穷，算计不到就是穷"，这句老话就很形象地阐释了理财的重要性。

一生当中，需要花钱的地方很多。结婚、孩子、教育、养老……我们无法预料到未来。但我们要做的就是未雨绸缪，就是通过理财规划自己的人生。理财是通过对个人收入、资产、负债等数据在分析整理的基础上，依据个人对风险的偏好和承受能力，结合预定理财目标多种手段管理资产和负债，合理安排资金。

现今的中国，可借助绝大多数国人对财富追求的强烈愿望这一大好契机，通过科学的、系统的、锲而不舍的财富观的教育，从而确立现代化的理财观。财富思想的启蒙，对国人而言，不仅是一个追求财富的问题，更是一个深度的思想解放问题。因此，凭借人们追求财富情绪的引导，重建陷入迷茫的社会财富价值体系是必要不可少的。

总体来说，投资理财并不复杂，理财第一是保值，第二是增值。当今形势下，人们对于自己的财产，与其说是期待增值，不如说是害怕贬值。对于“不进则退”的担忧，让更多的人卷入理财潮流之中，被推着往前走。最重要的是树立正确的投资观念，摒弃不良投资习惯。要想进入投资市场掘金挖银，仅有愿望是不够的。那些经历投资市场炼狱的人都知道，只有通过分析看清楚了投资市场的基本面和技术面，才能规避风险，才会有胜算的把握。投资市场要结合经济形势和投资市场基本面进行分析。国家经济发展的区域布局会有哪些变化?产业结构调整走向如何?利率、汇率、印花税率的变动是利多还是利空?上调存款准备金会对投资市场造成什么影响?

时下，有的人由于怕麻烦不愿意理财，守着收入过日子。但他们没有想过当意外、疾病、养老等事袭击时，工资收入很难保障他们的生活。省去一时的麻烦，将来有可能面对的就是生存的麻烦。而有些人把理财当作发财致富的灵药，不顾自身能力盲目投资，可能不是发财而是破财。所以说，理性健康的投资观念，才是最重要的。

投资是自己的事，买什么股票，买哪只基金，买何种保险，最终的投资决策都只能自己作，别人只能提供建议。即使他们再有名气，或者如何在您面前信誓旦旦，稳赚不赔，对您来说都只能作为参考。不是因为他们不可信，而是市场太狡猾，太不可预测。曾有人组织美国最著名的100位经济学家对未来半年的经济走势作出预测，结果只有一半人对。专家如此，遑论他人?经济活动太复杂，影响因素太多，人们往往是管中窥豹，挂一漏万，况且很多经济运行的本质直到今天还没有被认清，要预言得中谈何容易?此外，市场上还有劝您买这买那的“股评家”、“投资顾问”和“理财专家”，他们从自身利益出发，自然不免有“王婆卖瓜，自卖自夸”的嫌疑。如果因无知而受其蛊惑，损失的可就是自己了。因此，靠道听途说，专营内部消息或者完全依靠他人都是不可取的。纵然一时得利，取得不错的业绩，终归也只能是旁门左道，难以持久。因此，个人在投资时，需要明确各种利益关联，不要被人忽悠。您自己的高含金量的头脑才真正是日后畅行理财世界的通行证。

其实投资也并非您想象的那么高不可攀。而基本功的精髓就在于:股票、基金等各投资品种如何运作；政府如何做出升降息等各项宏观调控政策，它们又如何影响你的投资收益；券商、基金公司、保险公司和QFII等投资机构在整个资本市场中到底扮演何种角色，它们和投资者之间存在着何种博弈关系……只有了解了这些，你才能在决策时成竹在胸。不被市场和他人牵着鼻子走。“无知者无畏”是投资最忌讳的。莽撞投资或者完全听信他人的投资者，最终大多落个上当受骗、血本无归的结果。事实上，只要这个世界上还有贪欲，还有无知，这类故事就永远会继续演绎下去。其实我们可以尽量避免此类事情发生的。至少，可以自己做此功课，学些理财知识，在投资决策前好好想一想，冷静判断，就可以做到。

理财成败取决于决定买卖那一刻的决策，这需要扎实的基本功。一旦具备投资能力，有一个良好平和的投资心态，投资也是简单轻松的。它不需要您起早摸黑，不需要您时刻盯盘，不需要您战战兢兢、如履薄冰。就让我们系统了解理财，站在理财高起点，为我们提供一套极富针对性的反省和提升工具，助我们在更高层面进行组合投资，分散风险。

本书从实用角度出发，内容更全面细致，更贴近生活，更紧跟时尚，还吸收了国内外新颖的理财观念，结合国人的消费习惯和收支情况，介绍了很多新的理财方法，全面探讨和剖析了现代社会个人和家庭的财务规划，涉及收支预算、置业安居、子女教育等诸多方面，可谓涵盖人的一生。同时，还论述了最常用的理财工具，从房产、股票、基金、外汇、期货、债券到教育投资、保险规划、养老规划和储蓄等等最主要的理财方法；提供了针对不同人群量身定做的理财规划和一些值得借鉴的理财案例；分析了如何规避风险，让理财进行得更理性、更安全。不论你是刚刚步入职场的新人，还是久经职场的成功人士；不论你是工薪家庭的新婚夫妇，还是颐养天年的老夫老妻，相信本书可以为你提供便利的适合的有效的投资理财策略，具有很强的理财战略指导意义。

希望本书能帮投资者树立正确的理财观念，搭建适合、系统全面的理财分析框架。这样，就可以分析当前的经济形势和理解国家的各种货币、财政政策，明了股票涨跌的实质和原因。从而真正能用一副过硬的“理财脑”去作投资决策；从而在金融投资实践中做到“运用之妙，存乎于心”。这个过程可能很漫长，但有了正确的方法自然可以不断修炼、不断进步。帮您把握时代脉搏，发掘创业商机，共济财富自由。

规划篇

受益一生的理财规划

人的一生是个漫长的过程，要想一生幸福美满，要有一个好的人生谋划，也要懂得如何应对六个人生阶段的生活所需。投资理财讲求以一个投资方针、规划贯穿整个人生计划。所以，善于计划自己的未来需求对于理财很重要。

一生中根据自己的需求和风险承受能力考虑收益率。高收益的理财方案不一定是好方案，适合自己的方案才是好方案，因为收益率越高，其风险就越大。适合自己的方案既能达到预期目的，又能使风险降低到最小，不要盲目选择收益率最高的方案。

在自己的资产里做资产分配，然后是投资品种、投资时机的选择。与此同时，伴随着年龄增长，理财规划、理财目标和理财策略也有所不同。因此，一生理财不是固定不变的，投资者要根据不同情况适时调整投资组合。故此要以理性投资应对市场不确定性也要灵活地掌握。投资者可采取不同的策略应对市场的变化，见招拆招最重要！

理财其实是一项全面而长期的人生财务规划，经济环境的好坏并不是我们决定是否理财的理由。同时，专业的理财规划包括现金规划、消费支出规划、教育规划、风险管理和保险规划、税收筹划、投资规划、退休养老规划、财产分配与传承八方面的内容。

第一章

谋划自己一生的财富辉煌

要圆一个美满的人生梦，除了要有一个好的人生谋划外，也要懂得如何应对各个人生阶段的生活所需。一生中投资理财讲求以一个投资方针贯穿整个人生规划，各项投资相互联系不能孤立起来看，必须了解每一个投资项目在整个人生理财计划当中所占的地位、所扮演的角色。

人生需要有自己的投资计划

有人说，投资不需要什么计划，但事实并非如此，没有计划的投资，大多是失败的投资。投资讲求以一个投资方针贯穿整个计划，各项投资相互联系不能孤立起来看，必须了解每一个投资项目在这个计划当中所占的地位、所扮演的角色。

投资的具体操作很简单，很多投资基金的投资者，甚至不必去证券所，只要相信基金公司的管理，把资金交到他们手上，付给其一定数额的管理费，他们就会把资金集合起来，作全面性的投资，就可以赚取钞票。

例如，在整个投资计划中，你可以主要倾向于低风险。那么，大部分资金便都应该放在低风险而回报比较稳定的项目上，如债券等；可部分选择风险稍高的，如可选择前景看好的新兴创业板上市的科技股。只有这样的计划，投资者才能规避风险。

投资计划若采用高风险的策略，保本的投资比例便会比较少，资金的大部分集中在高风险的项目中。这些投资看准了便可以赚大钱，但看错了就可能全部输掉。投资者应给自己留一些后路，譬如，在手中预留大量现金，可以随时调用。这也是一个投资计划，没有这个计划，投资血本无归时，后果是难以想象的。

投资计划也包括每一项行动中的细节，例如，止亏点的价位，止赚点的价位，什么时候该买入，什么时候应该出货等，都应该在入市之前有详尽的分析和结论。

投资计划是帮助你增加投资胜算的。没有计划，投资就像航行在海上的船没有指南针一样，船最终漂流到哪里，事前没有人能知道。有了计划，投资就像有了掌舵人，有了前进的方向，知道自己下一步将会怎样发展下去，还差多少达到目标，离成功还有多远，以及还需多少资源，之后就可以按照需要逐步实现自己的目标。

人生要有明确的投资目标。

假设你现在月收入5000元左右，有近10万元的资金可以投资，你会选择先买房，还是购买轿车?或者自己创业?换句话说，你会怎样运用这10万元进行投资呢?

也许你想在三年内拥有一套50万元的房子。房子首付金需要10万元左右，这正好是你拥有的，但问题是你得考虑以后的按揭资金、生活消费、工作是否会有变动等可能出现的问题。

投资目标直接决定了你的风险承受能力，也就是说一旦该笔资金出现亏损甚至血本无归，能给你带来的最坏的后果是什么。如果损失的后果非常严重，是你根本无法承受的，那么这个投资目标就是完全不可取的。如果你很年轻，刚刚开始积累资金，除了单纯的资金升值，对该笔资金并没有特殊的计划，你很愿意用它来检验你的投资能力以得到获取最大收益的可能性，那么说明你的风险承受能力较强，适合你的投资方式是比较激进、高风险、高回报的投资品种。当然，如果你对这笔资金有一定的计划，如为孩子准备的教育资金，或者为退休以后准备的养老金，那你对资金的稳定性和增值能力都有一定要求，你便是典型的稳健型投资者，需要进行长期风险相对较低、回报稳定的投资，从而获得最佳、最安全的投资收益。另外，你还应注意的一个问题是，你的投资期限，一般情况下，这与你的投资目标有关，当然也可能因为你生活中的特殊需要决定，它直接决定着你投资的流动性。

同样的10万元资金，投资一年与投资十年的意义显然不同，当然所获得的收益也会大不相同。例如你的资金在三五年内用不着，你希望用其投资而获得相对稳健的投资收益，则可以考虑短期国债等；但如果你的资金属于生活备用金，需要随时提取应付不时之需，你就应慎重对待你的投资计划，一些需要签订几年投资协议、放弃资金使用权的投资方式显然就不适合你了，你应该考虑股票、基金等容易变现的投资品种。

投资期限与收益率存在着一定的相关性，尤其是一些长期投资项目，如信托等，由于在较长的一段时间内放弃了资金的使用权，同时也放弃了利用这笔资金获得更大收益的权利，而且，你还需要承担长期内利率上升、通货膨胀等各种因素带来的实际收益率下降，因此此类投资品种的收益率一般都要比同类短期投资品种高。

确定投资组合的目标。根据投资者运用投资组合所要实现的投资目标是保值还是增值，投资组合目标具体又可分为：

1.理财获取高收益

一些投资者由于具有冒险的精神、乐观的心态、雄厚的资金和熟练的技巧，他们将获取高收益作为投资目标，因此他们不满足于平均投资收益，敢于迎接高风险的挑战，放手搏击一番，能成功地实现目标，也能跌倒了爬起来继续往前冲。但是，大多数人不能够承受高风险，获取高收益，对于他们而言，一般都不会以这种不现实的目标作为自己投资组合的目标。

2.收入的稳定增长

一些投资者迫切地希望自己的投资能够给自己带来一笔稳定的收入，以补贴目前的生活所需。由于这类投资者自有资金较少，承受风险的能力有限，暂时又没有能力购买房地产和进行实物投资，拥有一笔稳定、可靠的补贴收入对于他们的生活十分重要，因此，其所选择的投资对象多以安全、稳妥为首，如储蓄、债券投资等。同时，对于这类投资者而言，将稳定的收入积累起来，又可以形成一笔较大的资金，用于再投资，谋取更多的利益。通过这种渐进的投资方式，可实现投资资本的持续增长。

3.保持资金安全，使其不受损失

投资者最基本的投资目标就是能收回本金。如果在投资期间部分本金或全部本金损失，那么不但失去了投资收益，而且连以后投资的机会也会减弱甚至丧失。

仅就保持资金安全这一层意思来看，投资工具中储蓄、债券，特别是国债是很稳妥的，到期能够收回本金和利息。然而由于在整个投资期间其收益基本固定，若到期时发生通货膨胀，并且通货膨胀率超过了收益率，此时收回的本息实际价值已不如以前了。而诸如珠宝、古玩、房地产等投资对象则因其资源的稀缺性，不但能够保证本金货币数额的收回，其实际价值还会随着时间不断增长。因此，投资者在保持资金安全的时候应着重考虑通货膨胀因素。

投资者在确定投资目标之前，一定要弄清楚自己是属于哪一类型的投资者，然后再根据资金实力、投资能力等确定适合自己的投资目标。

选择适合自己的投资组合。

投资者在确定了合适的投资组合目标后，接下来的事情就是选择适合自己的投资组合模式。投资者进行的投资应该是一种理性投资，以不影响个人的正常生活为前提，把实现资本保值、增值、提升个人的生活质量作为投资的最终目的。因此，个人投资首先必须使财产、人身有一定保障，无论采取什么样的投资组合模式，无论比例大小，储蓄和保险都应该是个人投资中不可或缺的组成部分。

由于投资者类型和投资目标不同，一般个人投资组合可以分为三种基本模式：

1.冒险速进型投资组合

这一投资组合模式适用于那些收入颇丰、资金实力雄厚、没有后顾之忧的个人投资者。其特点是风险和收益水平都很高，投机的成分比较重。这种组合模式呈现出一个倒金字塔形结构，各种投资在资金比例分配上大约为：储蓄、保险投资为20%左右，债券、股票等投资为30%左右，期货、外汇、房地产等投资为50%左右。

投资者要慎重采用这种模式，在作出投资决定之前，首先要正确估计出自己承受风险的能力(经济和心理承受能力)。对于高薪阶层来说，家庭财富比较殷实，每月收入远远高于支出，那么，将手中的闲散资金用于进行高风险、高收益组合投资，更能见效。由于这类投资者收入较高，即使偶尔发生损失，也容易弥补。

2.稳中求进型投资组合

这一类投资组合模式适用于中等以上收入，有较大风险承受能力，不满足于只是获取平均收益的投资者，他们与保守安全型投资者相比更希望个人财富能迅速增长。这种投资组合模式呈现出一种锤形组织结构。各种投资的资金分配比例大约为：储蓄、保险投资为40%左右，债券投资为20%左右，基金、股票投资为20%左右，其他投资为20%左右。这种组合模式具有和“锤”一样的特征：由于有“锤柄”，能够使“锤头”的力量增强；“锤柄”断了，也不会对“锤头”产生巨大的影响，“锤头”依然坚不可摧。

这一投资模式适合以下两个年龄段的人群：从结婚到35岁期间，这个年龄段的人精力充沛，收入增长快，即使跌倒了，也容易爬起来，很适合采用这种投资组合模式；45~50岁之间，这个年龄阶段的人，孩子成年了，家庭负担减轻且家庭略有储蓄，也可以采用这种模式。

3.保守安全型投资组合

这一类投资组合模式适用于收入不高，追求资金安全的投资者。保守安全型投资组合具有以下特点:市场风险较低，投资收益十分稳定。其选择基本上是一些安全性较高，收益较低，但资金流动性较好的投资工具。

保守安全型的投资组合模式呈现出一个正金字塔形结构。各种投资的资金分配比例大约为:储蓄、保险投资为70%(储蓄占60%，保险10%)左右，债券投资为20%左右，其他投资为10%左右。保险和储蓄这两种收益平稳风险极小的投资工具构成了稳固、坚实的塔基，即使其他方面的投资失败也不会危及个人正常生活，不能收回本金的可能性较小。

以上几种投资组合只是具有典型代表性的模式，分别反映出高、中、低三种投资目标层次。那么，在实际操作中，各种投资工具选择及其比例并没有严格的限定，也没有必要尝试每一种投资工具。投资者主要是根据自己的实际经济状况，确定适合自己投资计划的资产组合模式，适当增加或降低风险及收益水平来增强计划投资的安全性。

专家点金

投资计划是帮助你增加投资胜算的。没有计划，投资就像航行在海上没有指南针的船一样。有了计划，投资就像有了掌舵人，有了前进的方向，知道自己下一步将会怎样发展下去，还差多少达到目标，离成功还有多远，以及还需多少资源、多少努力才会成功，之后就可以按照需要逐步实现自己的目标。

财富人生靠规划：如何设计理财人生

理财规划的核心就是资产和负债相匹配的过程。资产就是以前的存量资产和有能力获取的收入，负债就是如赡养父母、抚养小孩等家庭责任。让你的资产和负债进行动态的匹配，这就是个人理财最核心的理念。

理财规划主要包括以下几个步骤:

第一步，对自己的资产状况进行盘点，包括存量资产和未来的预期收入，知道有多少财可理，这是最基本的前提。

第二步，对理财目标进行设定。需要从具体的时间、金额和对目标的描述等方面定性和定量地理清理财目标。

第三步，弄清风险偏好是何种类型。不要作不考虑任何客观情况的关于风险偏好的假设，如有的人把钱全部投入股市，没有考虑到家庭责任，这个时候他的风险偏好就偏离了他能够承受的范围。

第四步，对资产进行战略性分配。将所有资产作资产分配，恰当选择投资品种、投资时机。

圆梦人生，需要有一个好的人生目标规划，更要懂得如何应对各个不同的人生阶段的生活所需，从而拟订符合自己的理财规划。

1.成长阶段:成长阶段主要以求学、完成学业为主要目标，这一阶段应尽可能了解有关投资理财方面的知识，逐渐建立正确的消费观念，避免盲目追赶时髦。

2.初入社会阶段:这一阶段逐步走向经济独立，可在已有的理财知识的基础上开始实务理财操作，主要从开源节流、有效运用资金方面进行理财。此阶段理财，既要抓住这一储备资金的好时机，又要避免急躁、冒进。

3.成家立业阶段:此阶段的理财目标因条件及需求不同而各异，如果有较强的投资能力，又无负担，可试着从事高获利性及低风险的组合投资；如有小孩等家庭负担的就得兼顾子女养育支出，宜采取稳健、高获利性的投资方式。

4.中年阶段:这一阶段家庭成员增加，生活开销也渐增，理财的重点在于子女的教育储备金。此时因工作经验丰富，收入相对增加，所以投资宜采取组合方式。

5.中老年阶段:这个阶段子女经济独立，负担减轻，理财目标包括医疗、保险项目的退休基金。因面临退休，资金也已累积一定数量，可适当投资，投资时要以“保守”为主，不可过于冒险。

6.退休阶段:此阶段财务比较宽裕，但休闲、保健费的负担仍大，享受退休生活的同时如有财可理，则理财应采取“守势”，以“保本”为目的，尽量避免从事高风险的投资，以免影响健康及生活。

那么，如何制订合理的投资计划呢?

1.选择适合自己的投资方式

投资方式的选择应视个人情况而定，因为投资最终是自己的事，赚了放入自己腰包，赔了当然得自己负责。因此，投资一定要有自己的主见，不能盲目从众，以免赔了之后怨天尤人。

许多投资者从众心理极强，见到别人投资赚钱了，便也跟着买进、卖出，偶尔可能赚些小钱，但费时费力不说，动作稍微慢点，就可能被套或者割肉赔钱。

一个成功的投资者，应根据自己的实际情况选择合适的投资方式。比如说：那些喜欢刺激，把冒风险看成是生活的一个重要内容的人，可选择投资股票；拥有坚定的目标，讨厌变化无常的生活，不愿冒风险的人，可选择投资国债；对于干劲十足，相信自己的未来必须靠自己的艰苦奋斗的人来说，投资房地产是一个不错的选择；对在生活中有明确的目标，信心坚定的人来说，最好选择储蓄；生活严谨，有板有眼，不期望发财，满足于现状的人，则可选择投资保险；审美能力强，对时髦的事物不感兴趣，对那些稀有而珍贵的东西则爱不释手的人，宜投资收藏。

当然，还有期货、外汇等投资品种，投资者在选择时，应结合自己的专长，不可强求。有的人喜欢买国债，认为买国债保险，收益也较高；有的人喜欢做房地产，认为房地产市场套数多、空间大、有意思；还有的人喜欢收藏钱币、古董……

必须说明一点，喜欢与擅长是两码事。喜欢什么投资，或者认为什么投资好，除了选准投资对象有无投资价值外，一定要注意自己的兴趣和专长。有的人投资房地产如鱼得水，但投资股票却连连亏损。可见，投资者首先必须认识自己、了解自己，然后再决定投资什么、如何投资。投资者只有从实际出发，脚踏实地，发挥自己的所长，选择适合自己的投资方式，才能得到较好的回报。

2.有明确的投资目标

人们都懂得这样一个道理：在股市上都希望“低进高出”。但是，每个投资者的投资目标却不尽相同，我们总结股票投资者的投资目标，大致可分为以下几种类型：

（1）追求最高的股息收入。

（2）获取最大的利润差价。

（3）期望掌握上市公司的经营权或参与经营。

（4）着眼于上市公司的资产或闲置土地。

（5）为控制上市公司的股权以达到某种个人目的。

不论投资者有哪种投资目标，他们都会以自身条件为依据，确定一个具体的投资目标，以便在风险既定的条件下使收益达到最大程度，或者在收益既定的前提下使风险降至最低。由于市场情况异常复杂，投资者的自身条件各异。为此，投资者通常会选择一种将投资分散以减少风险、增加收益的证券投资组合来实现自己的目标。

由于每个人的背景和情况有很大的不同，致富的目标和计划也是不同的。但是，无论如何，目标必须是长期的、具体的和远大的。要有总体目标，也要有分期目标，以便分步实施。制定目标的首要问题是标准有多高，如果指标太高，长远来看，它会打击投资人的信心，甚至导致最终失败。应该说这样的计划设计和目标的确立，都是根据个人的情况而定的，越切合个人的实际，其实施的可行性就会越高。

成功的投资计划一般具有以下几个共性：

最好的投资计划是简单的，简单的计划容易实施。这对开始投资的新手来说很重要，简单的计划还比较容易坚持。

最好的投资计划是能有针对性地满足你自身的目标，就是说它能充分满足个人投资的需要。

最好的投资计划是具体的，比如，“节省每笔薪水的10%”比“存储我每周能省下来的”更好。

3.确保“后方”安全

正所谓“狡兔有三窟”，狡猾的兔子有三个窝。因此，可以防止狐狸的侵袭。虽然它有三个窝，若不提高警惕，也会成为狐狸的美餐，但至少有三个窝的安全性要相对高一些。

投资的道理也是一样，如投资者仅有一笔资金，若这笔资金发生了问题，就会周转不灵，不能坚持下去，要是求全，便只能平仓止亏，把损失固定下来，当然，这也失去了反败为胜的机会。

在投资市场上这种情况经常发生。投资者若能坚持下去，也许只是多坚持一会儿，就可以赢利，但偏偏周转出现了问题，不得不暂停投资，这是一件很痛苦的事。若事后证明，能多坚持一会儿就可以突破难关、反败为胜，那么可想而知投资者会多么后悔。

成功的投资者，都会给自己准备几笔后备资金，然后将资金进行分配，有前有后，分配成多笔资金，部分用来保本，做一些稳健低风险的投资，部分可冒稍高的风险，小部分用作高风险项目。有进取的，有保本的，有攻有守，有前有后，形成一套完整的投资计划。

保本的投资安全性相对较高，回报较稳定，可作为高风险投资的后盾，一旦高风险项目出了问题，还有保本的资金支持。例如，炒股失手，损失了一笔，但还有后备金，可以在保本的资金里，拨出一些补充，继续再战。反过来也一样。若高风险的投资顺利，赚了大钱，则可以把一部分拨到保本投资当中，巩固投资的成果。

以上是从纵向的角度看多笔资金的重要性，当然，从横向的角度看，有多笔资金同样很重要。多笔资金可以放在不同的市场上，一些用在股票市场，一些用在外汇市场，一些投资在债券、基金等方面。这些市场各有不同的风险，任何时候，都不可能全部赚钱或全部亏损，有些赚，有些亏。这样，多笔资金可以互补不足。

假定您的财产没有较大的增加、职业生涯中也没有什么一流的投资，但您仍将挣到一笔财产。比如说您和爱人都年方25岁，您们家的收入和普通的家庭一样——每年挣到最新估计的数字5万元。如果您们夫妇两个都工作到60岁，即使收入从不增加，也没有过分的生活费用，到头来，您财富将超过200万元。如果您的薪水以3%的比例逐年增长，最后您的财富将超过400万元。还说什么呢?您成了百万富翁。

那么，您如何利用这些钱呢?听任它一点点流失，还是善加利用?最好的理财设计师是您自己。生活中，我们往往有如此体会，老天爷爱捉弄人，您越希望即刻实现梦想，越难以如愿以偿。成功，不是直线，而是曲线。成功是一个缓慢的积累过程，就像攀登珠穆朗玛峰一样，需要从脚下第一步开始，没有谁一下子就能跃上山顶。

专家点金

投资讲求以一个合理的投资计划、投资方针贯穿整个计划，各项投资相互联系不能孤立起来看，必须了解每一个投资项目在这个计划当中所占的地位、所扮演的角色。财富是逐渐累积出来的，平稳妥当的人生理财规划应及早拟订，才有助于逐步实现“聚财”的目标，为幸福人生奠定基础。

一生投资理财的基本策略

个人投资在个人生活中越来越显出独特的魅力和重要性，很多人已经开始意识到投资并非富人的专利，一般收入的人更需要精打细算，科学筹划才能让有限的资金发挥最大的作用。有些人热衷于寻求富豪们投资发家的秘诀，没有固定的个人投资模式，照搬他人经验，这未必能够成功，选择最适合自己的投资方式才是关键。

1.选择与自己性格相适应的投资方式。每一个人都有自己独特的性格。以证券投资为例，有些人生性好动，具有反应敏锐的优势，但他们身上也存在着耐性不足的弱势，这类性格的投资者涉足股市时，应以短、中线操作为主，获利后，及时退场，不适宜长线操作。因为这类投资者受个人性格限制往往承受不了漫漫熊市的煎熬。有的人性格比较保守，对市场的感觉敏锐性较差，这类人就适合作一些长线投资，选择股票、基金的价格底部，介入后耐心持有。

2.选择适合自己的风险承受能力的投资方式。不同的投资者的投资计划应该有所区别。稳健的投资者多注重资金的安全性，可选择国债等有固定收益的投资工具；而那些愿意承担较大风险，以期获得较多收益和增值的投资者，可潜心选择普通股，尤其是具有成长潜力的普通股；处于上述两种类型之间的为温和型投资者，可选择综合上述投资工具优势的组合投资的方式。

3.选择适合个人经济状况的投资方式。由于年轻人和一些较高收入的家庭没有后顾之忧，可选择风险高一点、回报也较为丰厚的投资方式。相反，那些老年人和有子女读书的家庭，由于需要一笔储备资金，用于将来的支出，因此应倾向于采取安全稳妥的投资方式。

4.选择与个人的知识积累、情趣爱好关系密切的投资方式。近年来，随着人们经济收入的增加，生活水平的提高，邮票、字画、珠宝、古玩、钱币等投资品种也开始进入了寻常百姓家。投资者要在这些方面进行投资，首先要积累一些专门的收藏知识。这是因为一些行业离开专业知识和经验，简直就是寸步难行。如进入收藏市场，若无法鉴别古玩的真假，分不清珠宝价格的高低，就轻易携资金入市，将会为之付出昂贵的代价。除了积累专业知识外，培养审美情趣也十分重要，投资既是为了赚钱，也是在寻找一种事业、一种生活的方式。如能够通过投资理财，达到修身养性的目的，这将会是一种一举两得的“投资”。

制订合理的个人投资计划。人与人之间千差万别，情况各异，这就需要根据个人所从事的工作、固定收入与额外收入、经济环境状况等因素制订出适合自己现实情况的投资计划：短期投资目标是什么，长期投资有何计划，为实现这些目标、计划应采取什么样的投资策略等，尤其要注意避免盲目性。要合理制订个人投资计划，首先要明确下列因素：

1.资金因素。有一定数量、来源可靠而合法的资金，是投资者制订个人投资计划的前提。在作出个人投资计划前，投资者先好好打量一下自己，因为你投入资金的多少将会影响投资效益的好坏。投资之前，首先了解一下自己有多少钱财可用于投资，即有多少资产、多少负债，资产扣除负债后还剩多少。这些剩余的资金，用专门的术语来说，叫做净资产，它的价值，叫做净值。这些净值才是真正属于你个人的资产。

2.是否对投资收益具有依赖性。是否对投资收益具有依赖性，以及依赖程度如何，是投资者承担投资风险能力的一种标志和衡量标准。如果对投资收益具有很强的依赖性，投资者就应该选择债券、优先股等安全可靠，有稳定收益的证券投资项目。如果投资者对投资收益没有一定的依赖性或依赖较小，则可以选择收益较大，但风险程度也高的股票进行投资。

3.时间、信息因素。在投资时投资者应该认真地考虑一下，自己到底可以有多少时间用在某项投资上，以及有哪些可以获得相关信息的渠道、手段和信息的时效性如何等问题。如果这些条件都不充裕，那么选择价格波动较大的短线股票作为投资对象则是极为不理智的，而应以购买绩优股和成长股等较长线的股票为投资项目。

4.知识和经验因素。投资者的知识结构对投资的收益起着关键性的作用。投资者对哪种投资方式更为了解和信赖，以及更为擅长哪种投资的操作，都会对其制订有效的投资计划有帮助。一般情况下，选择自己熟悉、了解的投资项目，充分利用已有的专业知识和成熟经验，这样往往能够确保投资者投资稳定成功、安全获益。比如，股票投资，投资者选择了解、熟悉的某一行业的上市公司，运用自己十分娴熟并且便于掌握的方法来操作，对成功获利大有裨益。

5.心理因素。在某些关键时刻，投资者的心理素质甚至比资金的多寡更为重要。如果投资者具有优柔寡断、多愁善感的性格，那么就应该避免风险较大、起伏跌宕的股票投资，应选择一些收益稳定的投资对象。

我们每个人投资策略虽有不同之处，但有一些是最基本的，是必须要遵守的。

1.以闲余资金投资

如果投资者以家庭生活的必需费用来投资，万一亏损，就会直接影响到家庭生计。而且用一笔不该用来投资的钱来生财，心理上已处于下风，在决策时亦难以保持客观、冷静的态度，容易失误。

2.知己知彼

投资者需要了解自己的性格，如容易冲动或情绪化倾向严重的人并不适合于股票投资，成功的投资者能够控制自己的情绪，能够有效地约束自己。

3.切勿过量交易

要成为成功投资者，其中一项原则是随时保持3倍以上的资金以应付价位的波动。假如你的资金不充足，应减少投资品种，否则，就可能因资金不足而被迫“斩仓”以腾出资金来，纵然后来证明眼光准确亦无济于事。

4.正视市场、摒弃幻想

不要感情用事，过分憧憬将来和缅怀过去。一个充满希望的人是一个美好和快乐的人，但他并不适合做投资家，一位成功的投资者是可以分开他的感情和交易的，因为他明白市场永远是对的，错的总是自己。

5.切勿盲目

成功的投资者不会盲目跟从别人。当人们都认为应买入时，他们会伺机卖出。当大家都处于同一投资位置，尤其是那些小投资者亦都纷纷跟进时，成功的投资者会感到危险而改变路线。

6.拒绝他人意见

当你把握了市场的方向而有了基本的决定时，不要因别人的影响而轻易改变决定。有时别人的意见会显得很合理，因而促使你改变主意，然而事后才发现自己的决定才是最正确的。也就是说，别人的意见只能作为参考，自己的意见才应是最终的决定。

7.当机立断

投资者失败的心理因素很多，但最常见的情形是：投资者面对损失，亦知道已不能心存侥幸时，却往往因为犹豫不决，未能当机立断，因而愈陷愈深，使损失增加。

8.忘记过去的价位

“过去的价位”是一项相当难以克服的心理障碍。不少投资者就是因为受到过去价位的影响，造成投资失误。一般来说，见过了高价之后，当市场回落时，对出现的新低价会感到相当不习惯，当时纵然各种分析显示后市将会再跌，市场投资气候十分恶劣，但有些投资者在这些新低价位水平前，非但不会把自己所持的货售出，还会觉得很“低”而有买入的冲动，结果买入后便被牢牢地套住了。因此，投资者应当“忘记过去的价位”。

9.订好止损点

这是一项极其重要的投资技巧。由于投资市场风险很高，为了避免万一投资失误而带来的损失，每一次入市买卖时，我们都应该订下止损点，即当价格跌至某个预定的价位，还可能下跌时，就立即交易结清，控制损失的进一步扩大。只有这样，才能保证自己的利益最大化，使损失最小化。

10.重势不重价

当我们进行交易时，我们买入某种投资工具的原因是因为预期它将升值，事先买入待其升值后再卖出以博取差价。这个道理很简单，但是，对于初入市的人来说往往忘了这个道理，他们不是把精力放在研究价格的未来走势上，而是把眼光盯在交易成本上，总希望自己能成交一个比别人更低的价格，好像高买一点点都显得自己弱智，经常是寻找了一天的最低价，而错失买卖时机。正确的做法是，认准大势，迅速出击，不要被眼前的利益所迷惑，只要它还能涨，今天任何时候买明天再看都是对的，今天的最高价也许就是明天的最低价。

11.关键在于自律

人们对很多投资策略和投资技巧都耳熟能详，甚至倒背如流，如顺势而为、要设止蚀、当机立断等。为什么还有那么多人亏损呢?因为很多人都是说得到，做不到。试想一下，市况不是涨就是跌，机会是一半对一半，十次买卖就算有五次亏、五次赚吧，如果能够下决心，相信综合计算赚多亏少并非难事。

专家点金

人与人之间千差万别，情况各异，这就需要根据个人所从事的工作、固定收入与额外收入、经济环境状况等因素制订出适合自己现实情况的投资计划。

人生各个阶段的投资策略

虽然，人的一生如白驹过隙。人的一生就像白云一样，飘在空中，慢慢就会飘走，很短暂。但是，平均来说，我们至少应该有60岁到70岁的生命周期。现在随着生活水平的提高，医疗水平的提高，人们越来越长寿了。如果我们把握不好人生的各个阶段，不明白人生各个阶段理财的特点，可能会导致理财的失败。

从刚出生到5岁，这是人生的第一个阶段，幼稚期。会理财吗?不会。衣食住行，包括所需，都是父母，或者是监护人提供。从上小学到高中，到上大学，这是人生接受教育的阶段，没有理财经历。有人说了，我可以在大学期间打工，能赚点钱，但是这不是一个持续的赚钱过程，所以不是你理财的阶段。

25到34岁，参加工作了，这个时期就是理财的开始阶段，因为有了持续稳定的收入。这个时候还没有结婚，单身，所以叫做单身期。还和父母一起住，经济没有独立，需要靠父母。从学校刚毕业踏进社会的青年男女，总会有一些“愿望”需要达成。经济收入的增加、生活的稳定也使这个年龄段人的风险承受能力增加，投资收益要求更高，资产增值的愿望更加迫切，可以进行中长期的成长型基金资产配置，此外，这个年龄段的人信用卡消费、汽车消费信贷和个人住房贷款需求也非常强烈，应控制好资产和负债的比例。在这个阶段养成投资习惯是非常重要的，比如在25岁时决定每月拿出200元投资于股票型基金，不考虑通货膨胀因素，如果年回报率8%，那么到65岁时，你就会拥有价值70多万元的资产，而你实际投入的资金则不到10万元。

35到50岁，经过一两年谈恋爱，有了一些积蓄，经过结婚的仪式，组成两个人的家庭。从单身期过渡到家庭形成期，从两口之家到三口之家，当有了初为人父人母的喜形于色，也是从0岁到20岁的幼稚期过来的，孩子是没有收入，所以在这种情况下，又得养活自己，又有抚养下一代的要求。子女教育期也需要二十年，从他生下来，父母是他的第一个老师。在子女大学毕业之前，整个家庭都处在一个子女教育期。这样，作为父母既要为子女教育投资，又要准备自己的退休金，还要准备日后养老金，使自己的生活水平，不至于慢慢地下降。属于人生最为艰难的时期，既有供养子女与维持家庭稳定的责任，也有自身医疗、养老保障的需求，故这个年龄阶段的人往往需建立多个不同目标的投资组合，如子女的教育基金、个人退休金计划、家庭风险管理等。往往有些人已经拥有一定数额的存量资产，也有较好的现金流，所以可作5~10年(或以上)长期高风险投资，成长型股票型基金、生命周期基金是此年龄阶段投资者的偏好。

当距退休只有10年的时候，子女已长大成人，家庭处于成熟期，自身的经济状况都达到高峰状态。当子女已经独立参加工作，子女结婚之后离开了父母，又组建了新的家庭，这个时候就叫做家庭的成熟期。家庭成熟期一般在十五至二十年，年龄应该是45岁之后到65岁之间，这个时期就是积攒日后退休生活的理财时期。家庭成熟期对于我们来说，事业和理财，都要趋于成熟。这一阶段的人们经验相对丰富，投资风格成熟稳健，有较强的风险承受能力，但也会加大投资风险的控制，现金的可变现性和收益的稳定性是这个年龄段的人关注的重点，红利型股票型基金投资相对来说更加适合口味。

退休后的人每月的收入将会减少，可承受风险(波动、损失)的能力也变弱，此时最忌讳的便是盲目投资。我国有很多退休老人炒股票，其风险是相当大的。这个期间的投资周期较以前的中长期理财时间短，每个阶段不应跨越三年，低风险的债券比重可以较高，同时也应留意投资组合的套现能力，以备需要时(如紧急医疗等)能够有足够现金应急。进入了家庭的退休期，退休期需要的是安稳，这就是一生理财计划的最后一个时期。退休期内大家谁也不希望看到这样的情况：辛辛苦苦积攒100万元，准备安享晚年，看到很多人都投资股市，也加入炒股大军，股市暴跌，100万元变成10万元。退休期发生这样的事，是任何人也承受不了的打击。

1.单身期理财策略

22岁到30岁是人生的单身期，很多人22岁大学毕业，就是二至五年的时候，这个时候应该24岁，或者是27岁，最晚到30岁。现在很多都市青年都晚婚，从参加工作和结婚，是二至十年的时间。

这个时期的特点是收入比较低，因为现在刚参加工作的收入并不是很高，但是花销很大，为什么?因为要恋爱交友，为日后组建家庭做准备。

在这种情况下，理财重点是积累经验，而不是为了获利。理财的建议，可以投资收益高风险的投资。例如，有1万元积蓄，6000元可以投资风险比较大的，但回报率非常高的股票和基金，或者外汇和期货等高风险理财产品。30%资金要把它用作储蓄，一年、五年的储蓄，买一些债券，特别是一些企业的债券，利率高于储蓄，投资国债，国债投资可以免除利息税。这是比较稳健型的投资工具，应该至少有1000元钱的活期储蓄，年轻时期，花费比较多，没有活期储蓄是不行的。如果把定期存款取出来，会损失定期存款储蓄的利息。必须得留一笔钱，作为不时之需。

2.家庭形成期理财策略

找到一生的伴侣，开始筹划结婚，人生理财进入家庭形成期，这可能要到一至五年，家庭形成期第一个面对问题，需要买房子和装修、买家具、办婚宴。这些都是家庭形成期一笔很大的支出。

家庭形成期理财就不能本着一人吃饱全家不饿的态度。家庭的建立，感情要磨合，家庭理财也从这个时刻开始，最重要的是应该合理安排家庭的支出和收益。

如果不会理财，可能成为“月光族”。家庭形成期理财投资策略就需要改变了。一定要把股票占据你所有投资的比例减少10%，这是两个人的生活，不是单身生活，形成了家庭，要考虑家庭其他成员的生活。投资股票要占到资产总数的50%以内，其他的投资品种，比如说债券或者是其他的一些理财产品，保险产品。要花费资产总额25%。还有15%要用于活期储蓄。

25%的资产里面应该有一部分资金买保险是很必要的。因为家庭形成期，双方都是家庭支柱，如果任何一方出现了收入的损失，比如说失业或者突然发生意外，就会影响到这个家庭的生活质量。我们把家庭形成期和单身期间比较，发现我们的定期储蓄减少了5%，这部分资金为我们去上一些保险。比如买一些健康险和意外险。活期储蓄的资金比单身期多了15%，这是因为夫妻双方的花费更多，手边需要更多一点的活钱。这样既可以做到应付日常开支，也可以保证定期投资的资金在投资期间不至于短期撤出，损失利息。

这样的日子过了一至五年，这个时候需要攒生孩子的钱和子女教育的钱，这是一个非常长期的工程。这样就进入了家庭子女期。

子女的教育从生下来，到上小学上大学，至少需要二十年的时间，储蓄教育经费是必须的。人生到了35岁，需要给孩子攒一些钱，以便应付漫长的子女教育期。

据统计，教育孩子和抚养孩子，大概需要20万元以上。很多家庭不可能一年之内攒出20万元，但是如果我们二十年之内通过理财积累20万元的财富，这个目标就容易实现。有了教育投资，可以保证我们的子女受到良好的教育。子女期理财建议，我们建议投资产总数40%的股票。

随着年龄的增长，家庭的逐步稳定，家庭人口的增加。我们的投资出现了这样的变化：高风险高收益品种投资比例是越来越少的。单身期，如果股票投资失败了，因为年轻，我们还有更多时间再赚到钱。在进入家庭形成期，我们就需要规避风险。家庭应该有40%左右的存款、国债、企业债券，这部分钱还可以用来买一些保险年金或者教育年金，来作为孩子的教育费用，资产的10%，还要给家庭的成员上保险，10%家庭准备用金，用于家庭日常应急支出。

3.家庭成熟期理财策略

子女参加工作了，有了固定收入，之后子女结婚，一直到退休都是家庭成熟期。

这个年龄段应该是50~60岁，这个时期显著特点是收入的高峰期。这个时期家庭成员的工作更加稳定，很多人可能还做到一定职位。这个时期，养育儿女负担也没有了。

这个时期的投资策略是：可以把家庭30%资金用来作为高风险的一个投资，比如说股票、外汇、期货，股票类的基金。那么40%的资金还是希望用作储蓄、债券和保险，20%的资金用于养老投资，买养老保险，储备退休金。当然还有10%的资金是应急备用金。这个时候人变得成熟，到了成熟期的最后几年，投资的风险比例应该逐年减少，为最后的退休期来做规划。

4.养老期理财策略

退休之后，人生进入养老期。一般长达十五年甚至更长，退休期消费减少而且比较集中。这个年龄段，服装的支出明显减少，只有一些必须支出居家过日子的必需品。这个年龄段的人，投资和消费都要趋于保守。因为这是人生的夕阳红阶段，养老期就会出现一种现象，身体健康是第一位的，财富是第二位。

养老期理财的目标，需要的是稳健、安全，保值为目的。理财建议：用10%买股票或者是股票基金，50%可能用于一些定期存款、货币、债券投资，40%作为一些活期储蓄，以备万一。因为人生这个阶段，会跟医院结下不解之缘，医疗支出会增加，所以活期储蓄要增加。

专家点金

人生中每个年龄段都有能够承受的风险和压力，你应该去投资适合你这个年龄段的投资理财产品。这是一般的理财思路。这个思路是指导投资者未来投资的基本准则，遵循这个基本准则，我们就能找到财富的源头。

第二章
一生理财的投资战略

人生是一个漫长的过程，我们根据各个年龄段的不同需求，明确地做好一生的理财规划，也便于我们有序地开展理财行动。理财战略是整个人生理财过程的起点，只有拥有合理的理财规划才能使理财实现个人（或家庭）的愿望，将自身所拥有的各种资源投入到未来理财的过程中事半功倍，从而保持人生理财的高效与规范。

理财要做到的四部曲

理财，可以是一种观念、原则，但亦是一系列的行动，是将钱财运用并使其增值的过程，站在过程的角度去分析理财的话，理财可以有以下步骤。

第一步曲：客观认清自己

在理财规划前，我们要对自己有一个全新的认识，这些需要我们重新审核个人信息，可以分为两个种类：财务信息和非财务信息。财务信息是指目前我们自己的收支情况、资产负债状况和其他的财务安排以及这些信息的未来变化状况；非财务信息是指除了财务信息以外的与理财规划有关的信息，包括自己的社会地位、年龄、投资偏好、健康状况、风险承受能力和价值观等。财务信息里比较重要的信息是你的收支状况（包括收入、支出）、资产负债状况（包括资产、负债）、社会保障信息以及风险管理信息等。常见的非财务信息包括健康状况、子女情况、个人职业、婚姻状况、父母状况等。这些信息都是需要我们了解的。理财是一个系统的工程，我们要考虑的东西有很多，不单是个人的，还要考虑个人之外的。在认清楚自己后，我们最好列一个表格出来，一览无余地看出自己的所有收入和支出，然后才能确定自己的理财目标。

第二步曲：确立理财目标

每个人理财的最终目标都不尽相同。唯一相同的是在理财过程中，都希望能让自己有限的资金经由正确的理财规划积累成大额财富，以便实现自己想要的生活。在人生的不同阶段，理财目标也是不一样的。20岁出头刚刚踏入社会，年轻的我们想要自己的第一套房、第一部车；30岁时的我们想要给爱人舒心的生活和享受；40岁的我们想给子女良好的教育；50岁的我们开始筹划自己的养老计划。理财是一个长期的事业，在人生的每个阶段又要设立不同的子目标。理财的目标一般集中在以下五个方面：

1.消费支出的合理

一般来说，个人的收入主要有三个用途：消费、储蓄和投资。对于大多数人来说，消费占了收入很大的比例。如何有效合理地规划自己的消费支出，是个人理财的一个重要目标，甚至可以说是最基本的目标。如果个人消费支出不合理，再增加财富也难保财产的稳定。

2.个人财富的增加

个人财富包括个人现有的资金、有价证券、股权和其他的财产权益、不动产、知识产权和其他的实物资产。个人财富的增加可以通过减少支出来实现，也可以通过增加收入来实现。增加收入的途径有很多，可以通过提高薪水来得到，也可以通过投资获得收益来实现。能否实现个人财富增加这一理财的目标取决于综合因素。

3.生活期望的满足

在我们每一个人的一生中，都有许多自己的梦想：属于自己的房子，漂亮的汽车，等等。但是这些目标我们很难在同一时期同时实现。所以这就要求我们能够合理地规划自己的期望。在不同的阶段实现不同的梦想。理清人生不同阶段不同的目标和实现的步骤，不能捡了芝麻丢了西瓜。所有的这些都要求我们通过理财规划来得到更好的安排。

4.个人财务的安全

这里的个人财务安全主要是指个人对于自己的财务状况有充分的信心，认为现有的财富足以应对未来的财务支出和其他生活目标的实现，不会出现大的财务危机。衡量自己的财务是否安全的标准主要有以下内容：

(1) 是否有充足的收入。

（2）个人是否有发展的潜力。

（3）是否有足够的现金储备。

（4）是否有合适的住房。

（5）是否购买了合适的人身和财产保险。

（6）是否享受社会保障。

理财目标的确立是非常重要的步骤，在这个过程里，我们可以很清楚地知道我们所需要的是什么。然后根据我们的需要对症下药，才能达到想要的结果。目标确定好了，下面就是建立理财方案。

第三步曲：建立理财方案

不同的阶段，我们有不同的理财目标。按照成长的过程，通常我们将家庭的生命周期分为：单身世界、二人世界、家庭成长期和家庭成熟期。我们要按照不同时期的不同需求，见招拆招。

单身世界时期，从刚参加工作到结婚前。这一时期往往消费起来没有节制，甚至成为“月光族”。经济能力有限，虽然花销比较大，但是相对来说家庭负担也小，所以承担风险的能力较强。这一时期投资的重点在于积累经验，而不是获取利润。我们可以拿出较大比例的资金来尝试风险较高的投资，比如投资股票、外汇、期货等。

我们的投资建议：应提高储蓄率，建议合理使用信用卡。60%的资金投入在长期回报率比较高的股票、基金或者外汇等金融品种上。30%的资金可以选择国债、债券或者定期存款等。10%的资金以活期储蓄的方式来保证流动性的需要。

蜜月时期，从结婚到孩子出生前。这一时期虽然收入有所增长，生活比较稳定，但消费和家庭负担都会相应增加。这一时期，我们理财的目标要偏重于买房、结婚和生小孩的费用。买房是很大的一笔支出，所以我们必须要合理地规划自己的资金。不能再把大部分的钱投资于资本市场上。

投资建议：50%的资金投资于收益率高的股票、基金等金融品种上。10%的资金投资于保险和债券上，15%投资于债券上，15%选择活期储蓄。

家庭成长时期，一般是指孩子出生到孩子工作前。这一时期家庭收入水平已经可以达到一定程度，但同时也需要面临更大的家庭负担，孩子教育和老人赡养。这些费用持续时间较长，而且开支比较大。同时，还有一些其他的需求，比如买车。

投资建议：合理安排好个人信贷，逐步减少负债。可以考虑长期增值的实物投资。

30%的资金可以投入到房地产或者收藏艺术品上，获得稳定的长期收益。40%投资于股票、基金或者外汇上。20%投资于银行定期存款或者国债、保险上。10%的资金留作活期存款。

家庭成熟期，从子女完成学业到自己退休。这一时期人到中年，经济收入达到高峰状态，理财重点是扩大投资，制订合适的养老计划。

投资建议:40%的资金可以用于银行存款或者购买国债。需要注意的是存款的方式要适宜，可以选择教育储蓄等。40%的资金用来投资股票、基金和外汇等投资品种。要注意防控风险。10%的资金用来购买保险，剩下的10%用来满足流动性需要。

第四步曲:执行与评估理财方案

理财贵在坚持，合理的理财方案只有严格的执行才有效果。每月该存的钱一定要存。在理财的阶段里，我们要经受住诱惑。当你拿着钱在银行和商场之间犹豫的时候，多想想以后吧。为了以后可以过得更舒服，宁可今天牺牲一点。当你一次次地成功挡住了诱惑时，你就会觉得自己是那么的优秀，我也可以做到!

不要做生活的奴才，要做生活的主人。快乐地去理财，理财的过程是一个痛并快乐着的过程。我们要学会舍得，该放弃的东西一定要舍得。高级的化妆品、奢侈的大餐、层出不穷的电子产品等，学会向这些东西说拜拜。理财方案的执行一定会成功的。

养成良好的理财习惯——万元不嫌多，一块钱不嫌少。我们要珍惜每一元钱，这就好比是一个金钱的种子。生活理财起初最常见的方式就是强迫自己每天存一笔钱到存钱筒里，而这个存钱筒最好是透明的，并每天记录下来。透明的存钱筒是为了让你随时查阅理财的成效，记录是让你养成记账的习惯。当你每日的储蓄随着时间的累积达到一定数量后，再转存到存款簿里，如此日积月累，就可以逐渐养成存钱理财的习惯。

在理财方案执行中，有一个小技巧需要我们学会，那就是学会记账。你可以从自己的记账记录中得知你日常生活中金钱运作的状况，当你发现现金流动有异常的状况时，可以随时知道并作出应变。记账的好处在于你可以知道每日所花费的钱都用在什么地方，在需要节流时，也知道从何处下手。加上现在有许多电脑软件如MicrosoftMoney等，能帮你分析日常记账的资料，所以记账在现代生活中已不像以往那样是件吃力而没有意义的事。

专家点金

我们要记住：不要做理财生活的奴才，要做理财生活的主人。快乐地去理财，理财的过程是一个痛并快乐着的过程。并且个人理财并不是一个固定不变的公式，随着年岁增长，理财目标和策略也有所不同。所以我们也要灵活地掌握。见招拆招最重要！

个人投资理财规划应掌握法宝

目前，投资理财已逐步成为决定和影响人们生活的重要方面，成为普通百姓生活的必要组成部分，很多人已经认识到投资理财与自己的生活有着直接的关系，开始注意培养自己的投资理财意识，希望自己能真正成为投资理财的高手。要想使自己成为投资理财的高手，就必须掌握投资理财的三大法则。

法则一：确定生活目标，合理使用金钱。在投资理财中，你要认真地考虑如何恰当地支配金钱、安排好家庭生活，而不要顾此失彼。

法则二：选择恰当的家庭投资理财方案，正确合理地处理各种经济关系。在实现目标的过程中，我们可能会有很多途径来实现最终目标，但在不同的道路上会遇到不同的障碍，有的是能够预料的，有的是无法预料的。

法则三：培养处理突发事件的能力，恰当安排计划外的资金使用。突发事件出现时，应果断地作出决定，从容应对，合理分配资金。

这三大法则，是你找到家庭投资理财的支点、培养生活平衡能力的关键。然而，生活却是不可预测的，很多不可知或不可控制的事情随时随地会发生，我们避免不了，逃避不得，只有积极地去面对。在积极面对的过程中，学会家庭投资理财、合理使用金钱，变压力为动力，取得人生的巨大成功，在“顾此”的同时，也不“失彼”，做到“鱼”与“熊掌”兼得之。

要想成为理财高手，每个人首先要学会的就是理性地理财，如果你能按照下面的6条规则进行理性理财，相信会获得较大的回报。

1.坚持存钱计划。如果你每年存2000元，这并不难做到，但如果你能坚持10年，那10年后的总额将很可观。

2.尽早开始投资。如果你只是存钱，那么10年后你也许只有2万元(按你每年存2000元计算)，假若你在第一年就把钱用于投资，一边存钱一边投资，那你的回报要大得多。

3.坚持多元化投资。如果你只持有几种股票，你可能会有巨大收益，但也可能会遭受巨大损失。把投资分得广一些，可以使你免受“覆灭性”打击。

4.早作计划。尽早作出计划，这样就会心中有数，到时候就能知道自己离预定目标还差很远。

5.始终如一。任何投资计划在实施过程中都不会一帆风顺，坎坷是在所难免的，如果不能“坚守阵地”，很容易造成投资失利。

6.谨慎冷静。在选择投资项目时要谨慎，在投资不顺时要冷静。许多完美的策略都毁于某个仓促的决定，只有保持冷静才能作出准确的判断。

个人投资规划的方式主要包括以下几种：

1.适合稳健型投资的低风险投资法。包括以下三种：

(1) 储蓄法。银行储蓄虽然简单，但简单中透出技巧。在进行储蓄的时候，必须事先比较、计算一下各种不同储蓄方式的利息额度和利息税的征收情况，选择其中收益最大的方式。

(2) 投保法。随着现代家庭财产趋向丰富化和多元化，保险走进了我们的生活，品种丰富的保险险种为我们家庭财产的稳定提供了保障，但是选择范围越广泛，其中的技巧性和难度就越大，越不能盲从随大流，应睁大眼睛看好每一个产品的利弊得失，权衡不同组合的风险收益。

(3) 债券法。对于追求稳健的人而言，债券投资是一种非常不错的选择。因为国家对于这个市场严加看管和仔细监管，所以投资风险较小，且比单纯的储蓄回报率更高一些，因此债券投资成为许多人投资的重要途径。

2.对于承受能力较强的个人而言，风险投资法是不错的选择。

(1) 炒股法。股票市场中的品种有两类，一类是套利型的专业品种。一类是低风险的盲点品种。如果能够学会这方面的技巧，机会是非常多的。

(2) 炒汇法。个人外汇买卖，是指依照银行挂牌的价格，不需要用人民币套算，直接将一种外币兑换成另一种外币。参与个人外汇买卖主要可以获得两方面的投资收益：

第一，保值增值。可以避开汇率风险，使手中的外币保值增值。

第二，增加利息收益。将低利率外币换成高利率外币，同时需要考虑升值趋势。

(3)基金法。基金是中国近几年新出现的一种投资方式，必须在你熟悉基金背景的情况下购买。

3.对于适合长期理财规划的个人来说，也有以下三种方式可供选择：

(1) 房产投资法。第一，房产买卖。要注意国家的阶段性政策导向与楼盘增值潜力。第二，房产出租。要注意地段的出租率与租金水平，以及能否把民居转变为商业用房。

(2) 文物收藏法。第一，专业收藏。主要指为商业目的而进行的古玩字画收藏。第二，爱好收藏，主要指完全出于兴趣，在客观上具有投资价值的有纪念意义的低价品收藏。

(3) 能力提高法。第一，资源能力投资。国家对高学历者在工作、创业、居住等方面有倾斜政策。第二，素质能力投资。对生存起支撑作用的一技之长也是受益终生的财富。

当然，可以供个人选择的投资方式还有很多，而且对于个人而言，同时选择其中几种做一个投资组合非但常见，而且是必要的。这些都要根据自身情况做好规划。

怎样选择适合自己的理财方式。现在适合个人理财的方式有很多种：储蓄、股票、保险、收藏、外汇、房地产等。面对如此之多的理财方式，最关键的问题是要选择适合自己的方式。影响人们选择合理的理财方式的因素有以下几方面：

1.职业

你所从事的职业决定了你能够用于理财的时间和精力，而且在一定程度上也决定了你理财的信息来源是否及时充分，由此也就决定了你对理财方式的取舍。

例如，如果你的职业要求你经常奔波来往于各地，甚至很少有时间能踏实地看一回报纸或电视，那么你对股市信息的了解就是非常有限的，这样你的投资组合势必会受到你所从事的职业的影响。

2.收入

理财，首先要有一定的经济基础，对于一般普通家庭而言就是工资收入。你的收入多少决定了你的理财力度，那些超过自身财力、“空手道式”的理财方式不适合一般家庭。所以很多理财专家常告诫人们说将收入的1／3用于储蓄，剩余1／3用于投资生财。按此算来，你的收入就决定了这最后1／3的数量，并进而决定了你的理财选择。比如，同样是选择收藏作为理财的主要方式，如里资金少就会使收藏困难重重。相反，如果以较少的资金投资收藏所需资金不多、但升值潜力可观的邮票、纪念币等，不仅对当前的生活不会产生影响，而且还会获得相当可观的收益。

3.年龄

年龄代表着阅历，是一种无形的资产。一个人在不同的年龄阶段需要承担的责任不同，需求不同、抱负不同，承受能力也不同。所以，不同年龄阶段有不同的理财方式。对于现代人而言，知识是生存和发展的基础，在人生的每一个阶段都必须考虑将一部分资金投资于教育，以获得自身更大的发展。当然，年龄相对较大的人在这方面的投资可以少些。因为年轻人未来的路还很长，偶尔的一两次失败也不用怕，还有许多机会可以重来，而老年人由于生理和心理方面的原因，相对而言承受风险的能力要小一些。因此，年轻人应选择风险较大、收益也较高的投资理财组合，而老年人一般应以安全性较高、收益比较稳定的投资理财组合为佳。

4.性格

性格决定个人的兴趣爱好以及知识面，也决定其是保守型的，还是开朗型的；是稳健型的，还是冒险型的，进而决定其适合哪种理财方式。个人理财的方式有很多种，各有其优缺点。比如，储蓄是一种传统的重要理财方式，国债是众多理财方式中最为稳妥的，股票的魅力在于收益大、风险也大，房地产的保值性及增值性是最为诱人的，保险则以将来受益而吸引着人们，等等。每一种投资理财方式都不可能让所有人在各个方面都得到满足，只能根据个人的性格决定。如果你是属于冒险型的，而且心理素质不错，能够做到不以股市的涨落喜忧，那么，你就可以将一部分资金投资于股票。相反，如果你自认为是属于稳健型的，那么储蓄、国债、保险以及收藏也许是你的最佳选择。

专家点金

投资理财已逐步成为决定和影响人们生活的重要方面，成为普通百姓生活的必要组成部分，很多人已经认识到投资理财与自己的生活有着直接的关系。因为，现在适合个人理财的方式有很多种：储蓄、股票、保险、收藏、外汇、房地产等。所以，要选择合适的理财规划就需要具有技巧。

生命周期、投资规划与投资策略

只有成为百万富翁的梦想是不够的，还必须划分人生的投资阶段，明确其各自的特点，在不同的时期制定出不同的投资规划。这样才能合理地支配资金，使人生得到有效的保障。

1.青年期(35岁以下)投资规划

这时，人生的历程刚刚开始，在完备基础建设后，要敢于承担风险，积极追求财富。这个时期，由于收入不高，保险要着重选择保费低廉、保额较高的短期保障型品种。在投资方面，可尝试不同的品种，以较大风险追求较大利润。但应避免过分分散投资，且投资只能用闲置资金，这样即使投资失败，还有东山再起的机会。正确的教育投资可以说是“一本万利”，尤其需要重点关注。

2.壮年期(35~55岁)投资规划

此时，投资者事业正值顶峰，在扩大投资的同时，应逐渐降低风险。由于壮年投资者往往累积了相当的经验与财富，容易在投资方面因过于自负而吃亏。事实上，面临经济周期的起伏，没有人是永远的赢家。重要的是学会步步为营，利用复利使财富稳步增长，而不是进行大起大落的投机。这一阶段投资理财要多使用较低风险的或自己较有把握的投资品种。保险方面宜多投资于健康型和养老型。

3.老年期(55岁以上)投资规划

这一阶段属于个人收入的衰退期，投资者的主要理念是安全投资，注重现金收入，以迎接即将到来的退休生活。保险方面要进一步加大养老型险种的投入。投资方面，宜选择“理财金字塔”中第一二层的固定收益品种，以取得平缓的现金收入。对于有较多资产的老年投资者，此时应采取合法节税手段，将财产有效地转移给下一代。

投资的基本策略。在投资市场中，每一个人的投资策略虽有不同之处，但有一些是最基本的，是必须遵守的。比如：

1.以闲余资金投资

如果投资者以家庭生活的必需费用来投资，万一亏损，就会直接影响到家庭生计。而且用一笔不该用来投资的钱来生财，心理上已处于下风，在决策时亦难以保持客观、冷静的态度，容易失误。

2.知己知彼

投资者需要了解自己的性格，如容易冲动或情绪化倾向严重的人并不适合于股票投资，成功的投资者能够控制自己的情绪，能够有效地约束自己。

3.切匆过量交易

要成为成功投资者，其中一项原则是随时保持3倍以上的资金以应付价位的波动。假如你的资金不充足，应减少投资品种，否则，就可能因资金不足而被迫“斩仓”以腾出资金来，纵然后来证明眼光准确亦无济于事。

4.正视市场、摒弃幻想

不要感情用事，过分憧憬将来和缅怀过去。一个充满希望的人是快乐的，但他并不适合做投资家，一位成功的投资者是可以分开他的感情和交易的，因为他明白市场永远是对的，错的总是自己。

5.切勿盲目

成功的投资者不会盲目跟从别人。当人们都认为应买入时，他们会伺机退出。当大家都处于同一投资位置，尤其是那些小投资者亦都纷纷跟进时，成功的投资者会感到危险而改变路线。

6.拒绝他人意见

当你把握了市场的方向而有了基本的决定时，不要因别人的影响而轻易改变决定。也就是说，别人的意见只能作为参考，自己的意见才是最终的决定。

7.当机立断

投资者失败的心理因素很多，但最常见的情形是：投资者面对损失，亦知道不能心存侥幸时，却往往因为犹豫不决，未能当机立断，因而愈陷愈深，使损失增加。

8.忘记过去的价位

一般说来，见过了高价之后，当市场回落时，对出现的新低价会感到相当不习惯，当时纵然各种分析显示后市将会再跌，市场投资气候十分恶劣，但有些投资者在这些新低价位水平前，非但不会把自己所持的货售出，还会觉得很“低”而有买入的冲动，结果买入后便被牢牢地套住了。因此，投资者应当“忘记过去的价位”。

9.定好止损点

这是一项极其重要的投资技巧。由于投资市场风险很高，为了避免万一投资失误而带来的损失，每一次入市买卖时，我们都应该定下止损点，即当价格跌至某个预定的价位，还可能下跌时，就立即交易结清，控制损失的进一步扩大。

10.重势不重价

我们买入某种投资工具的原因是因为预期它将升值，事先买入待其升值后再卖出以博取差价。这个道理很简单，但是，初入市的人往往忘了这个道理，他们不是把精力放在研究价格的未来走势上，而是把眼光盯在交易成本上，经常是寻找了一天的最低价，而错失买卖时机。正确的做法是，认准大势，迅速出击，不要被眼前的利益所迷惑，只要它还能涨，今天任何时候买，明天再看都是对的，今天的最高价也许就是明天的最低价。

11.关键在于自律

人们对很多投资策略和投资技巧都耳熟能详，为什么还有那么多人亏损呢？因为很多人都是说得到，做不到。如果能够下决心，相信综合计算赚多亏少并非难事。

12.发挥自己的优点

投资不是简单的机械运动，因为投资者是人，人是有思想、有感情的。人可以思考，有自己独特的个性。何况投资市场中什么样的人都有，有男有女，有老有少，有知识分子，也有纯实战派。因此，根本不存在一套统一的投资法则，最重要的是结合自身优点进行投资。

比如，有些人比较害羞，不善于交谈，不善于结交朋友。所以，他们便不能通过朋友或他人而获得投资的“参考消息”。但他们的优点在于心细如丝，分析精密，所以很适合静静地分析。

而有些人性格急进，做事干脆，有时显得太草率，但如果能在急进当中加入理性分析，却是一大优点。

反过来，慢不一定是缺点，也可以是优点。在危急情况下当然要快，但在分析时，慢却能使头脑冷静，思维有条有理，经过深入分析之后，看中一种投资工具，下重本，等收成，有可能一次大发。

无论你的性格怎样，知识水平如何，你都具有优点。只要你能发掘这些优点，并把它用到投资上，你就有机会踏上成功之路。

下面就让我们来听听一位老股民投资生涯的恨与爱吧。

从2001年2月起，老股民周恒金先生成为一名普通的小股民，周先生感觉自己在市场上就好像一句古诗描述的那样——“不识庐山真面目，只缘生在此山中”。

但5年之后的2006年，周先生又成了一名投资于基金的“基民”。没想到的是，在基金市场上，周先生尝到了前所未有的投资甜头。下面是他的自述。

2006年，我走上了基金之旅。这一年是我上下求索、艰苦跋涉的一年，也是我精神和物质小有收获的一年。

我买基金的历史要追溯到2003年4月。那时银行客户经理告诉我：××基金销售了，你买一些吧。但我没有买。因为他们从不告诉我是什么类型的基金，风险有多大。不怕大家笑话，我连认购和申购都分不清。我对基金的认识是混沌、蒙昧、无知、无识。时间竟长达三年之久，为啥?因为那时我虽退休了，但只是卸下了担子，单位还要返聘我再干几年。因此，无暇顾及基金。这不，一晃到了70岁了。回到家后既不以棋(牌)会友，也不提笼遛鸟。“人逢古稀精神爽，七十年头又一春”。71岁时，我先学会电脑知识，自己动手组装了一台电脑，申请宽带上网，在互联网这个知识大海洋里遨游，把重点放在对基金知识的学习和了解上。我首先对我所在的城市做调研。发现银行客户经理大都是任务观点，即只考虑每月完成的任务量。有些银行客户经理不大懂基金常识。看来投资理财只能靠自己。

2006年3月，我上网时发现基金是一门大学问，为此，我申请了移动数字证书，开通了网上银行服务。经过近一年的学习，总算对基金知识有了一个大概的了解。于是，我写了“更新投资观念，把握投资机会，正确选择投资渠道”和“我的基金之路”两篇文章，用以指导我的操作，既不在报刊上发表，也不在网上“博客”登载，只供亲朋好友间传阅、交流。

我在文章中表明的投资思路是：

1.**把投资基金当成一个事业来做，不搞投机。**

2.**确定年收益目标为20%左右，绝不奢望暴富。**

3.**要有一个成熟的、良好的心态，心理承受能力要强。**

在此思路指导下，我制定了实现目标的具体操作方法。一是选择背景好、实力强、善决策的基金公司；二是选择有成功经验和操作实力的基金经理，看他从事证券的时间、经历、风格及以往管理基金的业绩；三是大多选择股票型基金和偏股型基金，保留一只货币基金；四是选择红利再投资；五是选择后端；六是考察公司旗下基金以往的业绩，作为参考；七是每月定投；八是重视基金业绩兼顾份额；九是长期持有。

根据以上投资思路和具体操作方法，我于2006年4~5月将以往购买的基金进行“资产重组、结构调整”，即赎回了四只货币基金、两只债券型基金，保留了一只股票型基金、一只货币基金，以便随时提现。

截至2006年年底，我的两只基金收益率分别是147.39%(14个月)、45.63%(8个月)和55.94%(8个月)、19.64%(3个月)。每月定投收益率是41.94%(7个月)。当然，在赎回前这只是账面上的资产，未来还要面对许多不确定的因素。2007年1月31日，上证综指和深成指暴跌。我的股票型基金和偏股型基金自然损失很大。我的亲朋好友问我是不是赎回?我回答两句话:且看蓝天云卷云舒;守得云开见月明。果然，现在又涨起来了，而且涨了好多。

专家点金

人生只有成为百万富翁的美好梦想是远远不够的，还必须合理划分人生的投资阶段，明确各阶段的特点，并能在不同的时期制定出相应的投资规划。这样便可合理地支配资金，使人生得到有效的保障。

制订合理的人生理财目标

1.科学理财目标的特征

一般来讲，合理的理财目标具有以下特征:

(1) 拥有明确时间的目标

如果你给自己制订的目标是“拥有一辆高级轿车”，若你在60岁的时候拥有了这样一辆梦寐以求的车，可它的价值对你的意义还一样么?所以当我们制订理财目标时一定要有明确的达到目标的时间。

(2) 正确估量自己的能力

当我们在确立目标时，应当考虑符合投资者能力和市场环境的要求。预期的目标在一定条件下达成的才有意义。年轻人经常期望在最短时间内达到最高的增值效果。这些都是不切实际的，不在你能力范围内的。

(3) 用数字具体衡量

如果你说你两年内要买一套房子，但市场上的房屋售价差别相当大，有30万元的，也有40万元、50万元、60万元的，甚至上百万元的，所以你要什么样的房子差别很大。你应该说，你要一套价值60万元的房子，这样就清楚了，所以目标一定要是可以清楚地用货币单位来衡量的。

总之，合理的理财目标应该是可望也可及的，虽然有一定的难度，但经过努力是完全可以实现的。这样的理财目标要根据当前各相关市场的实际收益和风险状况来制订，比如，只想获得稳定的收益、不愿意冒任何风险时，那就要以一年期银行定期存款利息作为理财收益参考目标，提出稍高于这一基准的理财收益目标，而不要将股票市场的收益作为参考，因为股票市场是高风险的市场，股市投资不适合风险承受能力较低的人。如果愿意冒风险，就可以将股票市场的收益和风险作为参考，制订预期收益目标和风险控制目标。只有建立在市场实际收益和风险控制基础上的理财目标才是有可能实现的、切合实际的目标。

2.理财目标的种类

理财的不同阶段，有着不同的理财目标。众多理财目标也不可能一蹴而就，需要根据轻重缓急，标出先后顺序，不求“一网打尽”，但要分时分段“各个击破”综合考虑自身及家庭需求后，确立的理财目标可能是多层次的，包括短期目标、中期目标和长期目标。

(1) 短期目标

每年制订修改，并在较短时期内(五年以内)实现的愿望。如结婚生育、旅游、购车、创业、出国深造等。

(2) 中期目标

制订后在必要时可以进行调整，并希望在6~10年内实现的愿望。如购房、子女教育。

(3) 长期目标

通常一旦确定，就需要通过十年以上的计划和努力才能实现的愿望。如退休养老、遗产管理等。

3.如何制订理财目标

(1) 明确理财目标

理财要有目标，这是我们一直强调的。事实上，理财就是设立并达成财务目标的过程。人们的理想与追求的生活和自身所处的情况是不同的，所以不同的人设定的目标也是不相同的，而且应该有长期、中期、短期的区分。

短期目标指在短期内(3~5年)可以实现的目标，可根据具体情况每年修正一次。中期目标在6~10年内可能实现的目标，一般不做大的修正，如刚刚参加工作的单身贵族可以根据具体情况将购买房车的时间适当提前或推后。长期目标指10年以上才能实现的目标，如中年人士对退休后生活保障的安排。有一个方法可以帮你做出较好的目标设定，那就是明确地写下来。必须强调的是，由于每个人想追求的生活和自身所处的情况(像年龄、工作及收入、家庭状况等)都有不同，所以不同的人设定的目标会不相同。即使是同一个人，目标也会有长期、中期和短期之分。短期目标通常订在一年之内达成，像出国旅游、购置音响等；中期目标通常在3~5年内完成，像买车、整修房子等；长期目标一般则订在5年以后完成，像筹措买商品房基金、退休等。不论短期、中期或长期目标，设定时都必须明确而不含糊。

个别的目标设定后，最好依各个目标达成的优先顺序列个总表，时时提醒自己，哪一个目标要先采取相应的理财措施。

当然，优先顺序并非一成不变，最好每隔一段时间(如每年一次)就根据当时家庭状况和财务状况检查一次，可参考我们在前面所讲的与不同理财阶段相对应的理财目标，作相应调整。

设定目标时，有一样因素也应加进来考虑，那就是通货膨胀。通货膨胀会使你的钱缩水，减少原有的购买力，所以你在做理财规划时，不能忽视这方面的影响。在计算各种所需要的金额时，最好能针对这个因素，从宽估计。举例来说，你打算在一年后花费7088元到南方某城市旅游，假如一年的通货膨胀率是7%，那么你现在投入基金的数额就既要考虑基金的收益率，还要考虑因价格调整而造成的货币贬值。

（2）明确理财目标的顺序

如果我们仔细观察一般人的生活，人生中大家都会想去达成的财务目标，主要有以下几点：购置住房、节财计划、债务计划、子女教育规划、资本增值、特殊目标的规划、养老规划以及遗产规划。

当然，除了这些主要目标外，其他较次要的目标也常须顾及。人生各阶段和理财目标优先顺序的需要合理配合。总之，理财是一辈子的事，目的是过更好的生活，通过增加、处理财务资源、资产和收入(包括目前和未来)来达成的。

专家点金

理财目标是整个理财过程的起点，只有拥有合理的理财目标才能在理财是个人(或家庭)为了实现各自的愿望，将自身所拥有的各种资源投入到金融或非金未来的理财过程中事半功倍，从而保持理财的高效与规范。

选择适合自己的投资组合

随着我国经济的发展，适合个人投资者的投资渠道也越来越多。最常见的有银行存款、股票、房地产、期货、债券、黄金、基金、外汇等，不仅种类繁多，名目亦分得很细，每种投资渠道下还有不同的操作方式。因此，一般投资者无论如何对基本的投资工具都要稍有了解。在投资前，首先要认清自己的性格类型，是倾向于保守，还是具有冒险精神。然后，再衡量自己的财务状况，量力而为，选择自己感兴趣或较专精的几种投资方式，搭配组合，以小搏大。

投资组合的分配比例主要依据个人能力、投资工具的特性及环境时局而灵活配置。个性保守或闲钱不多者，组合不宜过于多样复杂，短期获利的投资比例要少；若个性积极，财力又可以，且不怕冒险，则可视能力增加高获利性的投资比例。

只有了解投资工具的特性之后，还要搭配投资组合，才是降低风险的最佳做法。目前，大多数投资者在进行投资时，仍非常喜欢专注于某一项目的投资。但投资专家指出，不要把所有资金都投入到高风险的投资里去。正确的投资组合是将资金分散至各种投资项目中，而非在同一种投资领域中进行组合。例如，目前许多投资者都将目光聚焦在股票上，认为高风险必然带来高收益。这种投资方式所带来的最大风险，就是投资品种本身的系统风险。而建立投资组合的最大好处，就是将系统风险降到最低。如果你是一个保守型的投资者，那么可以选择国债和信托的投资组合。如果是一个进取型的投资者，那么股票和债券型基金的投资组合无疑是最适合的。

根据你的风险偏好选择投资。在投资市场里，是没有免费午餐的。富贵险中求，回报率越高，风险就越大，风险与回报率永远成正比。不同风险承受能力的投资者对于基金的选择也是不同的。

根据投资者类型和投资目标不同，一般个人投资组合可以分为三种基本模式：

1.冒险速进型投资组合

涨跌太慢，不够刺激，这是很多激进的投资者对投资的评价。比起每日涨跌在5%以内的基金而言，这些投资者更乐于投资股票。

但是投资股票具有一定的弊端。首先就是股票种类太多，经常使投资者在眼花缭乱中失去了自己的理性，也损失了自己的财富。那么，有没有一种投资产品能够既满足激进投资者的偏好，又可以较好地盈利呢?在基金产品中，增强指数基金就能够满足激进型投资者的偏好。增强指数基金并非纯指数基金，它是这样的一种基金：在基金进行指数化投资的过程中，为获得超越指数的投资回报，在被动跟踪指数的基础上，加入增强型的积极投资手段，对投资组合进行适当调整，力求在控制风险的同时获取积极的市场收益。它相对于指数基金来说更加激进，是比较适合激进型投资者的基金产品。

增强型指数基金具有特殊的资产配置方式，使得投资者更容易控制投资的整体回报与风险比率。在资产配置方面，增强指数基金多采取“核心一卫星”方法进行资产配置。所谓“核心一卫星”方法就是为控制投资组合的相对风险，组合管理人将大部分资金投资于指数基金产品，将这部分投资的相对于整个市场的风险降低为零，这部分投资成为“核心资产”;其余资金分别投资于符合市场热点风格类型的股票，以寻求部分超额投资回报，这部分投资成为“卫星投资”。这种现代的投资管理技术可以将投资组合的总体相对风险控制在一定范围内，同时对于投资的整体回报和风险也能很好地控制。

这一投资组合模式适用于那些收入颇丰、资金实力雄厚、没有后顾之忧的个人投资者。其特点是风险和收益水平都很高，投机的成分比较大。

这种组合模式呈现出一个倒金字塔形结构，各种投资在资金比例分配上大约为：储蓄、保险投资为20%左右，债券、股票等投资为30%左右，期货、外汇、房地产等投资为50%左右。

2.稳中求进的投资组合

(1) 基金组合的选择：中庸型投资者一般是在中等风险水平下追求稳定的收益，这样的投资者可以选择这样的基金组合——以配置型基金为主，债券型基金为辅，少量配置股票型基金，兼顾资产的中长期保值增值和收益的稳定。

(2) 投资时机的选择：对于中庸型投资者来说，更关注资金平衡和恰到好处，因此更应该注意投资时机的选择艺术，从而实现自己的投资目标。一般来讲，投资时机的选择与经济所处时期有着密切的关联，景气循环投资理论便是将投资与经济所处时期相联系的一种投资理论。景气循环投资理论将景气循环分成四个阶段，投资者可以根据每个阶段的经济发展方向来决定投资方向。

①景气复苏期。此时利率水平低，有些产业已经开始复苏，虽然经济尚未全面翻升，但是衰退期已经过去了，这一阶段，中庸型的投资者应投资于股票和股票型的基金，因为股票和股票型基金此时会随着经济的转好而具有较大的升值空间，同时风险较小。

②景气成长期。此时经济开始增长，利率水平上升，这时投资股票和股票型基金还是最好的选择。但由于各国的景气复苏步调不一，如果投资者没有抓住本国景气复苏的良好时机，则可以投资于海外基金，挑选景气准备复苏的海外股市来投资。

③景气繁荣期。此时经济一片繁荣，利率水平持续走高，投资人心态普遍较为乐观，但是在投资持有方面，投资者应该坚持股票和股票型基金，而酌量增加债券型基金的分量。中庸型投资人此时应该考虑收成了，而不能再一味追求投资回报的增加。

④景气衰退期。经济发展由盛到衰，开始至少要经历三年的衰退期，此时利率水平开始由高点向低点滑落。这一时期，适宜将资金自股票和股票型基金转移到债券型基金上。这时股票和股票基金的空头市场操作往往会获得良好的业绩。

这一类投资组合模式适用于中等以上收入，有较大风险承受能力，不满足于只是获取平均收益的投资者，他们与保守安全型投资者相比更希望个人财富能迅速增长。

这种投资组合模式呈现出一种锤形结构形式。各种投资的资金分配比例大约为：储蓄、保险投资为40%左右，债券投资为20%左右，基金、股票投资为20%左右，其他投资为20%左右。

这一投资模式适合以下两个年龄段的人群：从结婚到35岁期间，这个年龄段的人精力充沛，收入增长快，即使跌倒了，也容易爬起来，很适合采用这种投资组合模式；45～50岁之间，这个年龄段的人，孩子成年了，家庭负担减轻且家庭略有储蓄，因此也可以采用这种模式。

3.保守安全型投资组合

保守型投资者追求低风险水平的资产保值增值，他们既不愿意承担较高风险，又期望资产能够达到保值目的，同时要保证随时应急。

这一类投资组合模式适用于收入不高，追求资金安全的投资者。保守安全型投资组合具有以下特点：

市场风险较低，投资收益十分稳定。其选择基本上是一些安全性较高，收益较低，但资金流动性较好的投资工具。

保守安全型的投资组合模式呈现出一个正金字塔形结构。各种投资的资金分配比例关系大约为：储蓄、保险投资为70%（储蓄约占60%，保险约占10%）左右，债券投资为20%左右，其他投资为10%左右。保险和储蓄这两种收益平稳、风险极小的投资工具构成了稳固、坚实的塔基，即使其他方面的投资失败也不会危及个人正常生活，其不能收回本金的可能性较小。这样，投资者就可以获得资产平缓增值。

当然，这只是几种具有典型代表性的模式，分别反映出高、中、低三种投资目标层次。事实上，在实际操作中，各种投资工具的选择及其比例并没有严格的限定，也没有必要尝试每一种投资工具。投资者主要是根据自己的实际情况，确定投资组合，适当增加或降低风险及收益水平。

专家点金

建立合适的投资组合能让不同类型的投资取长补短，让基金组合更好地满足投资人多样化的财务需求，帮助投资人以时间换空间，稳定地获得长期增值。

第三章

一生理财的战术技巧

怎样选择自己的理财品种、理财方式，要结合经济的走势，也应结合自己家庭情况、年龄、性格、职业、收入等等方面具体情况综合考虑，切勿盲从。选好产品，做好投资组合，是获得长期稳定收益的根本途径。建立合适的投资组合能让不同类型的投资取长补短，让投资组合更好地满足多样化的财务需求，帮助投资人以时间换空间，稳定地获得长期增值。我们每个家庭要根据自己或家庭的实际情况选择适合自己的理财组合，相信成功终将会属于你。

家庭理财要学会理性消费

投资理财需要具有哪些新理念?中国理财市场的健康发展，一方面需要金融机构不断提高金融服务水平，开发出更多更好的理财产品，培养出更多高素质、复合型金融人才;另一方面也需要加强对投资者的理财教育，培养投资者的理财意识。在对投资者的理财教育中，树立正确的理财观念是非常重要的。

1.健康即省钱

有道是“健康是福”，身体健康不去医院，不吃药，自然就能省下一大笔钱。如果不懂得爱惜身体而一味节省，什么都不舍得买，无疑步入一种“贪小失大”的误区。何况，如今医药费偏高，一旦身体不适，上一次医院少则几百元，多则数万元。若患上重病，可能会将自己辛苦多年的积蓄一扫而光，严重的甚至有破产的危险。所以应该在健康上多做些投资，唯有健康才是最大的节约。

2.平安就是赚钱

人生在世，平平安安不仅是一种福气，而且等于赚了钱。因此，投资理财应当把安全放在重要位置上。从居家到出门，从大人到小孩，从用电到用火，从电器到照明，从骑车到走路……都应该做好安全防范工作。如自行车、热水器、高压锅、电线等若出现老化、破损、陈旧、超期……就应该及时更换，不能为了省钱而将就继续用。安全上不出问题，就等于抱了一个“金娃娃”。

3.心明不破财

现在市场上，骗人的把戏更是层出不穷，且往往打着各种诱人的幌子。要使自己不破财，就应该保持警惕。尤其是对那些类似“双簧”的把戏，更应该去掉“贪便宜”的心理。“天上不会掉馅饼”，明白了这一点，就不会上当受骗。事实上不破财也是最成功的理财。

4.发现等于发财

现在值钱的东西越来越多，如钱币、字画、古董、家具、古籍……一旦发现其身价，简直是挖到了一堆金元宝。因此，在理财过程中还应该善于发现，一旦有所发现就会给你一个惊喜。

尽管不是每个家庭都有可发现之物，但“明珠”被埋没的家庭恐怕也不会是少数。如上述这类值钱的东西在不少家庭都有一些。即使没有古董，现代的东西，如分币、像章、粮票、小人书……现在也开始值钱了。因此，在理财中，应该随时翻翻家里的“老底”，理理角落那些不起眼甚至是积满灰尘的东西，说不定就会有所发现，给你一个极大的惊喜呢！

怎样做个理性消费的消费者？

（1）理性消费要有长远规划

在购物时不能只看眼前利益，要考虑到长远。比如手机是一种更新换代非常快的消费产品，在购买的时候，就一定要清楚自己需要的功能，然后再作选择，比如想买用来听歌的音乐手机，就应该选取在这方面比较有优势的配置，一方面不容易被淘汰，维护更换配件方便；另一方面减少了更新换代的费用。

（2）培养良好的消费习惯

勤俭节约是中华民族的传统美德，在日常生活中节约水、电不仅仅为了省钱，也是为节约社会资源作贡献。所以我们应该树立节约的良好习惯。存好单据也是我们应养成的好习惯。在生活中一些商品的保修和退货都需要原始单据，如丢失了原始单据，就只有自己掏钱了。

(3) 理性消费要做到五“勤快”

这里说的勤快包括五个方面:勤说、勤算、勤学、勤看、勤跑。“勤说”即是指砍价。“勤算”即是指要善于计算。“勤学”即是指从熟人、网络、杂志等多种途径学习一些新的消费技巧及理财知识，从而提高自身的理财能力。“勤看”就是指多看多打听一些打折、促销的消息以及各种商品的发展趋势，使自己购买商品时有一个比较低廉的价格及正确的方向。“勤跑”顾名思义就是指购物要货比三家，特别是在购买大件商品时此法尤为有效。如今不少商店(特别是个体商店)，同样的商品，价格却大不一样。

(4) 理性消费要多听取专家的意见

有些消费方面是需要一些专业知识的，当遇到专业问题的时候，应该多听取一些专家的意见。例如选购彩电，现在市场上彩电产品琳琅满目，功能五花八门，这时候可能首先吸引我们的是那些功能最为齐备的，尤其是与数字、高清晰度、多种模式这些时下最流行的词汇相关的功能，让我们在高价格面前犹豫不决。但是，如果你能找一位专家询问之后你就会知道，有些功能在中国内地是没有任何意义的，因为这些功能对传输线路有较高的要求，国内尚无法满足这些功能的基本要求，因此某些功能是华而不实的。而如果选择了一款相同尺寸、显示效果相同而没有其他数字等功能的产品，你就能节省不少钱!总之，购物要讲究物尽其用。

(5) 理性消费还要善于运用网络资源

网络的方便快捷为商品交易省去了许多中间环节，所以一般网络上的东西要比商场里便宜很多，而且各种各样的信息以及免费资源无处不在，真可谓“只有你想不到的，没有你找不到的”。有条件的消费者要充分利用网络的免费资源。你可以从网络上浏览一些免费的英语教材及英文资料，从网络上下载一些免费的软件，下载免费的电影或者是歌曲，看免费的报纸和杂志等。当然，利用网上资源最重要的就是应该保证合法性，侵害知识产权等任何不合法的事情都应该避免。再就是学习一些上网的小窍门(增快网速、网站下载)，在保持了原有上网品质的同时，网费、电话费的支出会有较大幅度的下降。

那么，如何树立正确的理财观念?

1.投资理财是一个长期过程，需要时间和耐心，不可能一夜暴富。

2.家庭不是企业，应该把资产的安全性应放在第一位，盈利性放在第二位。

3.每个投资者都要树立风险意识，投资是有风险的。低风险的投资品种，如银行存款、国债等，难以产生高回报；高风险的投资品种，如股票、实业投资，有产生高回报的可能，但也能导致巨额亏损。

4.要保证家庭良好的资产流动性，保持富余的支付能力，不要将资金链绷得太紧。

5.保险是重要的保障手段之一，保险是家庭资产的重要组成部分，一份保险也是一份对家人的关爱。

6.要根据自己及家庭的实际情况及风险承受能力选择理财品种，不要随波逐流。

7.不要过度消费。尤其是贷款消费，如房贷、汽车贷款等，贷款是刚性的。尽量减少家庭的债务负担。

8.股票是一种最好的长期投资工具。它是使家庭资产大幅增值的最有效的投资方式，但如果投资操作不当，会导致巨额亏损，造成家庭财务危机。一定不能用借来的钱炒股票。

9.要将生活保障（现金、债券、住房、汽车、保险、教育）与投资增值（股票、实业、不动产）合理分开。投资增值是一种长期行为，目的是使生活质量更高，不要因为投资而降低目前的生活质量。投资资金应该是正常生活消费以外的资金，用这样的闲钱投资，投资人才能保持一个良好的心态。

10.要学习理财知识，同专业理财人员交流。要有一定的分辨能力，因为钱是你自己的。

11.可以委托理财，但要慎选受托人。

12.要编制家庭财务报表。包括资产负债表和现金流量表，做到收支有数，心中有底。

13.要制定量化的、合理的理财目标。针对理财目标配置资产，做到有的放矢。

14.抵制过高投资回报率的诱惑，任何投资回报率过高的项目都是值得怀疑的。

15.投资一个项目先考虑风险，再考虑收益，不能合理控制风险，收益无从谈起。

专家点金

今天，人们已经不需要去考虑如何“将一分钱分成两半花”，随着商品的日益丰富，钱包渐鼓的人们开始考虑“奢侈消费”。在衣食住行消费中就不乏“乱花钱”的事情，然而这样的非理性消费真的就无可厚非么?其实不然。对于大多数人来说这种奢侈的消费并不恰当。聪明的消费者应该做到在购物时“购一物，长一智”，简单地说就是要理性的合理的消费。

怎样合理选择家庭投资组合

为了分散投资风险，在投资时往往会采用投资组合的策略。投资组合是指由投资人或金融机构所持有的股票、债券、衍生金融产品等组成的集合。投资者在选择适合自己的投资组合时，应以不影响个人的正常生活为前提，把实现资本保值、增值和提升个人的生活质量作为投资的最终目的。需要提醒投资者的是，储蓄和保险是个人投资中不可或缺的组成部分，因此无论采取什么样的投资组合模式，无论比例大小，都需将这两者考虑进去。

根据投资者类型和投资目标的不同，可分为以下三种投资组合模式:

1.安全保守型投资组合模式

收入不高、追求资金安全的投资者可选用此种模式。

由于安全保守型投资组合模式选择的基本是一些安全性较高、收益较低，但资金流动性较好的投资工具，因此市场风险较低，投资收益十分稳定。

这种投资组合模式是一个正金字塔形结构。各种投资的资金分配比例关系为:储蓄、保险投资约占70%，债券投资约占20%，其他投资约占10%。在这种投资组合模式中，由于保险和储蓄这两种收益平稳、风险极小的投资工具占了绝大部分，因此即使在其他方面投资失败也不会有太大的损失。

2.稳中求进型投资组合模式

中等以上收入、有较大风险承受能力、不满足于只是获取平均收益、希望个人财富能较快增长的投资者适合这种模式。

这种投资组合模式是一种锤形组织结构。各种投资的资金分配比例为:储蓄、保险投资约占40%，债券投资约占20%，基金、股票约占20%，其他投资约占20%。

3.冒险激进型投资组合模式

这种投资组合模式的特点是风险和收益水平都很高，投机的成分比较重，适用于收入颇丰、资金实力雄厚、没有后顾之忧的个人投资者。

这种组合模式是一种倒金字塔形结构，各种投资的资金分配比例为：储蓄、保险投资约占20%，债券、股票等投资约占30%，期货、外汇、房地产等投资约占50%。

这种模式的风险性大，投资者要特别慎重。在作出投资决定之前，要从经济能力和心理承受能力方面对自己作一个正确的评估。

实施投资计划。建立基金组合和建一座房子其实是一样的，制订计划和实施起来的差距还是很大的。如果你只是一个负责设计的工程师，那么你的工作只是在干净的图纸上而已。而如果你是负责建造的，你的工作环境可能就比较差了，可能会遇到险恶的环境、不合适的土壤和不听指挥的建筑工人。

与之相同，实施投资计划时你可能也要面临一些挑战。这些挑战一部分来自于基金本身，其他来自于投资者自身的一些特定情况。有了正确的建议，就会克服这些困难。其实投资于基金比造房子还是容易很多的，最起码一个人就可以完成。

投资基金和基金家族的数量

25%投资于债券基金，50%投资于国内股票基金，25%投资于国际股票基金。这已经很具体了，可是没有给出应该投资的基金和基金家族的数量。

投资多少基金取决于你的投资情况和所持有的用于投资的资金的金额。你最少要投资于可以足够多样化的基金组合，组合中的基金不光是投资于不同种类的证券（股票基金和债券基金），而且在这种大类下也要多样化投资——期限不同的债券基金和公司规模不同的股票基金。

需要提醒的是：不要让你投资的基金多到你已经没有时间去调查。如果你已经没有时间去读你基金的半年报告和年报，那么这就意味着你已经投资了过多的基金。没有适当的监控，多样化就是没用的。

让基金配合你的资金配置。使你的资金配置变得麻烦的一个因素是你的基金有其自己的资金配置。例如一个混合型的基金可能投资于60%的股票基金和40%的债券基金。而可能你想投资的是75%的债券基金和25%的股票基金。在这种情况下，如何让你的基金适合于整体的计划呢？

一个方法是避开混合基金。简化你的投资：不要投资于投资成分比较复杂的基金。只买一些比较纯粹的基金，如100%（或接近100%）投资于股票的股票基金，只投资于债券的债券基金和只投资于海外的国际股票基金。

这种方式的投资是很简单的。如在35岁的人提供的投资组合的资金分配:25%投资于债券基金,50%投资于美国股票基金,25%投资于国际股票基金。如果你有1万元的资金而且坚持投资纯粹的基金,投资于每个基金的金额就只用这些比率乘以1万元就好了。

资金不足时如何实现资金配置?刚开始投资时你的资金可能很少,下面是关于如何用少量的金钱进行投资配置的方法。由于有初始最低投资额的限制,你可能已经意识到你只能购买少数的基金。

不用怕,你可以用以下的几个方式来解决这个问题:

购买一个混合基金或基金的基金,它们的资金配置和你所要求的可能是一致的。你可能怕找不到和你想要的组合一致的基金,其实与现在这样的情况差不多接近就很好了。而到你能够负担的时候,你可以从混合基金中撤出投资,投资于你原来选择的基金。

购买你想要的基金——在你可以负担时逐一购买。这个策略称之为随时间变化逐渐多样化。这种做法是合法的。

有一个可以改善你的投资策略的技巧,就是从购买那些当时最没有回报的基金(如债券基金或国际股票基金)投资开始,即趁这些基金所投资的债券或股票大跌时买进。第二年仍投资那些最没有回报的基金。选择的一定是当下没有回报但是优质的基金!

大额的投资:重点投资还是平均投资?大多数人投资和储蓄是一样的。通过公司的退休计划如401(k)进行投资是一个非常理想的选择:它是自动进行投资的,而由于你每次都是以不同的时间购入,因此一般来说是不会买到业绩最差的基金的。

而如果你用于投资的资金较多,那么投资于货币市场基金和储蓄账户是不是浪费呢?也许这笔钱是你最近节约的成果,或者来自于你最近继承的一笔遗产或因工作赚的一笔钱。而你想要好好利用这笔钱,并且已经决定了投资的方式,但是在你要去投资的时候反而又开始犹豫起来。

在这个时候有的人觉得蒙受了损失、失败,甚至因把钱浪费在货币市场基金和储蓄而产生了罪恶感。要记住一件很重要的事:将钱投资于货币市场基金和储蓄至少要比你投资于一个不了解的项目而损失20%要好得多。而且这些投资可以作为你的资金的中转站。

那么应该如何管理你的这些财富呢?一个方法是用成本平均法进行你想要的投资。

也就是你进行分期投资，如每个月或每个季度投资一次。如果你想投资的是5万元，而且想在一年的四个季度中投资，你可以每个季度投资12500元直到全部投资完为止。而这时投资于你的货币市场基金和储蓄账户的尚未投资的资金还可以享受利率。

如果你想有计划地进行投资，可以在一年中陆续投资，但是这样的风险会比较大。而如果你的资金比较多，你可以在2~5年内将资金进行平均的投资。

处理目前的投资。一些已有一定的投资组合，现在又想投资一项综合的共同基金项目的投资人会问：现有的投资怎么办?保持那些比较好的非基金的投资。虽然比较赞成投资基金，但是大可不必将你所有的资金都用来投资基金。如果你喜欢投资于房地产或者是自己选择的证券，那么就继续投资下去。可以将这些投资考虑到你的资金配置中去。去掉那些费用高而业绩差的投资。在你了解了一些优秀的基金后，你会知道这些基金是多么的差。一定要毫不犹豫地将它们去掉。注意一下税收的影响。如果你决定卖出你持有的升值比较大的投资于退休账户以外的基金，要考虑一下其中的税收的问题。持有的基金在12个月以上的资本收益的税率相对较低。

专家点金

投资者在选择适合自己的投资组合时，应以不影响个人的正常生活为前提，把实现资本保值、增值和提升个人的生活质量作为投资的最终目的。

合理规划自己的投资

为了更好地在收益和风险之间取得平衡，投资组合的配置相当重要。下面有几种比较典型的组合，可以供投资者在此基础上调整使用。

1.单身型

如果您属于追求高风险高收益，特别是那些没有家庭负担，没有经济压力，为追求资产快速增值而愿意承担一定风险的单身一族，可以选择“单身型”投资组合方案，以积极投资为主，增加股票和股票型基金资金配置，配以储蓄、债券型基金、配置型基金等其他类型。充分分享股票市场伴随中国经济快速发展而获得的收益，积极谋求资本增值的机会。

2.白领精英型

如果您属于追求较高风险水平，获取较高收益的客户群，尤其是那些收入稳定、工作繁忙、短期内没有大额消费支出，想稳步提升个人财富数量的白领人士，可以选择白领精英型组合，以股票型基金和配置型基金为主，债券型基金为辅，在兼顾风险控制条件下，谋求资产长期稳定增值。

3.家庭形成型

如果您是追求中等风险水平，获取较高收益的客户群体，尤其是那些资金实力虽不强，却有明确财富增长目标和风险承受能力，同时短期内有生育孩子计划的年轻家庭，可以选择家庭形成型组合，以配置型基金为主，兼有股票型基金和债券型基金，有利于基金资产稳定增值，以备增添人口支出和资产增值需求。

4.家庭成长型

如果您追求在中等风险水平下能够得到可靠的投资回报，属于添孩子以后的三口之家，期望依靠投资部分来满足子女今后几年教育开支预算的需要，则可选择家庭成长型组合，以配置型基金为主，债券型基金为辅，少量配置股票型基金，兼顾资产的中长期保值增值和收益的稳定性。

5.退休养老型

如果您追求较低风险水平的资产保值增值，尤其是中老年客户，既不愿意承担较高风险，又期望资产能够达到保值目的，同时要保证随时应急，那么可以选择退休养老型组合，资产配置以低风险的债券基金为主，少量组合配置型基金，可以取得资产平缓增值。以上投资组合仅供参考，投资者可以根据自己的情况“对号入座”。

下面就让我们来了解各种投资工具的特性。

1.储备型

银行存款，国债都归入此类。银行存款和国债的风险低，流动性大，收益也有一定的保障。储蓄，被大多数投资者认为是最保险、最稳健的投资工具，方便、灵活、安全，主要是通过本息的累积，来实现财富的增加。国债，被大多数投资者认为是最重要的投资方式。国债是财政部代表政府发行的国家公债，由国家财政信誉作担保，历来有“金边债券”之称。许多稳健型投资者，尤其是中老年投资者对它情有独钟。国债的收益风险比股票小、信誉高、利息较高、收益稳健，但相对其他产品而言，投资的收益率仍然很低，尤其是长期固定利率国债投资期限较长，因而抗通货膨胀的能力差。

2.稳健型

开放式基金、投资性质的保险、房地产，收益和风险都是中等的。

开放式基金，全世界的平均回报率是7%，虽然不是绝对不亏，但风险较小，被大多数投资者认为是最新潮的投资方式。它具有专家理财、组合投资、风险分散、回报优厚、套现便利的特点，还有专业投资团队进行分析操作，不需要投资者投入太多的精力。在存款利率低、股市风险大的情况下，基金成为许多投资者一往情深的对象。值得注意的是基金的风险对冲机制尚未建立，个别基金公司重投机轻投资，缺乏基本的诚信。在投资基金以前一定要弄清楚基金的类型，此外还应比较基金管理公司、基金经理的管理水平和不同基金的历史业绩。从长远看，开放式基金不失为一个中长期投资的好渠道。

房地产，被大多数投资者认为是最实惠的投资方式。虽说现在的房价涨得惊人，很多人包括经济学家都在说其中有泡沫，但是很多人也说现在是投资的好时机。房地产投资已逐渐成为规避通货膨胀、利用房产的时间价值和使用价值获利的投资工具，房地产投资已逐渐成为一种低风险、有一定升值潜力的理财方式。其缺点是流动性差，适合有相当多资金可以做中长期投资的人。但同时也需要面临投资风险、政策风险和经营风险。

3.进取型

包括外汇买卖、股票、期货和收藏品等，这一类理财工具的特点是高风险、高收益。

股票，被大多数投资者认为是高风险高收益的投资方式。股市风险的不可预测性毕竟存在，高收益应对的是高风险，需面对投资失败风险、政策风险、信息不对称风险，而且投资股票对心理因素和逻辑思维判断能力的要求较高。因此最好不要进行单一股票投资，一般的资产组合应有十余种不同行业的股票为宜,这样你的资产组合才具有调整的弹性。

炒汇，被大多数投资者认为是辅助性投资方式。它可以避免单一货币的贬值和规避汇率波动的贬值风险，从交易中获利。不少炒外汇的投资者认为，炒外汇风险比股市小，不过收益也比股市低。但是炒汇要求投资者能够洞悉国际金融形势，其所消耗的时间和精力都超过了普通投资者可以承受的范围。目前在国内市场人民币尚未实现自由兑换，一般人还暂时无法将其作为一种风险对冲工具或风险投资工具来运用。

一般情况下，当出现以下几种情况时，投资者应该对投资组合予以调整：

（1）市场行情出现重大变化。股票型基金和配置型基金因为重仓持有较大比例的股票，因而与股市的表现关联度大，所以股市的大幅波动一定会影响到基金的涨跌。在2002年到2005年上半年，股市都在熊市之中，当时的市场行情下，投资债券型基金、货币型基金风险低、回报稳定。2005年下半年开始，股市日趋牛市，到2006年更是出现了单边上扬的行情，此时，就该对投资组合进行调整，适当增加股票型基金的比例，来增加自己的投资收益。

（2）自身财务状况的变化。在日常生活中，我们的财务状况随时可能发生变化。既可能有突发事件需要我们减少投资来应付，也有可能因为工资上涨或奖金发放等原因使我们的投资资金增加。当投资资金发生变化时，我们也应该根据理财目标对投资组合进行调整，赎回哪只，申购哪只，这些都是要慎重选择的。

（3）自身理财目标的改变。在投资前，投资者都设定了自己的理财目标，为了买房、买车、还贷……但是这些目标也可能发生变化，当理财目标改变后，我们的投资组合也应该做出相应的改变。比如，由于油价上涨，原本买车的计划改变了，这时投资者的收益率要求可能就会发生改变，相应的，投资组合也应该调整。

（4）组合内投资产品发生重大变化。这时，投资者就应该及时调整资产组合，以期规避风险或获取更大的投资收益。

专家点金

人与人之间千差万别，情况各异，这就需要根据个人所从事的工作、固定收入与额外收入、经济环境状况等因素制订出适合自己现实情况的投资计划。做好基本功夫，选好产品，做好投资组合，这才是获得长期稳定收益的根本途径。

选择适合自己的理财方式

随着人们收入来源越来越广泛，很多人都开始把理财当作赚钱的"第二职业"，传统的渠道比如储蓄理财、投资股票、基金理财、投资收藏品、艺术品、买房子等等。但很多人并不清楚究竟应该如何投资怎样理财，因此在盲目的投资和选择了不当的理财方式之后，难免会造成很多不必要的资金损失。事实上，选择何种理财方式是迈向成功的第一步，面对众多的理财方式，选择的唯一标准就是看是否真正适合你。

那么，怎样选择真正适合自己的理财方式，避免盲目地投资和理财，造成很多不必要的资金损失呢?

面对众多的理财方式，我们选择的唯一标准就是它是否适合自己，以量体裁衣的方法来选择适合自己的理财方式。我们可以从家庭、年龄、性格、职业以及收入等五个方面来具体分析怎样选择理财方式。

1.根据年龄选择理财投资方式

你的年龄告诉你的理财路。年龄就是一种阅历，是一种财富。人在不同的年龄阶段所承担的责任不同，需求不同，抱负不同，承受能力也不同，所以有人将人生理财根据年龄分为不同阶段:

(1) **青年期**(18~35**岁**)

青年时期的社会阅历日渐增多，收入来源逐渐广泛起来，负担却不重，因此这个时期可以选择积极的投资方式，将自己的闲置资金用于追求高回报的理财品种，譬如基金、期货、股票等。

特征:经济收入较低，但花销大。

投资风格:这个时期，由于收入不高，但抗风险能力较强，要着重选择投入低廉、回报较高的短期保障型品种。

投资业务:在投资方面，可选择积极的投资方式，以较大风险追求较大利润。但应避免过分分散投资，且投资只能用闲置资金。

(2) **壮年期**(35~55**岁**)

人到中年，生活开始稳定下来，在自己的领域成了中坚力量，经济收入也明显增加了。这一阶段理财投资可以选择稳健型的方式，重点投资中低风险或自己较有把握的理财品种。

特征:经济收入增加且生活稳定，是社会消费的中坚力量。

投资风格:投资者事业正值顶峰，在扩大投资的同时，应逐渐降低风险。

投资业务:这一阶段理财投资应选择稳健型的投资方式，以中低风险或自己较有把握的投资品种为主。

(3) **老年阶段**(55**岁以上**)

老年阶段属于个人收入的衰退期，主要收入是退休金和子女的回馈，可以进一步加大养老保险的投入。

到55岁的时候，我们的“保命钱”应该够未来20年的生活费。股票型基金尽可能少买，因为老年人无论从生理、心理还是财务安全上，都不适宜进行高风险的组合投资。

特征:经济收入来源有限，主要是退休金。

投资风格:这一阶段属于个人收入的衰退期，投资者的主要理念是安全投资，注重现金收入，以迎接即将到来的退休生活。

投资业务:保险方面要进一步加大养老型险种的投入。投资方面，宜选择保守型投资方式，以取得平缓的现金收入。对于有较多资产的老年投资者，此时应采取合法节税手段。

2.根据职业选择投资方式

有人说个人投资理财首要是时间的投入，即如何将人生有限的时间进行合理的分配，以实现比较高的回报。其中，你的职业决定了你能够用于理财的时间和精力，而且在一定程度上也决定了你理财的信息来源是否充分，由此也就决定了你的理财方式的取舍。例如，假定你的职业要求你经常奔波来往于各地，甚至有时十天半月都难以踏实地看一回报纸或电视，显然你选择涉足股市是不恰当的。你所从事的职业必然会影响到你的投资组合，对于一个从事高空作业等高风险性作业的人而言，将其收入的一部分购买保险自然是一个明智的选择。

3.根据你的个性选择投资方式

你的性格决定你的理财方式。人的个性决定其兴趣爱好以及知识面，也决定其是保守型的还是开朗型的，是稳健型的还是冒险型的。这里讲的性格，主要是指一个人的抗风险能力。如果一个人对本金损失在10%~15%以上都能承受的话，那么他的承受能力可以说很强，这类人适合于搞一些风险系数相对高一些的投资，但反过来讲对于那些承受能力偏弱的人群，则还是以投资国债和一些保本的基金或保险品种为主。

4.根据收入情况选择投资理财方式

收入决定理财的力度。理财首先必须有财可理，如果你的收入不多，刚够支出，你理财的第一步就是增加收入，当然可以稍做节余，用于投入资金不大，但有可观升值潜力的纪念币和邮票等，也可以进行银行储蓄投资，零存整取积累投资资金;如果你有了比较充裕的资金，能够承担较大的风险，则可以尝试基金理财和投资股票;资金非常充足了，则可以选择收藏珍贵古玩、投资固定资产。

5. 根据家庭情况决定理财方式

我们根据家庭组合方式进行分析。

（1）两口之家

年轻人刚建立家庭，理财的中心在于广开财源，不断增加家庭的经济收入，这个时期如果不买房买车的话，负担是比较轻的，如果两个人的工作稳定，收入比较高，可以考虑购买股票和基金，选择高回报的理财方式。

（2）三口之家

夫妻两个加一个小孩，开支加大了，风险的承受力变小了，这种情况下，我们的投资就要向稳健型转变，可以选择银行储蓄理财和基金投资理财，理财的中心是为孩子储备成长、教育资金。

（3）五口、七口之家。

现在的家庭结构大多是4－2－1的类型，在父母年老体迈、孩子嗷嗷待哺同时出现的情况下，我们丝毫不敢疏忽，理财务必稳中求进，稳妥的理财方式是购买国债、医疗保险等，平时消费得周密计算，合理支出，把钱花在刀刃上。

专家点金

我们怎么样选择自己的理财品种、理财方式，要结合经济的走势，也应结合自己家庭情况、年龄、性格、职业、收入等等方面具体情况综合考虑，切勿盲从。每个家庭的收和支是结伴而行的，家庭理财的重心在于立下一个详尽的财务规划，因为家庭理财关系到一家人的安康以及这个家庭的和谐。总之，生财之道，人各有之。我们每个家庭要根据你或家庭的实际情况选择适合自己的理财方式，相信成功终将会属于你。

第四章

时刻防控的理财战术调整

既然投资市场有多种形态，那么投资一定要做不同的投资组合，才能规避风险达到利润最大化。必须判断行情是熊市、牛市还是长熊市、长牛市。与此同时，伴随着年龄增长，理财规划、理财目标和理财策略也有所不同。因此，一生理财并不是一个固定不变的公式，投资者要根据不同情况调整投资组合。故此要以理性投资应对市场不确定性也要灵活地掌握。投资者可采取不同的策略应对市场的变化，见招拆招最重要！

如能尽早理财，方可尽早获利

要想圆一个美满的人生梦，不仅要有一个科学的人生规划，也要懂得如何应对人生各个阶段的生活所需，而将财务做适当计划及管理就更显其必要。众多理财专家都认为:理财要趁早，且要贯彻一生。

我们可以把人生分为六个时期。根据这六个人生分期，我们分析人生各阶段的责任及需求，制定符合自己生涯的理财规划。

在我们身边，有许多人一辈子勤奋努力，辛辛苦苦地存钱，却又不知所为何来，既不知有效运用资金，亦不敢过于消费享受;或有所图“以小搏大”，不看自己能力，把理财目标定得很高，在金钱游戏中打滚，失利后不是颓然收手，而是放弃从头开始的信心，落得后半辈子悔恨抑郁再难振作。

许多理财专家都认为，一生的理财规划应趁早进行，以免老了才嗟叹空悲切。

1.求学成长期

这一时期以求学、完成学业为阶段目标。这时经济收入很少，主要是依靠父母提供生活费用，因此我们需要贯彻的是省钱即赚钱，知识即财富。此时我们可以尽量多充实有关投资理财方面的知识，逐渐建立起正确的消费观念，若有零用钱的“收入”应妥善运用，养成良好的消费习惯，切勿“追赶时尚”、“死要面子活受罪”，为虚荣所役。

2.初入社会青年期

初入社会的第一份薪水是追求经济独立的基础，可开始实务理财操作，此时年轻，较有事业冲劲，是储备资金的好时机。这一时期的阶段目标是工作、升职或者创业，刚刚步入社会的第一份薪水是经济独立的开始，这时我们可以开始实务理财操作，此时攒钱是理财的重点。初入社会，可能收入还不算丰厚，支出的负担却不轻，要谈恋爱，要讲面子，孝敬父母，甚至结婚生子，因此，我们应从开源节流、资金有效运用上双管齐下，从自己的工资中拿出一部分钱，尝试进行投资，为中年以后的投资积累资金和经验，为以后加大投资力度打好基础，切勿急躁冒进，量入为出最为要紧。

3.成家立业期

结婚以后是人生转型调适期，事业开始慢慢走向成功，此时的理财目标因条件、环境以及需求不同而各异，随着社会地位的提高，收入的增加，我们可以试着从事高获利性及低风险的组合投资，理财宜采取稳健及寻求高获利性的投资策略。比如买股票、不动产等，加强投资力度，为日后自己的生活以及子女的成长和教育积累资金。此时，若是双薪无小孩的“新婚族”，较有投资能力，可试着从事高获利性及低风险的组合投资，或购屋或买车，或自行创业等。而一般有了小孩的家庭就得兼顾子女养育支出，理财也宜采取稳健及寻求高获利性的投资策略。

4.子女成长中年期

处于这个人生阶段，生活、工作和经济压力相对于前面几个阶段都要来得重，因家庭成员增加，生活开销也渐增。阶段的理财重点在于子女的教育储备金，如果有扶养父母的责任，那么医疗费、保险费的负担也须衡量。正是“上有老，下有小”的关键时期，但是由于赚钱的渠道增多了，收入的增加速度也相应快起来，这个年龄阶段的很多人都成为社会的栋梁，理财投资宜采取组合方式，稳中求进。此阶段尤其要关注对自己身体方面的投资，因为很多疾病开始在这个年龄阶段侵袭人体。理财投资宜采取组合方式，贷款也可在还款方式上弹性调节。

5.空巢中老年期

这个阶段因子女多半已各自离巢成家，教育费、生活费已然减少，子女到另外一个城市读书或工作，可以算作空巢的萌芽，所以我们说，空巢早于退休。正式的空巢阶段应该在子女多半已成家，教育费、生活费已经减少，资金也已累积一定数目，这个时期不适宜去做股票和基金，空巢阶段和更年期差不多是一个年龄段，工作比较繁忙，因生理方面的原因，情绪波动也可能比较大，投资可以朝向安全性高的保守路线靠拢，这样有利于身心健康和家庭和谐。此时的理财目标包括医疗、保险项目的退休基金。因面临退休阶段，有固定收益的投资者尚可考虑为退休后的第二事业做准备。

6.退休老年期

此时应是财务最为宽裕的时期，但休闲、保健以及医疗费的负担增加了，理财应采取“守势”，以“保本”为目的，可以少量地进行股票和基金的投资，因为退休后，自己有了足够的时间和精力，投资理财不仅可以赚点儿小钱，还可取点儿乐趣，让自己劳逸结合。这个时期不宜从事高风险的投资，以免影响身体健康及正常生活。退休期有不可规避的“善后”特性，因此财产转移的计划应及早拟定，评估究竟采取赠与还是遗产继承方式符合需要。

上述六个人生阶段的理财目标并非人人可实践，但人生理财计划也决不能流于纸上谈兵，毕竟有目标才有动力。若是毫无计划，只是凭一时之间的决定主宰理财生涯，则可能有“大起大落”的极端结果。财富是靠“积少成多”、“钱滚钱”逐渐累积，平稳妥当的理财规划应及早拟定，才有助于逐步实现“聚财”的目标，为人生奠定安全、有保障、高品质的基础。

专家点金

人生是一个漫长的过程，我们根据各个年龄段的不同需求，明确地做好一生的理财规划，也便于我们有序地开展理财行动。要圆一个美满的人生梦，除了要有一个好的人生规划外，也要懂得如何应对各个人生阶段的生活所需，而将财务做适当计划及管理就更显得必要。既然理财是一辈子的事，何不及早认清人生各阶段的责任及需求，制定符合自己的理财规划呢？

家庭投资配置如何降低风险

一项投资的收益潜力越大，其蒙受短期损失的可能性和数额就越大。这是普遍投资的规律。如果没有损失的可能性，那你根本不必考虑什么资金配置。不论有什么样的投资目的都可以全部用于购买股票基金。然而，在现实中，股票基金是一种不稳定的投资方式。尽管它有较高的长期收益，但是它的短期损失的可能性也较大(与购买债券基金和投资于货币市场相比较)。

资金配置的目标就是在获得高收益和抵御短期损失之间寻求最大的平衡。虽然每个人对风险的接受程度不同，但是每个人都希望获得高收益。而避险的能力是由投资的时限决定的。

1. 降低风险的投资时限

投资时限是指从现在到投资目标完成所需的时间。投资时限越长，抵御短期损失的能力就越强。比方说，如果你的退休投资时限是30年，那么一次短期损失不算什么大事——你的投资还有相当长的时间来恢复。因此，你很可能乐意将更多的退休金用于成长型投资，例如股票基金。

2. 降低风险的短期目标

对短期目标进行资金配置非常简单:

少于2年:如果你的投资时限少于2年，最好购买货币市场基金。股票基金和债券基金虽然有潜在的高收益，但是波动性大。而货币市场基金是极高的安全性和较高收益的结合体。如果你定的期限介于3~7年之间，可以考虑购买短期债券基金(如果在2~3年之间，采用货币市场基金和短期债券基金均可)。在投资几年后，低风险债券基金带来的额外潜在收益便开始超过债券基金市场波动有可能带来的短期损失风险。如果你的投资时限是大于7年的，那么你便拥有足够长的期限来投资股票基金和债券基金了。

3. 退休及其他长期目标

退休养老及缴纳大学学费这样的长期目标，比短期目标需要更复杂的资金配置。如果你像大多数人一样打算在60多岁的时候退休，那么你需要能够维持你20年或更长时间的生活开支的退休基金组合。

你当前的年龄和退休前的工作年数是影响退休资金配置的最大因素。你越是年轻，离退休的年数越多，就越适合投资像股票基金这样的成长型的基金。

然而当快要退休时，你要逐渐地重新评估所持基金组合的风险性和波动性。因此，你年龄越来越大，债券基金在组合中所占的份额也应随之增大。虽然债券基金收益通常比较低，但其遭受大幅贬值的可能性也较小，而那样的贬值足以使你的退休计划化为泡影。

4．投资取向的影响因素

影响资金配置决定的新变量：你的投资取向，或是对风险的承受度。即使你与另外一位投资者年龄相仿，拥有相同的投资时限，你们对风险的承受能力及处理方式也可截然不同。有些人担忧投资状况以致夜不能寐，有些人被过山车吓得魂不附体，然而另外一些人觉得他们难以理解。

正视自己并选择合适的投资方式。如果你能够坦诚地接受自己的风险取向，而不是一味回避，你将会成为一位快乐且成功的投资者。

以下是关于给自己定位的建议：

保守型：这种投资取向表现为很少或从未成功地操作过股票基金和其他成长型投资，害怕金融市场的风险，在生活中的其他方面也不愿冒险。如果是这样，保守型的投资比较适合你，只要你不介意较低的利率。

温和型：这种投资取向表现为在股票基金或其他成长型投资领域拥有一些成功的经验，生活中也愿意尝试冒险。

激进型：这种投资取向表现为在股票基金或其他成长型投资领域拥有很多的成功经验。生活中也非常愿意作出明智的冒险。如果你正在为退休而存钱并想发挥出它们的最大价值，你可以进行一些激进的投资。

5．在国内和国外市场之间分配股票基金的份额

主要海外的资金配置是在美国和海外股票基金之间分配你的投资。这是使得基金组合多样化的重要一步。尽管有些人觉得海外市场风险大，但将所有的资产都投进一个国家风险更大，即使这个国家像美国一样幅员辽阔且令人熟悉。

当美国市场一片低迷之时，一些海外市场照样很景气。而且，相对于美国市场而言，发展中国家拥有更大的经济发展及更大的股票升值潜力。以下是根据不同的投资取向推荐的国内和海外投资的分配比例：

保守型：20%

温和型:33%

激进型:40%~50%

所以，如果你是35岁的温和型投资者，想将基金组合的75%投资于股票基金，那么你购买海外股票基金所支出的资金占全部股票基金购买份额的33%。将33%与75%相乘，得出其占整个组合的25%。以下是细目分类：

25%投资于债券基金

50%投资于美国股票基金

25%投资于海外股票基金

逐渐改变比突然改变要好。如果你对股票基金投资很少，也没有成功的投资经验，那么最好先从保守型的资金配置开始。然后随着适应力和知识的增加再逐步转向更加大胆的资金配置。

6.教育投资目标

教育投资组合中的资金配置战略与退休分配相似。假设你的孩子很小，目标相对比较长远，那么组合应该偏向于股票基金这样的成长型投资。而随着期限的缩短，债券基金应该扮演更重要的角色。

当然，为你自己的退休投资和为你孩子的教育支出投资的一个很大的区别是，教育投资期限跟你的年龄没有关系，而与你所要投资的孩子的年龄息息相关。要想知道在债券基金中需要投入多少资金，请参见下列数字：

保守型:60+孩子年龄

温和型:45+孩子年龄

激进型:30+孩子年龄

其余的教育投资应用于购买股票基金(其中至少1/3是海外股票基金)。此方法应随着孩子的长大作出相应的调整。

比方说，你有一个5岁的孩子，在为他做教育投资时希望采用温和型的投资方式。在这种情况下，你可以将资金的50%(45+5)投资于债券基金，其余的50%投资于股票基金，其中有1/3投资于海外股票基金。

7.税收:值得关注的问题

和资金配置一样，税收筹划是基金组合构建过程中一项基本的注意事项。当你在使用非免税退休账户投资共同基金组合时，就要纳税了。一个共同基金收益的一个组成部分是股利分配及资本收益，而这些恰恰是被征税的对象。

鉴于此，当你在使用非免税退休账户投资时，必须分清税前及税后收益。把这当作商业中收入及利润之间的差别加以考虑。投资时最重要的是税后收益，而不是税前收益。

不幸的是，许多投资者忽略了税收的作用，在投资时加重了纳税负担而降低了有效收益。例如，将两只相似的共同基金进行比较时，大多数人都会选择年均收益13%而不是12%的基金。但如果前者会带来很重的纳税负担呢?如果在纳税之后，前者的净收益只剩9%，而后者却带给你10%呢?

8.选择适合自己税级的基金

需要从投资收益中拿出多少来缴纳国家及地方税收部分取决于你的收入对应的税级。税级越高，政府从你的股利及资产收益中所征用税的就越多，你的总体收益就越少。

幸运的是，你可以通过选择相应的基金来使纳税最少化。例如有些基金是可以将利润分配最小化的，有些市政基金的投资收益是免税的。

9.选择免税货币市场及债券基金

某些类型的货币市场及债券基金只投资于政府发行的市政债券，而且由于投资的主体是政府，因此所得收益不会成为税收的对象。

这些基金的特色标志是名称中带有“国库”或“市政”的字样。国库券基金购买国家政府发行的国库证券(也被称为国库券)，所得收益是免除税的。

因为大家都知道国库券及市政债券基金不是税收的全部对象，政府发行这些债券基金所提供的利率比同等的共同基金要低。因此，免税债券基金及货币市场基金所带来的税前收益要少于其他需纳税的基金。

然而，如果税级足够高的话，在纳税后你会发现这两种基金的收益要比同等需纳税的基金高。因为税收的影响不同，免税投资的收益也有可能超越不了同等需纳税的投资。退休账户中的投资收益是免除税收的。你可以忽略税收的影响，追逐最高的收益。

专家点金

资金配置的目标就是在获得高收益和抵御短期损失之间寻求最大的平衡。虽然每个人对风险的接受程度不同，但是每个人都希望获得高收益。而避险的能力是由投资的时限决定的。

教您掌握投资理财组合技巧的原则

一般来说，根据投资组合实施时所依据的主要条件的不同，投资组合可以分为三种方式，即投资工具组合、投资比例组合、投资时间组合。

1.投资工具组合

投资工具组合即投资者并非把全部资金都用来进行一种投资，而应该将资金分成若干部分，分别选择不同的投资工具，进行不同领域的投资。

市场环境相同时，投资工具不同，其风险程度也不同，有的甚至是截然相反的。例如，在国家银行利率上调时，储蓄存款收益率高，风险很小；而股票市场则面临股价狂跌的风险，不仅收益率很低，甚至还会成为负数。当银行利率下调时，储蓄投资的利率风险增大，收益降低；但是，此时的股票市场则会因股价大幅上涨，收益率获得空前提高。

如果把资金全部用于一种投资工具，如全部用于储蓄投资或全部用于投资股票，投资的回报率受市场变化影响波动很大，要么大赚，要么大赔，风险很大。但是，如果投资者将资金分别投资于储蓄和股票，当利率上升时，储蓄获利会抵消股票投资上的损失。当利率下降时，股票投资上的收益又会弥补储蓄上的损失。将资金分别投资于储蓄与股票，形成组合投资模式，使得投资风险降低，收益维持在一定水平上。

投资者经常使用的传统投资工具组合一般采用"投资三分法"，即将资金分成三部分，一部分用来储蓄、购买保险；一部分投资股票、债券等；还有一部分用于房地产、黄金、珠宝等实物投资。

2.投资比例组合

投资比例组合是指投资者在实际投资时，使用的不同的投资工具在数量、金额上存在着一定的比例关系。

分散投资工具并非是将投资资金机械地、完全均等地分配到各种投资工具上。由于投资工具不同，其风险和收益水平不同，流动性也不同；同时，由于投资者对收益的期望和对风险的偏好不同，投资者所选择的投资组合的比例就有所不同。一般来说，敢于冒险的人，追逐较高的投资收益，其投资重点偏向于高风险、高收益的外汇、期货等投资工具;追求平稳的人则将大部分资金用于储蓄、债券等收益基本稳定、风险较小的投资工具。

3.投资时间组合

投资时间组合即投资者并非把全部资金一次性地用于投资，而是将资金分次分批，有计划地进行投资。一般情况下，不同投资工具在期限上应是长期、中期、短期相结合。

一次性投资全部资金，若市场预测与实际行情有所不符，投资者将会承受较大风险;或者会因手中无备用资金用于追加投资，而丧失获取更高收益的机会;或者会承受该投资环境下无法避免的系统风险。

另外，从投入资金的时间价值来看，投入时间越长，收益率越高;从资金流动性角度考虑，资金投入时间越短，变现能力越强。个人投资组合既要求较高的收益，又要保持一定变现能力，以应付突然的现金需求，因此，长、中、短期投资应结合起来。

实施投资组合应遵循的基本原则。实施投资组合时应遵循的最基本的原则是在同样风险的情况下，选择收益较大的投资方式;在同样收益水平的情况下，选择风险较小的投资方式。同时，注意保持投入资金适当的流动性。

投资者使用什么样的投资组合，要视具体情况而定，还应遵循以下原则:

1. 资金原则

在投资市场中资金丰裕的人可以选择风险较大的投资工具，即使损失掉这笔钱，也不会给自己的工作、生活造成多大影响;相反，资金少，尤其是靠省吃俭用、积攒投资资金的人，千万不要选择风险较大的投资工具，而应选取风险较小的投资组合。

投资者到底应该拿出多少资金用于市场投资，这没有一个绝对的界限，而要视投资者本身情况而定。例如，20万元的资金，对于某些投资者来说可能是个天文数字，但对另外一些投资者来说，可能是个小数目。

2.时间原则

投资不仅仅是一种金钱的投资，更是时间的投入。从投资准备、信息搜集、作出决策直至交易结束，所有的投资过程都需要时间。不投入时间就想取得收益是不可能的。而且，各种投资工具的特点各不相同，对投资者的知识、技能要求也不同，投资者从了解认识到熟练地掌握、运用一种投资工具，都需要花费一定的时间。因此，投资者在投资组合中选取的工具越多，就越需要投入更多的时间。投资者在确定投资组合时，必须考虑自己能用于投资的时间有多少。

3.能力原则

投资不是抛硬币猜正反面那样容易，无论谁获胜，机会都是均等的。投资就是斗智斗勇。知识越丰富，技能越高超，决断力越强，就有越多的获胜机会。

然而，投资者的能力都是有限的，投资工具如此之多，能够样样精通的人很少。兵法上讲究集中力量，力量越集中，杀伤力越强，越容易制胜。投资者也要发挥和集中自己的能力，如果投资者能力强，可以考虑较多投资工具的组合；如果投资者能力弱，则应选择较少的工具组合。同时要牢记一点，投资组合中的工具选择应是自己比较熟悉、力所能及的。

4.心理原则

不同的人，心理承受能力各不相同。心理承受能力强的人，可以选择风险高、高收益的投资组合，因为他们能够冷静地面对投资中的波折与失败，不会惊慌失措；相反，心理承受能力弱的人，则不宜选择高风险的投资组合，因为他们总担心赔本、失败，总是惴惴不安，惶惶不可终日，一遇波折，顿时六神无主，无法作出正确的决策，导致损失愈来愈大。他们如果彻底失败，很容易陷入极度悲伤与绝望之中，甚至走上绝路。

这并不意味着心理承受能力强的人就可以去冒险，去追求高风险、高收益投资组合；而心理承受能力弱的人，就永远与高收益无缘。事实上，经过投资实践的锻炼，大多数投资者都趋向于稳中求进，采取适度收益与风险的投资组合。

专家点金

投资组合时应遵循的最基本的原则是在同样风险的情况下，选择收益较大的投资方式；在同样收益水平的情况下，选择风险较小的投资方式。同时，注意保持投入资金适当的流动性。

没有天生的理财高手——改正错误更重要

常听有人以“没有数字概念”、“天生不擅理财”等借口回避与人生活休戚相关的理财问题。似乎一部分易于把“理财”归为个人兴趣的选择，或是一种天生具有的能力，甚至与所学领域有连带关系。非商学领域学习经验者自认与“理财问题”绝缘，而“自暴自弃”，“随性”而为。一旦面临重大的财务问题，不是任人宰割就是自叹没有金钱处理能力。没有人是天生的理财高手，能力来自于学习和实践经验的积累。最重要的就是，别陷入自以为是的误区。

下面是国内一份著名财经杂志做的调查，对人们容易犯的投资误区做了分析和点评。

错误1——理财就是赚钱

有72.9%的公众赞同——“理财就是生财，让财富增值，赚钱是第一位的”。其实，这种理解容易让人滋生急功近利的心理。大部分公众同意这个观点，表现出急功近利的心态。其中，年龄越小，同意这个观点的人越多；收入越高的人不同意这个观点的越多；学历越高的人，不同意这个观点的越多。这些说明年轻人理财心态不成熟，期望能一夜致富；而学历高、收入高的公众认知就相对成熟。

本世纪初不少理财者倾其毕生的储蓄投资于股票市场，而后深陷深渊，随后的生活质量大打折扣。美国理财师资格鉴定委员会对个人理财的定义是：“个人理财是指制定合理的财务资源规划，实现个人人生目标的程序。”我国理财规划专家认为：“个人理财的目标是要为自己及家人建立一个安心富足健康的生活体系，实现人生各阶段的目标和理想，最终达到财务自由的境界。”

因此，理财的核心目标是合理分配资产和收入，最终达到财务自由的境界，既要考虑财富的积累，又要考虑财富的保障；既要为获利而投资，又要对风险进行管理和控制；既包括投资理财，又包括生活理财。理财规划涉及人生目标的方方面面，构成一个理财规划体系。因此，个人理财首先要保证满足自己正常的生活需要，其次是对剩余财产进行合理安排，合理划分生活开支与可投资资产。

错误2——我只存银行

“高收益意味着高风险？”——近七成的公众都认为高收益意味着高风险，有36.9%的公众认为把钱放在银行是最安全的，而52.1%的公众不同意把钱放在银行是最安全的，这与上面的观点基本吻合。

通过深层次分析，年龄越大的公众，同意这个观点的人也越多。说明年龄越大，人们的观念趋向保守。收入越高的公众不同意这个观点的人就越多。学历越高的人，不同意这个观点的人就越多。说明学历高、收入高的公众，相对而言对理财手段的关注更多一些。

继续深入下去，1/3的公众明确承认“我现在只懂得把钱存银行，没有理财、投资的观念”。而同样有1/3的人认为:钱长期存在银行资产也会迅速消失。

是什么产生这样的矛盾，既相信存银行等于金钱贬值，又不知道除此之外是否还有其他渠道。“钱长期存在银行资产也会迅速消失”，随着人们对理财知识的掌握和理财信息的了解，这一观点将被越来越多的人认识到。正由于此，会有越来越多的人意识到存款只是资金存在的一种形式，还有一些效率更高的“钱生钱”之道。

错误3——节俭生财

节俭生财，这是我国居民的传统理财观念。调查中，有48.8%的公众同意这个观点，有38.5%的公众不同意这个观点，这种对立说明传统与现代的理财观念在发生激烈的碰撞。

调查显示，50~55岁的公众中，有一半以上的公众(58.6%)同意“节俭生财，这是理财的关键”，且随着年龄的增大，持有此观点的人越多。但是，也有40%左右的公众不同意节俭生财，50~55岁之间的人也有36.9%否定了此观点。这些情况说明我国居民的理财观念正在不断更新。

节俭生财，这是我国居民的传统理财观念。长期以来，中国的储蓄率一直居高不下，在西方人看来不可思议，但在中国人看来就很简单，原因是中国目前生活成本的巨大压力。教育、医疗、房地产，这些与人们生活息息相关、密不可分的领域长期以来收取的费用居高不下，并且逐年增长。调查显示，年纪越大的公众，越同意节俭生财这一观点;收入越低的公众同意这个观点的越多。因此在一定时期内，一定条件下一部分公众将继续持有这一观点。

很明显，节俭是一种变相的理财，但如果因为节俭伤害了家庭的生活质量，因噎废食，节俭则变成了一种财务束缚。想想中国人的老话:开源节流，看起来，开源比节流显得更重要。

错误4——鄙视专业

“银行顾问只是为了获利或者销售业绩才向我推荐某种产品的”，60.3%的公众同意这个观点，36.7%的公众不同意这个观点。收入越高的公众赞同这一观点的越多。

“我不会完全相信理财顾问，将自己的资产状况全盘托出”，58.8%的人同意这个观点，26%的公众不同意。从年龄上分析显示大家基本一致，收入上也区别不大，而学历越高的公众越谨慎。说明大部分公众对银行顾问还持有保留态度，银行顾问的素质、服务以及宣传还有待提高。

高比例的公众对银行顾问不信任，是因为相当一部分企业的服务意识还不强。在今天的中国相对于美国的服务意识，还是欠缺的，因此当有人给他们提供更好的服务时，便令他们产生错觉，不肯轻易相信。银行顾问只有增强自身素质，为公众量身推荐理财产品，才能赢得更广阔的理财市场。

为什么您需要一位理财师?俗话说，术业有专攻。若能借助专业、熟悉理财的理财师，在投资理财过程中予以指导，投资者才能少走弯路，及早有所收获。

错误5——没空理财

“理财要花很多时间与精力，我没有时间与精力?”54.5%的人不同意这个观点，但也有超过1/3的人同意这个观点。分析显示，年龄越大的人，同意这个观点的人就越多。学历越低的人，同意这个观点的就越多。学历越高，年龄越小的公众则愿意为理财花更多的时间与精力。

现代人最常挂在嘴边的就是“忙得找不出时间来了”。每日为工作忙忙碌碌，常常觉得时间不够用的人，就像常怨叹钱不够用的人一样，是“时间的穷人”，似乎恨不得把24小时变成48小时。但上天公平地给予每个人一样的时间资源，谁也没有多占便宜。在相同的“时间资本”下，就看各人运用的技巧了。有些人是任时间宰割，毫无管理能力，24小时的资源似乎比别人少了许多;有些人却能“无中生有”，有效运用零碎时间;而有些懂得“搭现代化便车”的人，干脆利用自动化及各种服务业代劳，“用钱买时间”。“时间即金钱”，尤其对于忙碌的现代人而言感受更深切。每天时间分分秒秒的流失虽不像金钱损失到“切肤”的程度，但是，钱财失去尚可复得，时间却是“千金唤不回”的。如果您对时间无法有效管理，不仅可能和理财投资的时机失之交臂，人生甚至一事无成，可见“时间管理”对现代理财的重要性。想向上帝“偷”时间既然不可能，那么学着自己“管理”时间，把分秒都花在“刀刃”上，提高效率，才是根本的途径。

要占据时间的优势，就要积极地“凭空变出”时间来。以下提供一些有效的方法，让您轻松成为“时间的富人”。

尽量利用零碎时间:坐车或等待的时间拿来阅报、看书、听空中资讯;利用电视广告时间处理洗碗、洗衣服、拖地等家事;不要忽略一点一滴的时间，尽量利用零碎时间处理杂琐事务。

改变工作顺序:例如做饭时，先洗米煮饭、煮汤，再来洗菜、炒菜，等菜上桌的同时，饭、汤也好了。稍稍改变一下工作习惯，能使时间发挥最大的效益。此种“时间共享”的作业方式可在工作中多方尝试，而“研究”出最省时的顺序。

批量处理，一次完成：购物前列出清单，一次买齐；拜访客户时，选择地点邻近的一并逐户拜访；较无时效性的事务亦以地点为标准，集中在同一天完成，以节省交通时间。

工作权限划分清楚，不要凡事一肩挑；学习“拒绝的艺术”，不要浪费时间做别人该做的事；同事间互相帮忙偶尔为之，不要因“能者多劳”而做烂好人；办公室的工作各有分工，家事亦同，家庭成员都该一起分担，上班族家庭主妇不要一肩挑，例如，先生的书房、车子，小孩的房间、玩具要求他们自己清理，家事也要分工负责，把省下的时间用来自我充实，做个“新时代主妇”；善加利用付费的代劳服务；银行的自动转账服务可帮您代缴水电费、煤气费、电话费、信用卡费、租税定存利息转账等，多加利用，可省等车劳顿与排队等候的时间。

以自动化机器代替人力：办公室的电话联络可以传真信函、电子邮件取代，一方面可节省电话追踪的时间，内容又有凭据，费用亦较省。而且传真信、电子邮件简明扼要，比较起电话联络须客套寒暄才切入主题，节省许多无谓的“人力”与时间。家庭主妇亦可学习美国妇女利用机器代劳快速做家事方法，例如使用全自动洗衣机、洗碗机、吸尘器、微波炉等家电用品，可比传统人力节省超过一半的时间，十分可观。

事实上，任何一项能力都非天生俱有，耐心学习与实际经验才是重点。理财能力也是一样，也许具有数字观念或本身学习商学、经济等学科者较能触类旁通，也较有“理财意识”，但金钱问题乃是人生如影随形的事，尤其现代经济日益发达，每个人都无法自免于个人理财责任之外。中国人的传统观念认为“女人是天生的理财高手”，从现今一般家庭由太太掌管财务的比例较高中似乎得到印证，从家庭角色分工的角度来看，管家的人管钱也是理所当然的“分内事”，但并不表示女性擅长理财，不然为何在理财专业人士当中，女性的比例又偏低呢？

现代经济带来了“理财时代”，五花八门的理财工具书多而庞杂，许多关于理财的课程亦走下专业舞台，深入上班族、家庭主妇、学生的生活学习当中。随着经济环境的变化，勤俭储蓄的传统单一理财方式已无法满足一般人需求，理财工具的范畴扩展迅速。配合人生规划，理财的功能已不限于保障安全无虑的生活，而是追求更高的物质和精神满足。这时，您还认为理财是“有钱人玩金钱游戏”，与己无关的行为，那就证明您已落伍，该奋起直追了！

专家点金

当今经济飞速发展，带来了“理财时代”，五花八门的理财策略多而庞杂。随着经济环境的变化，理财策略的范畴扩展迅速。配合人生规划，理财的功能已不限于保障安全无虑的生活，而是追求更高的物质和精神满足。然而人不是天生的理财高手，能力来自于学习和实践经验的积累。最重要的就是，别陷入自以为是的误区。

技巧篇

受用一生的理财技巧

只有拥有科学、客观、合理的理财规划才能在理财过程中实现个人（或家庭）的愿望，以便将自身所拥有的各种资源投入到未来理财的过程中事半功倍，从而保持人生理财的高效与规范。

在投资理财众多规划目标中，基金，尤其是开放式基金，是国内大多数投资者首选的对象。购房是每个人一生当中最大的一笔消费。在众多的投资理财中，房产是创造和积累财富的最好途径之一。保险不仅可以积累现金价值，还可以提供偿债能力，保险是唯一可以立即创造财富的法宝。“天有不测风云，人有旦夕祸福”，所以说保险投资已成为当今家庭不可或缺的理财范畴，保险就像是把保护伞，可以使投资者未雨绸缪。

股票投资者要想使自己的投资获得成功，必须掌握股票投资的基本策略，依据一定的策略去指导和实施自己的投资。时代在变，观念在变，投资技巧也在不断变化。投资虽讲究“天分”，但也不能只靠“天分”，而要积累经验，不断学习新的投资技巧。才能在投资市场取得优势。

许多投资者投资失败可能因为不知道如何利用众多令人眼花缭乱的投资工具达到“以钱生钱”的致富目的，只要熟练掌握几种常用投资工具并加以正确的运用，也可能创造财富。由小钱变大钱的过程中，资本在不断地积累，只要你善于游刃有余利用多种理财途径，你便可从一个普通老百姓变成富翁。

第五章
让专家为你设计赚钱的方略

基金，尤其是开放式基金，是国内投资市场的绝对主力和当然主角，也是大多数投资者首选的对象。了解其投资的策略，掌握对其投资的技巧，是选择基金的必修课。只有熟知了基金的操作技巧，才能得心应手地驾驭和掌控基金投资。

家庭理财科学配置组合基金

投资领域有一句至理名言:“鸡蛋不要放在一个篮子里”,也就是要利用投资组合有效减少非系统风险。一位美国学者曾对大型退休基金的投资组合进行了长期研究，发现长期投资的成功与否有九成取决于投资者如何进行资产配置。一般投资人非常重视的选股策略，对于投资成功的影响只占5%，买卖时机选择只占2%。因此，构建配置投资组合的好处不言自明。尽管基金本身也是运用投资组合来降低自身风险的，但鉴于每个基金产品作为独立的投资工具有各自不同的特点和侧重点，所以投资者也需要根据自身的特点，如投资目标、风险偏好、风险承受力、期望收益率等方面，从基金产品中选择几只基金形成一个基金组合套餐，让不同类型的基金取长补短，在风险和收益之间找到平衡点。如果有足够的资金，投资者应尽量选择几只基金，但不要同时拥有超过6只以上的基金，因为投资组合当中若有太多只基金，容易造成重复投资的现象，非但无法进一步分散风险，反而增加管理上的困扰。

基金组合有两个层次的内容，从大层次上，应该在核心和非核心组合各种类型的基金中做出配置，目的是避免市场波动的系统风险；从小层次上，在同一组合或类型的基金的内部搭配不同投资风格的基金，目的是避免个别基金投资失误的局部风险。

1.搭配核心与非核心基金组合

选择基金组合要有计划和顺序，盲目地选择往往适得其反。

首先，投资者要根据自己的风险承受力确定一个明确的投资目标，然后选择3~4只业绩稳定的基金构成核心组合，这是决定整个基金组合长期表现的主要因素。当然，把何种类型的基金作为核心组合是因人而异的，在这里只提供一些一般的原则供投资者参考。

在制定核心组合时，应遵循以下原则：一是注重基金业绩的稳定性而不是波动性，即核心组合中的基金应该有很好的分散化投资效应并且业绩稳定；二是注重基金相关成本和管理水平，即可首选费率低廉、基金经理在位期间较长、投资策略易于理解的基金；三是注重基金的良好业绩，即投资者应经常关注这些基金的业绩是否良好，如果其表现常年落后于同类基金，应考虑更换。

对于长期投资的组合，大盘平衡型基金适合作为长期投资目标的核心组合。因为大盘基金投资的大多是大盘股票，而大盘股票通常比小盘股票的波动性小。在大盘基金中，平衡型基金兼有价值型和成长型的特征，波动也较小，不失为好的选择。此外，基金经理投资策略比较分散的基金往往波动性也比较小，比较适合担任核心组合中的角色。

对于中短期投资的组合，可以选择债券型基金成为核心基金组合。投资者应选择那些持有高信用级别、期限较短的债券型基金，因为信用级别较高的债券风险较小，期限较短的债券波动也较小。当前，国内有的债券型基金也投资一定的股票或者可转债，从长期看股票和可转债的波动风险会比普通债券大，因此投资者应当避免选择股票和可转债持有比例较高的债券型基金作为核心组合基金，而尽量挑选纯债券比例较高的基金。

投资者可以集中投资于几只可实现投资目标的基金，再逐渐增加投资金额，而不是增加核心组合中基金的数目。核心组合的比例可以占整个组合的70%~80%，甚至100%，因人而异，具体须结合投资者的投资目标和风险承受能力来决定。但是核心组合最好占投资组合的一半以上，因为它是投资者赖以实现投资目标的主要部分。

其次，在核心组合之外，还可以适当搭配一些非核心基金，一方面可以实现投资多元化，另一方面不会错失实现高收益的机会。

非核心基金的选择范围主要包括行业基金、新兴市场基金以及大量投资于某类股票或行业的基金。股票可大概分成信息业、服务业和制造业三大行业板块，具体又可细分为12类，一般来讲，同一大类的股票在证券市场中具有相似的波动趋势，如果你的基金大都关注于相似的一类行业中，那么就有必要考虑是否分散投资于其他行业或类型的基金。另外，小盘基金也比较适合进入非核心组合，因为其比大盘基金波动性大，具有更大的想象空间。例如，核心组合是大盘基金，非核心搭配则是小盘基金或行业基金。

在组合非核心基金时，我们也不能忘记高收益高风险，由于这些非核心组合的基金波动大、不确定性强，因此风险也相对较高，因此对其要小心限制，以免对整个基金组合造成太大影响。

2.家庭投资按需搭配基金组合

在挑选基金投资组合时，首先要考虑到自己的风险承受能力、投资目标、投资金额、投资期限，然后比较基金的类型、基金公司实力、基金的投资风格、基金的投资策略，从而制定一个风险和收益相对适度的基金组合。

(1) 投资目标——基金组合。通过基金进行投资，应视为一种长线储蓄，期望获得较银行利息高的收益来抵消通货膨胀或物价指数上涨的幅度，并给自己一种生活上的安全感。因而，在选择基金之前，必须明确自己的投资目标，以及为实现这一目标而应该采取的策略。在理财日益成为一种专门投资艺术的商品市场经济中，由于投资者社会地位不一、年龄大小不同、收入水平差别、理财观念各异、性格层次分明，从而产生的投资目标也因人而异，一般根据投资者的投资取向和风险承受能力而定。一般来说，投资目标可分为三种：着重取得经常性效益、既想保本又求增值和主要追求资本增值。投资策略是为投资目标服务的，有什么样的投资目标，便有什么样的投资策略。因此，投资策略也相应地可划分为三种类型：保守型、稳健型和激进型。

明确了自己的投资策略以后，就应选择与自己投资策略相一致的基金。金融商品市场上的基金投资目标分类，可相应地分为三类：收益型基金、平衡型基金和增值型(价值型)基金，同以上三类投资策略相对应。收益型基金适合保守型投资策略的需要，可为投资者带来比较稳定的经常性收入，又有较能保证资金安全与容易套现的好处，如货币市场基金、债券基金、优先股基金、蓝筹股基金等。获多利管理基金《投资组合目标及经理人政策》就明确提出："本基金的资产均投资于各类一级股票、政府债券及公司债券、定息证券及现金存款，旨在求取稳定的长远资本增值，并能满足养老金的需要。”平衡型基金一般适应稳健型投资者的需要，以平均投资组合的形式出现，基金既投资于股票，又投资于债券，尽量将基金资产分散投放在不同的投资市场和投资工具上。其所选择的股票也以大公司为主，投资风险较增值型基金更低。增值型基金为激进型的投资者而设计，这类基金一般投资在小型公司股票、认股权证、期指等风险较高的金融商品上。因承担的风险大，收益也较高，可使投资者的资金获得大幅度增值。

（2）承受风险能力——基金组合。风险承受能力较高的投资者，在基金组合中可高比例配置股票型基金，股票基金以追求长期的资本增值为目标，比较适合长期投资，同时辅之以低风险、波动小的债券型基金、保本基金或货币市场基金等；风险承受能力偏低的投资者，在基金组合中可降低股票型基金的比例，适当提高混合型基金、保本型基金、债券型基金或货币市场基金的比例；对于一个中庸的投资者，在基金投资组合时，就可以多配置一些指数基金、债券基金、货币市场基金，另外配合一部分注重价值的价值型偏股基金。无论如何，投资者都应该适当地购置一定比例的债券型基金或货币市场基金，它们波动小、流动性高，能够很好地抵抗和防御市场波动的风险。

在新老基金的选择上，很多投资者喜欢购买新基金，主要是因为新发基金在认购期的宣传力度大，容易给投资者以耳目一新的感觉，再加上银行、券商等基金代销网点的主动性推销，致使投资者的投资热情颇高。但是老基金的优势在于有历史业绩，有持仓情况，投资者能够对其未来的业绩进行相对科学的预测，所以其可选择性很强，更易于投资者判断，便于从中选择最优的基金产品。所以新老基金各有优势，投资者可以把主要资金投资于老基金，把有特色的、前景看好的新基金作为非核心基金来投资。

总之，构建基金组合的思路，可从以下几个角度进行考虑，投资者可以适当选择，予以参考：固定收益型基金和市值波动型基金组合、价值型基金和成长型基金组合；指数型基金和主动型基金组合、新基金和老基金组合、封闭式基金和开放式基金组合、不同基金公司的产品组合等。

专家点金

基金组合有两个层次的内容，从大层次上，应该在核心和非核心组合各种类型的基金中做出配置，目的是避免市场波动的系统风险；从小层次上，在同一组合或类型的基金的内部搭配不同投资风格的基金，目的是避免个别基金投资失误的局部风险。

家庭合理进行理财的策略

同种类的基金所蕴涵的风险不一样，因而，投资的策略和方法也有很大不同。长期持有策略，这是最为简单也是较为明智的股票型基金投资策略。投资者在按恰当的资产配置比例构成某个投资组合后，在诸如3~5年的适当持有期间内不改变资产配置状态，保持这种组合。长期持有策略是消极型的长期再平衡方式，适用于有长期计划水平并满足于战略性资产配置的投资者。

如果采取这种策略，投资组合会完全暴露于市场风险之下。它具有交易成本和管理费用较小的优势，但也放弃了从市场环境变动中获利的可能，同时还放弃了因投资者的效用函数投资目的或风险承受能力的变化而改变基金配置状态，从而降低了提高投资者投资效用的可能。因此，长期持有策略适用于资本市场环境和投资者的偏好变化不大，或者改变基金配置状态的成本大于收益时的状态。

采取长期持有策略的投资者通常会忽略市场的短期波动，而着眼于长期投资，所以就风险承受能力来说，要求投资者投资于各类风险特征的基金的比例与其风险承受能力有正相关关系。而由于一般社会个人投资者的风险承受能力不随市场的变化而变化，所以其投资组合也不随市场的变化而变化。因此，长期持有的投资策略比较适合新基民使用。

要实现基金投资的增值就必须解决两个核心问题:一是如何选择优秀的基金,二是如何进行资产配置。资产配置就是对各种投资工具进行合理配置，从而达到投资者的理财目标。

国际投资实证表明，股票、债券和现金等品种之间的资产配置是长期投资回报的主要决定因素。积极和有效的资产配置是提高回报的关键，理财方案的成功主要归功于资产配置决策，而证券选择和时机选择的长期贡献并不很多。比如，目前国内的投资者如果持有三年股票投资基金，就有可能获得100%的收益，而如果投资股票或者债券，则很难达到与之相当的收益水平。

进行基金投资的资产配置，实际上包括了三个层次的工作。第一个层次是总资产类别配置，也称为战略资产配置，即确定组合中货币、债券、股票等几种类型基金产品各自所占的比例，它主要根据投资者的需求来配置比例；第二个层次是类别基金资产配置，确定某一类型基金所占的投资比例，它属于战术性资产配置；第三个层次包括类别内基金组合的选择和具体投资比例的优化设定，它基本属于如何选择好基金的范畴。以下主要针对战略资产配置和战术资产配置进行阐释。

1.战略资产配置

在人生的不同阶段，我们的理财目标、理财方式、理财心态都各不相同。正因为如此，资产配置方法可以千差万别，投资者大可不必为照搬他人的资产配置方案而“邯郸学步”，而只需要在进行资产配置之前，首先明确自己处在一个什么阶段，要遵循什么样的理财原则，然后“按图索骥”，到市场上去寻找适合自己的理财方式和品种来满足自己的需求即可。从这个角度上讲，所有的资产配置方案都是个性化的。

好的理财人员一般用生命周期的财务规划法来破解个人财富需求的“斯芬克斯之谜”，即根据生命周期各阶段人所呈现出的形态差异，分析人的生命周期各阶段(青年、中年和老年)的不同收入和消费状况，进而设计符合不同年龄阶段的人的资产配置规划。

对于多半刚刚踏入社会参加工作，年龄在18～24岁的未婚青年来说，经济收入比较低，财务仍以父母为中心，投资风险承受力较低，投资活动较少，对于他们来说，比较多的理财需求是转账、汇款，通过电子渠道办理金融业务，也有小额短期基金投资，耐用消费品贷款等需求。比较适合他们的基金组合是货币市场基金、中短债基金和红利型配置基金等低风险产品。

2.战术资产配置

根据生命周期进行的资产配置相对属于战略型的资产配置，在方案确定之后并不意味着可以一劳永逸，投资者还需要根据市场形势的变化，对投资组合进行监控和动态调整。

在构造基金投资的战术性资产组合时，主要的依据是市场的变化而非自身需求的变化。

首先，投资者应根据市场的变化兼顾主动与被动两种类型的投资方式。其中主动投资是指基金管理人依靠自己独特的能力和策略进行操作，它在熊市时能够较好地控制损失，目前我国的股票型基金以主动型居多。

被动投资方式也称为指数化投资，运用此投资方式的基金叫做指数基金，它主要是可以稳获市场平均收益。在牛市时大部分主动基金跑不赢指数基金；而在持续熊市环境中，指数型基金表现一般是所有基金中最差的品种。但因指数基金成本较低，净值波动又很大，所以比较适合作为短期战术性资产配置的工具，进行波段操作。

其次，我国的封闭式基金也是需要单独配置的品种。我国封闭式基金的一大特点就是其折价率在30%以上，居全球之冠。而最近一些与之相关的政策，如基金到期日封转开、持续分红、抵押品等纷纷出台，带来了一定的投资机会。我国封闭式基金从整体上可分为两类:一是小盘封闭式基金，到期日在2010年以前，投资这类基金的主线是封转开;二是大盘封闭式基金。所谓大盘封闭式基金是指到期日在2010年以后，规模较大的基金。它的投资目标短期是分红，中长期是基金的业绩。从以往历史数据来看，封闭式基金长期业绩不及同类开放式基金，而且其市场走势往往随股票市场的涨跌亦步亦趋，因此建议投资者注意类别配置中封闭式基金的权重，而且要进行波段性操作。

最为重要的是，在基金的类别配置中，要着重考虑宏观因素。预测中短期证券走势的难度非常大，而判断长期宏观状况只需要投资者多看看新闻就可以了，所以根据宏观经济因素调整投资配置是绝大多数投资者力所能及的。比如2000年3月，在美国股市持续走高的条件下，一些美国共同基金一年期的投资业绩却高得出人意料。业绩排名前十位的基金一年的最低投资收益为37%，最高投资收益为83.28%，远远高于同期的标普500指数的收益率（23%）。而且，这十只股票投资基金中，有九只共同基金为小型股票投资基金，一只中型股票投资基金，它们都建立了平均市盈率较低的投资组合。投资者如果阅读新闻，就可以看到当时美国股市互联网泡沫的破裂，此时投资组合中的行业分布就应该根据热点和基本面的变化重新安排。在GDP增长放慢时，选择投资稳定业绩增长行业的基金，如对投资于基础设施、能源等行业的基金进行投资，都能取得战术上较好的收益。

专家点金

要想实现基金投资的增值就必须解决两个核心问题:一是如何选择优秀的基金，二是如何进行资产配置。根据生命周期进行的资产配置相对属于战略型的资产配置，在方案确定之后并不意味着可以一劳永逸，投资者还需要根据市场形势的变化，对投资组合进行监控和动态调整。

基金投资理财的策略之一

1.围着市场转适时进出的投资策略

股票型基金和偏股型基金是当前基金市场上最大的一个类别。无论是从基础市场情况来看，还是从收益情况来看，股票型基金和偏股型基金都应该是投资的重点。

但是，在具体实施操作的时候，投资者一定要对股票市场的行情发展趋势有一个大致的判断，即当认为未来的股票市场赢利空间大于下跌空间的时候，才可以进行对于股票型基金和偏股型基金的投资，因为在股票市场的下跌行情中，股票型基金很难创造收益。

就股票市场情况来看，如果市场下跌已久，股票型基金、偏股型基金均存在着一定的投资机会，股票投资能力较强的基金可以在这样的市场行情中发挥出一定的专业理财水平。新基民在具体投资品种的选择方面，要注重选择具有较好历史业绩表现的基金。在此基础上的投资策略，应当以市场为主，既要长期投资，又要适时进出。在保证获利前提下尽量降低风险。

在长期投资下，也可以基于基民对市场的了解定期对投资进行调整，此时有两种不同的具体投资策略。

一种是“固定比例投资策略”，适合于波动市场。即将一笔资金投资于不同的基金后定期调整，以使不同基金的价值的比例保持相对稳定。这样，在表现好的品种上升时卖出，可以实现收益，防止损失，而买入表现差的品种，则可以降低风险，在该品种转好时获得获利机会。当然，这种调整不宜频繁，否则会增加交易成本。

另一种是“顺势操作策略”，适合于上升或下降趋势较强的市场。即在某只基金品种下跌时立刻赎回，以防止其进一步地下跌，而在某只基金品种上升时，即增加投资，以获取进一步的上升机会。

当市场变化较大、行情波动剧烈时，投资股票型基金的基民就应当立即采用适时进出的策略。适时进出是在行情看好的时候将资金投入，而当市场行情反转时将基金赎回。一般而言，采用适时进出策略的投资人必须具备相当的投资经验和风险承担能力。因为，买卖开放式基金多需要缴纳申购和赎回费用，这种方法适用较长的时间段，否则会承担昂贵的交易成本。新基民对此应做妥善处理。

2.红利再投资的“利滚利”技巧

股市行情看好，基金收益剧增，于是市场出现了大比例分红的可喜局面。一般基金分红有现金分红或红利再投资两种可供选择，那么究竟哪一种最适合自己呢?

基金分红一般默认以现金的形式分发给投资者，如果投资者直接取走现金，落袋为安，就是选择了现金分红方式;如果投资人把这部分现金继续购买该基金，“以利滚利”，则选择红利再投资分红方式。这就像一只鸡生了蛋，您既可以选择吃鸡蛋，也可以等着鸡蛋孵化成小鸡。

现金分红和红利再投资的区别主要有三个方面。

首先，未来的收益不同。红利再投资对分红进行继续投资，是复利增值，收益着眼于未来，就像是鸡蛋孵出小鸡。从而再生更多的鸡蛋;而现金分红是单利增值，收益确定，就像是直接拿走鸡蛋。

其次，风险不同。现金分红的收益就是所分到的现金部分，相对安全，如同鸡蛋不会长腿跑掉;而红利再投资因为继续投资于市场，需承担投资风险，如同鸡蛋不一定能孵出小鸡。

最后，费用不同。红利再投资免申购费，就如母鸡直接孵出了小鸡;而现金分红如果继续投资于其他理财产品，可能需要支付一定的手续费，就如卖掉鸡蛋再买一只小鸡，需要支付一定的报酬。

那么究竟应该拿走鸡蛋，还是留着孵小鸡呢?回答这个问题，首先要问问自己是哪一类投资者。

问题一:我需要达到什么样的预期收益?现金分红适合看好短期收益的投资者。而红利再投资，其复利效应符合长线投资者的投资特点。以博时主题行业基金为例，自设立起至2006年11月24日，选择现金分红的投资者总回报率达到78.41%，而选择红利再投资的投资者总回报率达到83.8%，后者比前者高出5.39%。所以，如果想用有限的资金实现最大收益，红利再投资当然是首选。

问题二:我有精力打理自己的投资吗?对于没有精力打理自己投资的投资者，红利再投资是比较适合的分红方式。

问题三:我投资的基金让我满意吗?如果分红的基金是一只符合投资者预期的基金，只要该基金继续保持一贯的投资风格和投资理念，历史的业绩就可以作为未来业绩的参考，利用红利再投资可以使投资者的收益循序渐进。

问题四:现在的市场是熊市还是牛市?在熊市里，风险是首先要考虑的要素。现金分红可以锁定收益，控制风险。在牛市里，与其把红利变成现金放在银行里“睡大觉”，不如选择红利再投资，一方面可以很好地达到增值目的，另一方面可以节约再投资的成本。

3.购买基金后应对股市波动的技巧

股票市场是一种在波动中上升的市场，短期内可能风险很大，但是长期的走势还是与经济发展的基本面一致。我国的股票市场是一个新兴市场，经济发展也非常迅速，所以从长期来看，股票市场应当是一个回报率较高的市场。

基金作为一种专家理财的方式，基金管理公司通常具有比较强大的研究力量，能够构建较好的投资组合，即使在市场较差时，也可能取得较好的业绩表现。而且市场的下跌往往会为我们提供一个投资机会，即以较低的价格买入价值被低估的证券。

在长期向上的趋势下，市场短期的波动趋势是难以预测的，投资者应当以平常心对待市场的波动，通过长期投资追求资本的稳定增值。

最理智的操作方式应该是:如果认定长期趋势向好，市场处于低位，就可以坚持长期投资的理念，不宜轻率赎回;如果市场已经处于高位，这时基金规模或基金单位净值往往也是人气旺盛，此时，投资者不要轻易再进行追加投资，以免选择高位进入。

专家点金

股票市场是一种在波动中上升的市场，短期内可能风险很大，但是长期的走势还是与经济发展的基本面一致。我国的股票市场是一个新兴市场，经济发展也非常迅速，所以从长期来看，股票市场应当是一个回报率较高的市场。

基金投资理财的策略之二

1.股票型基金投资的策略

(1）固定比例投资法

固定比例投资法要求投资者将其资金按固定比例分别投资于股票型基金。当某种基金由于其净资产变动而使投资比例发生变化时，就迅速卖出或买进该种基金，维持原投资比例不变。当然，这种投资策略并非一成不变的，有经验的投资者往往在此基础上再设定一个“止赢位”(上涨20%左右)和“补仓位”(下跌25%左右)，或者每隔一定期限调整一次投资组合的比例。

固定比例投资法投资的特点是能使投资者保持低成本的状态，当某类基金价格涨得较高时，就补进价格低的其他基金品种；而当这类基金价格跌得较低时，就补进这类低成本的基金单位。同时，采用这种策略还能使投资者真正拥有已经赚来的钱，不至于因过度奢望价格进一步上涨而使已到手的收益化为泡影。此外，该方法保持各类基金按比例分配投资金额，能有效抵御投资风险，不至于因某种基金的表现不佳而使投资大幅亏损。

但操作中需要注意的是，一种类别里可能会有数百只基金，每一只基金的具体表现不一样，但很可能不同种类的基金也会有一样的表现，因此选择某一只具体的基金时需要谨慎判断。而且，基金换仓的时间也需要控制好。

当市场表现出强烈的上升或下降趋势时，固定比例投资策略的表现将劣于买入并持有的策略。它在市场向上运动时放弃了利润，在市场向下运动时增加了损失。但是，如果市场价格处于震荡、波动状态之中时，固定比例投资策略就可能优于买入并持有策略。由于固定比例投资法的风险水平相对固定，且操作所需资金比较大，所以适合保险公司等有明确投资目的的机构投资者使用。

(2）平均成本投资法

平均成本投资法的主要特征是每隔一段固定的时间(如3个月或半年)以固定的金额去购买某种股票型基金。由于基金价格是经常变动的，所以每次所购买的基金份额也是不一样的。当价格较低时，可以买到较多的基金份额；而当价格较高时，只能买到较少的份额。当投资者采用此方法后，实际上就把基金单位价格波动对购买份额的影响抵消，在一定时间内分散了以较高价格认购基金的风险，长此以往就降低了所买基金的单位平均成本。

平均成本投资法在欧美基金市场上非常流行，它对每次认购的资金要求不高，是致力于进行长期基金投资的投资者最常用的投资策略。这种投资方法收益率较低，且每次交易的间隔时间不宜过短，有些投资者采取每月投资的策略，相对回避风险的能力小些。但如果能坚持长期投资，其收益率还是很可观的。

平均成本投资法对投资者的要求比较高，投资者必须要具有持之以恒的长期投资的思想准备；同时也必须拥有稳定的资金来源，以用于经常而固定的投资。

（3）跟随价格曲线投资法

跟随价格曲线投资法的主要特征是投资者完全将市场行情作为买卖基金的依据，当预测行情即将下跌时，就减少手中的基金份额；反之，应增加基金份额。由于这种方法的交易率比较大，所以该方法主要适合于短线投资者。目前，封闭式基金（特别是远期大盘封闭式基金）可以利用此类方法进行操作，有可能获得比基金分红更高的收益率。

虽然每个投资者都希望成为一个成功的适时进出的投资者，但在实际过程中投资者很难准确把握市场走势。

（4）更换基金投资法

更换基金投资法考虑到任何一只基金的价格均随市场行情而有涨有跌，投资者应追随强势基金，必要时要断然割弃那些业绩不佳的基金。一般而言，任何基金都很难长期战胜其他所有的基金，这在投资学中叫做万有引力现象。所以，必要的时候根据基金业绩主动更换基金，其投资效果会更好。

但需要注意的是，在熊市中几乎所有基金行情均较为惨淡，因而即使更换基金品种基本上也于事无补，此时要做的是更换基金类型。而且频繁地更换基金品种也会为投资者增加投资成本，同时，这种方法较易在头部被套。历史经验表明，这种投资策略通常在牛市中比较管用。

以上几种基金投资方法与策略各有利弊，基民应根据自身的投资偏好、投资特点、资金状况以及基金市场具体走势，有针对性地加以选择，以获得较好的投资收益。

2.投资债券型基金的一般策略

一份与债券型基金和偏债型基金有关的报告统计数据显示，在11只债券型基金当中，机构投资者的持有比例是41.57%，个人投资者的持有比例是58.43%；在7只偏债型基金当中，机构投资者的持有比例是25.78%，个人投资者的持有比例是74.22%。机构投资者在这两类基金上的持有比例明显偏少。

债券型基金投资者，属于理性投资成分较多的投资者类型，一般较为重视投资的安全性。基民在投资债券型基金时是否也可能从中得到一定的启发呢？尤其是在未来利率市场存在升息预期的背景之下，对于这类基金，建议在可以控制风险的前提下适量参与。

即使在债券型基金中，每只基金都在其产品说明书中对它的投资进行了约定，不同的基金产品之间有一定的区别。有的基金比较积极，可能给投资者带来较高的收益，但同时也会有较大的风险；另一些基金比较稳健，投资这类基金的风险较小，但收益可能也会低一些。因此，投资者应当根据自己的实际情况决定投资何种基金。

基民如果不愿承担太大的风险，就可以考虑投资低风险的、保本升值的债券型基金。在选择投资债券型基金时，要注意考虑采取以下几种策略进行操作。

（1）充分考虑投资期限

要考虑到手中的资金能否进行长期投资，如果不能长期投资，就要选择变现能力强的货币市场基金，尽量避免短期内频繁申购、赎回，以免造成不必要的损失。比如保本基金规定的持有期一般是三年，如果提前赎回就难以实现保本的愿望了。

（2）反复比较，控制成本

目前推出的各只债券型基金的收费情况不尽相同，有的高有的低，一个精明的投资者会在同类型的基金之间进行比较，从中选择最适合自己的产品进行投资，从而控制投资的成本。

（3）独立思考，作出分析评价

由于我国目前尚未建立起较为成熟的基金流动评价体系，也没有客观独立的基金绩效评价机构提供基金绩效评价结论，投资者只能靠媒体提供的资料，自己作出分析评价。

专家点金

投资者选择什么样的基金方式，主要应与所选择投资的基金的风格相适应。对投资基金可以根据一些投资方法加以运用，以提高投资效率。

教您投资封闭式基金的策略

1.投资封闭式基金的一般策略

封闭式基金目前市场折价率非常高，说明其具有极大的市场潜力和机会。新基民在投资封闭式基金时，需要掌握以下一些投资原则和策略。

（1）注意选择高折价基金

相对而言，折价率较大的基金比折价率低的基金更有投资价值。基金的投资收益率将在很大程度上取决于其折价率，折价率越大的基金，价值回归的空间也相应的越大。

一要关注小流通份额基金，炒小盘基金是封闭式基金板块中长盛不衰的规律，从1995年出现基金热开始，小盘基金一直受到主力资金的青睐，小盘基金的活跃性和炒作空间也强于大盘基金。因此，投资者要重点关注流通份额不超过10亿份的小盘基金。

二要关注受QFII和保险资金青睐的基金，由于股市行情存在一些不确定因素，一些大型主流资金将目光转移到不受投资大众重视的封闭式基金身上，对于一些成交量放大，大资金介入明显的基金，投资者可以采用中长线的投资。

三要关注基金中的龙头品种，由于基金品种不多，所以基金相互之间联动性较好，崛起的龙头型基金往往能有效带动其他基金的跟风。而且，龙头基金的行情持续时间比其他基金长，获利比较丰厚。

四要适当关注封闭式基金的分红潜力，近年封闭式基金收益能力全面提高，带来基金分红潜力大增，对于单位净值较高的封闭式基金值得重点关注。

（2）投资封闭式基金要克服暴利思维

如果基金出现快速上涨行情，要注意获利了结。按照目前的折价率进行计算，如果封闭式转开放的话，其未来的理论上升空间应该在22%～30%，当基金上涨幅度过大，接近或到达理论涨幅时，投资者要注意获利了结。

“封转开”是目前封闭式基金最大的题材，投资者购买封闭式基金基本上都是奔着这一题材而来的。或通过市场对这个题材的炒作赚取差价，或等其封转开时套现赚取收益。

（3）购买封闭式基金不能太近视

目前封闭式基金的折价情况是，基金存续期越靠前到期的，其折价率就越低，存续期越长的，折价率就越高。如2006年11月份到期的基金兴业，目前的折价率只有6%左右，而一些存续期靠后的大盘基金，其折价率则在40%以上。所以，如果太近视的话，购买基金兴业，6%的折价率不仅不能保证投资者届时有钱可赚，相反还丢失了其他的赚钱机会。而那些折价率在40%以上的一些大盘基金，其到期的期限还有五六年甚至七八年，不仅投资者难有这样的耐心，而且这中间的不确定性也很多，投资者同样不宜长期持有。

购买存续期在1年左右的封闭式基金应该是比较合适的。目前这类基金的折价率在20%左右。如果股市能够在这一年之中保持相对稳定或稳中有升，则投资者至少可以赚取20%左右的无风险收益了，这样的收益率应该还是很可观的。退一步讲，就算大盘下跌了20%，投资者通过购买封闭式基金也相当于回避了股市下跌的风险，这也是一件很不错的事情。因此，面对这样的投资，我们能说不值吗？

封闭式基金的价格受市场供求影响，但基金净值的表现好坏是基金价格涨跌的基础，基金净值增加，基金价格才有上涨的潜力，一般净值表现好的基金其二级市场也有相对较好的表现。2007年对于投资封闭式基金的新基民而言，机会大于风险，净值表现好，折价率高，具有封转开题材的基金是投资者主要关注的品种；除此之外，对于追求稳定投资收益，具有相对长期投资理念的投资者来说，存续期在2007年、2008年到期的中小盘封闭式基金同样是值得重点关注的品种。

2.投资小盘封闭式基金的策略

截止到2007年2月底，小盘基金的平均隐含收益率指标为13%左右。未来，投资于小盘基金能够实现多少的收益，关键还是要看股票市场的“脸色”。如果股票市场上涨，基金的净值继续上涨，大家的收益可能会更多；反之，如果股票市场下跌，基金的净值缩水，假设封闭式基金的股票投资仓位是70%，那么只要股票市场的下跌幅度在20%左右，上述隐含收益率安全空间就有可能化为泡影。

因此说，即使是即将到期的小盘封闭式基金，风险还是有的。上述隐含收益率空间其实是一个防范后市风险的安全垫。投资者在选择小盘封闭式基金进行投资的时候，一定要对股票市场的后市行情有一个明确的判断，并采取如下的操作策略：

一是如果看好股票市场的后市行情，可以投资小盘封闭式基金。

二是如果看好股票市场后市行情，也可以投资小盘封闭式基金，毕竟基金公司都是专业投资机构，通常情况下创造收益的能力和概率要高于普通投资者。

三是如果不看好股票市场后市行情，且预期下跌幅度高于20%，就不要投资小盘封闭式基金。

四是如果在近期打算认购开放式基金的人，不妨也可以把小盘基金作为一个重点关注的对象。因为开放式基金从认购期到封闭期结束，也要经历4个月左右的时间，在此期间，开放式基金由于处在发行期和建仓期里，资金利用效率不高，如果股票市场行情上涨，新开放式基金的收益率可能会相对较低，可能会不如已经处在正常运作状态的封闭式基金。因此说，如果不是很看空股票市场的后市行情，现在可购买一些即将到期的小盘封闭式基金，或是购买日后的开放式基金。

3.投资大盘封闭式基金的策略

按照截止到2007年2月底的国内证券投资市场行情发展态势，大盘封闭式基金的一系列表现和动作值得广大投资者关注。基民应当随之采取相应的策略适时跟进。

（1）衍生品提升封闭式基金的市场地位

指数期货出台后，封闭式基金可以作为指数期货套利活动中的现货替代品，它可以缓解市场上没有跨沪深两市场ETF的难题；融资融券实施后，与国债一样的80%的抵押率将提升封闭式基金的筹码价值。当投资者明白原来封闭式基金还有如此功能时，便是封闭式基金市场地位进一步提高之时，其流动性障碍将永远成为过去。

（2）被压抑的大规模分红将引发新一轮行情

在管理层的推动下，一些大基金公司纷纷修改旗下封闭式基金契约中的分红条款，为多次分红扫清了制度障碍。由于在2006年下半年封闭式基金并没有分掉多少红利，所以，封闭式基金身上存在着大规模的被压抑的分红。2007年4月份前，封闭式基金在管理层的监督和投资者（尤其是保险公司）的推动下演绎大规模分红事件，投资者不仅可以获得“落袋为安”的快感，而且，可以获得分红，增厚折价率从而再次推动价格上涨的“强制性上涨”。无疑，被压抑的大规模分红将引发新一轮的行情。

（3）创新型封闭式基金推动价值发现

创新型封闭式基金是封闭式基金发展进程中的内在革新和自我“扬弃”。随着时代的发展，理论的创新与技术的进步，基金业在快速发展中出现了新的特点，开放式基金的自由赎回规则与封闭式基金可交易性规则在新的市场背景下出现融合的趋势。大量的交易创新围绕着自由赎回规则与可交易性规则展开，出现了吸收封闭与开放两大类型基金各自优点的新型组织形式与交易方式的基金。全球开放式基金虽然保持主流地位，但在发展过程中也暴露了其固有的缺陷，而这些固有缺陷恰恰是封闭式基金的优点。随着市场的发展，股指期货、期权等新兴投资标的物在未来将不断推出，开放式基金的自由申购赎回规则引致的资产组合高流动性和短期化运作特征，与一些投资标的物中长期期限有一定冲突。

（4）封闭式基金基改逐步展开

以“平稳转型、共创多赢”为主要思路的封闭式基金基改革将在2007年大面积铺开，基改是2007年基金业发展中具有重要意义的一件大事。基改是平衡封闭式基金持有人和管理人利益的过程，基改是要让封闭式基金持有人利益得到极大保护。基金兴业于2006年8月9日顺利转型为开放式基金。

专家点金

封闭式基金的价格受市场供求影响，但基金净值的表现好坏是基金价格涨跌的基础，基金净值增加，基金价格才有上涨的潜力，一般净值表现好的基金其二级市场也有相对较好的表现。“封转开”是目前封闭式基金最大的题材，投资者购买封闭式基金基本上都是奔着这一题材而来的。或通过市场对这个题材的炒作赚取差价，或等其封转开时套现赚取收益。

避免基金“套牢”有哪些策略

投资需谨慎，这是每个投资人必须明白的第一要义。基金投资也是如此，投资者在错误的时间、以错误的价格买入不该买入的基金，就会造成损失，如果对损失的处理不当，就会导致投资失败。这种情况可以分为两种，一类是出现投资损失，另一类是没有实现预期的收益。

基金投资赔钱是投资者最为担心的事情。投资者购买基金后，短期内经常会因各种原因而导致基金净值跌破购买“成本价”，即所谓的“套牢”。投资者如果不能正视基金“套牢”现象，就难以实现基金“解套”的目的，从而出现投资损失。

基金“套牢”的原因主要源自投资标的市场风险、基金本身运作失误和投资人的不良操作。避免投资赔钱也要从这三个方面入手。

1.巧妙转身回避市场风险

无论股票还是债券、基金的投资标的都具有一定的市场风险的，基金尽管可以起到分散风险的作用，但不能完全规避风险。一般基金只能规避因购买单只证券所带来的非系统风险，而对整个证券市场波动所带来的系统风险无能为力。如果同类基金表现均欠佳，那么基金净值的下跌就很可能是由整个证券市场的下挫引发的。投资者面对这种情况就要考虑通过自身的操作回避或降低投资风险。

回避系统风险的策略和方法主要有以下三种：

（1）赎回基金份额，转移投资风险

出现基金无法回避的系统风险时，最直接的办法就是将原有基金赎回，寻找投资其他市场的基金。例如，当投资者购买股票型基金时正值证券市场的阶段性顶部，在随后的震荡过程中投资者就应采取及时有效的止损措施，将股票型基金赎回或转换成货币市场基金，这既回避了股票型基金净值下跌的风险，也充分提高了资金的利用效率。投资者还可以静观证券市场的变化，从而选择新的投资时机而重新买入。

（2）适时申购新份额，摊低申购成本

如果投资者持有的基金品种不方便赎回，并与证券市场的关联度极强，而且证券市场已经跌至运行周期的低谷，或者处于阶段性的底部，投资者完全可以在此时购买基金产品，达到摊低基金投资成本的目的。相反，如果当证券市场仍然处于下跌趋势之中，底部反转趋势不明朗，投资者就不宜追加投资，以避免陷入越跌越买的不良循环之中。

（3）利用衍生工具，进行风险对冲

利用衍生工具，进行风险对冲是被机构投资者广泛使用的一种风险回避手段，即建立基金多头和衍生工具空头的适当组合，市场上涨的时候基金获利，而市场下跌的时候衍生工具空头获利。为了方便投资者选择，现在国外还出现了专门的衍生工具空头基金，即不断地卖空证券，以为投资者提供风险回避的工具。我国的股指期货也可以成为我国投资者回避市场风险的较佳选择。

2.选优避劣，防范基金本身运作失误

基金本身运作失误也可以分为两类：一是基金的投资策略不符合市场的变化规律；二是基金管理人能力有限。前者的表现往往是持同种投资策略的基金业绩均不佳，而后者的表现则是单只基金的业绩明显低于同策略基金。

我国的证券投资基金所采取的投资策略基本上是从市场成熟的国家照搬过来的成功投资策略，但这些投资方法并不一定适合我国的证券市场。

这种水土不服的情况很容易影响基金的业绩，比如在国外业绩优良而且广受欢迎的指数基金，来到中国后就成为市场上表现最差的基金品种。事实证明，采用国外的、“教科书”式的投资风格的基金，其业绩往往难以出众。

基金管理人能力也是影响基金业绩的重要原因。一些基金经理的投资思想与基金公司的战略风格并不相同，所以很容易导致频繁更换基金经理，让基金的业绩难以持续稳定。而一些基金经理由于过分拘泥于投资“理念”，难以适应瞬息万变的市场环境，也会导致基金业绩欠佳。

古人云，君子不立危墙之下，对于基金本身运作失误导致的基金“套牢”，不论是否“套牢”，或被套的深度如何，最好的办法就是远离这些基金。

3.提高技巧，杜绝投资人的不良操作

有时候问题并不出在证券市场，也与基金本身无关，而出在投资者身上。有些投资者在买入基金时信心十足，对未来充满憧憬，但真正一遇到风吹草动就惊惶失措；也有些投资者在购买基金前缺乏合理的分析，选择了不适合自身财务需求的基金产品。总体来看，在购买基金时投资者经常出现以下几个问题：

（1）漫无目的，难以操作

不同年龄阶段和财务状况的投资者有不同的投资目的。很多投资者在投资前并不清楚自身的投资目的是什么，这样既难以选择适合自己的基金，也难以确定何时应该继续持有，何时应该赎回。

（2）经常买卖，费用过多

根据市场时机的变化进行波段操作也是一种投资策略。但要做到每次都准确地高卖低买是很困难的，而且在每次交易基金的时候要考虑相应的费用，特别是认购费、赎回费、转换费。对于净值变化幅度小(即标准差较小)的基金而言，频繁交易所获得的收益是很难弥补交易成本的，而对于净值起伏较大的基金(如指数基金)，适当的交易可以获得较好的收益。

（3）品种繁多，过于分散

随着基金品种和数量的丰富，投资多只基金、构造个人的基金组合将成为一种趋势。但构造组合时要避免过于分散，一些投资者同时持有5只同种类型的基金，这样的投资就非常牵扯精力，而且由于同类型基金都有一定的相关性，同时持有过多的单一类型基金并不能回避风险。所以，在选择基金组合时，应包括多种类型的基金产品，而且对于同种类型的基金要分清核心基金和非核心基金，必要的时候应保留核心品种，而远离非核心品种。

（4）买后搁置，不闻不问

购买基金后，如果搁置一边不闻不问，就是对自己的投资不负责任。由于基金投资策略、个人投资目标以及承受风险能力都可能发生改变，所以投资者要定期观察并重新调整自己的基金组合，以实现个人投资目标。

在有些情况下，尽管投资者持有的基金没有发生“套牢”的问题，但是却难以实现自身的投资目的。如果遇到此类情况，投资者首先应该审视一下自身的投资目标是不是可以实现，比如一些投资者要求基金能够带来持续十年的收益率15%以上的稳定收益，这就超过了一般投资基金所能够实现的收益水平。此类投资者应该首先将理财目标制定得切实可行。另外一个重要的原因是投资者选择的基金难以支持实现自己的理财目的。比如有投资者关注的是五年以后能够有较好的收益水平，但却又因为惧怕短期风险而只持有货币市场基金，而货币市场基金主要是投资稳健型金融产品，它不可能像股票型基金那样会有较高收益，也并不是长期投资的良好工具，所以这类投资者往往很难真正实现自己的投资目的。

专家点金

封闭式基金原本是基金最初始的形态，也是基金中最具潜力的投资对象。由于封闭式基金自身所具有的特定的操作程序和买卖条件，基民在选择投资时，应综合考虑其投资的时机、投资的策略和方式，以更好地谋求最大化的回报。

第六章
买房赚钱的理财投资技巧

在投资理财众多规划目标中，最现实、最迫切的目标就是房地产投资。房地产理财时间最长，可跨越人生理财后半生，花费的投资在你的理财规划中应该占据三分之一的资产。购房是大多数人一生当中最大的一笔消费。在众多的投资理财中，房产可能创造更多富翁和使普通大众致富，可以说，房产是创造和积累财富的最好途径之一。只要具备相应的知识、资金和经验，充分利用这一理财工具，买房理财致富绝不是梦。

把握房产投资的基本原则

如何判断房产投资价值?投资者在投资房产时，就像投资其他资金一样，考虑最多的就是房产的未来升值问题，即房屋价格的升值和房屋租金的升值。

随着近几年房产市场的不断完善和健全，房产投资的风险大大降低了，保值、增值的机会增加了。然而，怎样才能判断房子的投资价值呢?以下几大要素可作参考。

1.房屋地段

房地产行家们评价房产的前三个标准是:地段、地段、地段。什么样的地段建什么样的房子，才是这句话的真正含义。

2.房屋质量

投资者想选择好的房屋就要看房屋开发商的实力如何。有实力质量自然有保障，作出的承诺也能兑现。

3.房子的状况

挑一个好的朝向、楼层、户型对出租有很大的好处，这就要看投资者的眼力和爱好了，不过关键还是要房子本身条件好才行。

4.房屋现代化程度

现代社会科学技术发展迅速，住房也是日新月异，住房现代化也逐步成熟起来。因此，房子的投资价值与房子的地段、质量同样重要。

5.社区文化背景

中国人在国外喜欢住唐人街，外国人在中国也喜欢聚居，这就是文化背景使然。所以使馆区、开发区周围的公寓里外国人最多，这样使馆区、开发区周围的外销公寓也就十分抢手了。

6.物业管理

物业管理的好坏直接取决于物业公司的专业程度。有些物业公司有代理业主出租的业务，因此买房时要注意，一个得力的物业公司也许会给以后的出租带来很多方便。

把握好房产投资时机需要考虑的因素：

（1）注意国家的经济增长率

一个国家的经济增长水平，反映了国家的发展速度和发展水平。经济增长率高且持续增长，必然刺激房地产业的发展，使房屋成交量呈旺盛的走势。随着新楼盘的不断推陈出新，有效供给不断增加，房地产业已经呈现出一片繁荣的美好景象。特别是国家把房地产业作为经济增长点和国民经济的支柱产业后，必然会在政策上予以支持，使商品房大量上市，给人们带来更多的选择，在进行比较后，可以用相对较低的价格买到较满意的房屋。

（2）注意利率的变化

在买房时，购房者为避免因通货膨胀所带来的损失，要把握好银行存款利率和银行按揭利率的变化情况。当银行加息，无论是住房公积金贷款还是按揭贷款都随之进行了调整。所以现在选择贷款购房一定要慎重。

（3）注意开发商的平均利润

房地产开发商牟取暴利的时代已经过去。从开发的楼盘销售情况来看，开发商的利润水平已经回归到15%左右，有的甚至更低，虽然这一利润率依然高于其他行业，但相比之下显然比以往任何时候更加接近市场平均利润。

（4）注意销售量

一般来说，不管是现房还是期房，若销售率达不到30%，开发商的开发成本就收不回来，在销售业绩不佳的时候，开发商有可能降低房价；若销售率有50%，表明供销平衡，房价会维持在一定水平内一段时间；若销售率在70%左右则表明需求渐热，发展商的开发成本已基本收回，房价就会上升；当卖出90%以后，由于开发商想尽快发展其他项目，房价可能会降下来。看销售量也是把握购房时机的方法之一。

（5）注意房屋的空置率

空置率是与销售率相反的指标。当一个楼盘的空置率为90%时，价格应是比较低的时候，但消费者也要付出一定的代价，例如装修噪音、服务不到位、环境杂乱无章、交通不便等；当空置率为50%时，小区已经有了一定的发展，购房既能得到较好的价格，又能得到发展商、物业公司提供的服务，是最佳的入住时机；当空置率为30%时，您应迅速购房置业，以免发展商因提高居住品质的投入而提价。

（6）判断购房时机

目前，正是国家对房地产市场宏观调控、抑制房价的高峰时期，政策环境预期不够明朗，房价走势不很明确。所以有意进行房产投资者应关注政策动向、看准银行态度、瞄准机会再着手进行投资。

①政府的经济政策影响购房时机

中国的房地产市场受政策的影响极其巨大，中国的开发商对银行信贷资金的依赖性极强，他们得考虑政策对其资金回笼状况的影响，从而会在营销过程中体现出来。比如一手楼盘，开发商对银行信贷资金的依赖性极强。他们不得不考虑政策对其资金回笼状况的影响，并且会在营销过程中体现出来。二手房市场，小业主们为了谋求自保会将政策带来的不确定因素风险“转嫁”给客户，增加购房成本。因此，消费者平时应该多关心政府的经济政策，从而选择最有利的购房时机。

②银行对买房贷款的态度决定了购房者选择买房的时机

银行手松，说明市场看好；银行手紧，说明市场风险加大。银行的态度比专家的话真实、准确，可信度更高。而且房地产投资和其他投资一样，不要认为自己能摸到市场的价格底线。目前，从北京各家银行观点来看，对于购买自住住房且套型建筑面积90平方米以下的仍执行首付款比例20%的态度，还是较为有利于中低收入群体购房消费的。

对于房地产投资者来说，最佳的购买时机就是成交价比预期购买价要低，也就是说以较低的价格买进房地产，从而减少本金。一般来说，投资者购买房地产的最佳时机是：

1.开发时期。房地产刚开发时期，大多数人对该地区价值认识不足，因而其价格常常受到压制，市场价格往往低于实际价值，而且人们的购买力尚未转入到该地区的房地产市场，所以需求者相对较少。另一方面，开发商急于收回资金归还银行贷款，清偿债务，愿意以较低的价格出售。因此，房地产刚开发时期是介入房产投资的有利时机。

2.经济萧条时期。当社会经济萧条时，人们整体投资水平将下降，购买力也会下降，人们对房地产的需求减少，于是，房地产价格下跌。所以，经济萧条时期是介入房产投资的大好时机。

3.在通货膨胀到来之前。通货膨胀使物价持续上涨，实际上是一种"泡沫经济"，常常引起货币贬值。通货膨胀通常也会引起房产价格上升。房产投资者如果能对经济形势有比较全面的了解，在通货膨胀到来之前买入房产，那么，当通货膨胀发生时投资者所购入的房产价值会有较大幅度的提升。

2006年，中国房地产市场经历了有史以来最猛烈、最严厉的政策调控，但迄今为止，国内大部分城市房价并没有明显改变其上涨的运行轨迹，一些大城市的房价还创下了历史新高。跨入2007年，房地产市场更是出现了全面攀升的格局，2007年9月份，北京、广州房价涨幅有所加速，而上海房价也正从调整中恢复过来发力上涨，深圳、北海等城市房价的飙升也是非常抢眼。在房地产业如此繁荣的大好前景下，众多投资者把目光都聚集到此。那么投资房地产的黄金时期究竟有没有到来呢?

张亮曾经是个忙碌的生意人，可自从2002年他开始接触房地产，就彻底地变成了一个房地产人。当时张亮是做广告生意的，那时他的很多客户都是从事房地产行业的，也许是为了方便，很多客户都习惯用房产来冲抵广告费用，这样一年多下来，张亮发现自己手中竟然积压起五六套不同面积的房产。为了把这些房产盘活变现，张亮想了很多办法。第一个想到的当然是转售，但是按照当时的市场状况，他必定亏得一塌糊涂，于是就想到了出租。

但是张亮并没有盲目出租，而是充分考察了市场环境，认为当地有档次、上格调的租赁房很少，很多有消费能力的人都苦于找不到居住品质好的住房。于是张亮就请来装修公司，把外观陈旧的房子改成了精装修，这样一来，一套60平方米的住宅竟让张亮收到2500元/月的租金，他首次利用房产赚了钱。

有了这次经历后，张亮就决定涉足炒房事业了。如今，张亮已将自己手中的房产玩得游刃有余。五年来，他在这个行当中走得很稳。他非常享受这种悠闲自由的生活。每天上午10点多钟出门，买份报纸看看有什么新楼盘，手上有两套房子在装修的话，了解工程进度会花去他多一点的时间，但也仅限于电话指挥，有人会专门向他汇报手上空置的房产情况。他笑说自己连工作场地都省了，在车上办公就行了。下午是约朋友出来喝茶聊天的时间，晚上则是自己和家人的时间了。

从上面的例子可以清楚地看出，早期投资房地产的投资者都获得了不错的收益。那么从现在的市场环境来看，是不是一个很好的投资房地产的时机呢？

专家点金

随着房产投资成为百姓追逐的热点，其中不乏跟风炒作者。因此，把握房产交易中的机会，抓住时机以低价购入。这需要投资者有丰富的投资经验以及对房产行情的准确判断。只有对房产不同时期、不同区域行情变化态势有准确把握，对所要购买楼盘的开发商的整体实力和经济策略进行准确分析和判断，才能掌握把握投资房地产技巧至关重要。

家庭投资房产的技巧与方法

随着居民投资渠道的增多，房产投资已成为百姓追逐的热点，其中不乏跟风炒作者。对普通百姓而言，房产投资是一种重大的投资行为，任何盲目和冲动都是不可取的。在房产投资之前，要先了解一些该领域的专业知识，掌握一定的投资技巧与方法，才能在房产投资中获利。

下面就从房产投资中房产位置、品种和投资方式的角度来介绍投资房地产的技巧。

1.选择适合的投资位置

所谓位置，就是区位、地段。它决定了房产产品的第一属性。当前，大城市中衡量房产地段是否良好的标准主要包括：

（1）交通方便，但也不宜临近主要街道

与城市的主要商业中心区距离不宜太远;与机场、车站、码头以及风景旅游度假区都有道路相连;可充分满足居住者工作、生活、娱乐和出行的需要。

(2)配套设施齐全,居住舒适

供水、排水、供电、供气、供热、通讯、有线电视等配套设施的好坏,将直接影响居住者的生活质量。选择市政设施配套好的房产非常重要。如有的房产,在入住后,才发现自来水流出的是黄水,严重不符合生活饮用水标准。除了市政配套设施,还有公用配套设施如商店、菜场、学校、医院、俱乐部等与之距离的远近以及它们的服务质量,也会对居住者的生活质量产生影响。

(3)居住环境良好

居住环境一方面是指周围没有污染,空气清新,环境安静,绿化率高;另一方面是指社会治安环境较好,有安全感。大部分居住者经济收入及文化档次比较接近,可使居住者心理感受比较舒适,便于与邻里彼此交流,建立良好的社区环境。

(4)符合居住潮流

人们对居住环境的认识和要求,随着人们生活水平的提高和生活方式的改变,在不断发生变化。比如,市中心区是受到很多人青睐的繁华地段,但一些有车族却偏爱距城区有一段距离的楼盘。此外,还要考虑建设管理机关对城市的规划,这会改变一些人的居住观念。有的地方现状不是十分理想,但按照城市规划的目标,这里将是交通方便、配套齐全、环境优美的居住区。显然这种位置是十分有发展潜力的。相反,有的楼盘各方面的条件都不错,但市政规划的实施可能会从根本上改变它现在的环境。

总的来说,政府的基础设施投资方向、各区域的功能划分无疑是最重要的因素,因为这才是未来业主的生活中所最看重的方面。

2.选择适合的投资品种

现在,房产市场上各种档次的品种都有,从别墅、联排别墅到公寓、二手房、经济适用房,从板式小高层到板式跃层、塔式高层等等,不一而足。一些擅长概念炒作的开发商,总是通过品种的翻新来吸引买家的眼球。所以投资者要擦亮眼睛,根据自身的实际情况进行选择。

一般来讲,每个品种都有特定的消费群体,但不是所有的房产品种都有投资价值。一般从长期投资的角度而言,凡过渡性产品经常会是昙花一现,产品的过渡性也会造成客户群的狭窄性。所以选择品种成熟、管理比较到位的楼盘,其客户群无疑将是最稳定而又相对广泛的。

3.选择适合的投资方式

随着房地产市场的逐步完善和一些房产交易税费的降低，选择房产投资，已经成为了家庭财产保值增值的新时尚。选择以租养贷还是升值转卖?在付款方式上，是贷款或付全款?开始成为投资者首要考虑的问题。

今天热衷于以租养贷的房产投资者，一定要考虑到未来租金波动的实际变化。在某种程度上，“以租养贷”的方式很可能是一种以未来不确定的预期，为投资套牢现实的慰藉。真正意义上的房产投资，要着眼于该项房产的自身价值(地段、产品、品牌服务等内在价值)的增长性，具体表现在其价格上升，而房产的租金收入倒是该项投资的副产品。

对于选择贷款的房产投资者，特别需要注意的是，如同进入证券市场一样，购房投资前最好有足够的心理准备，除非具备良好的心理素质或良好的未来收入预期，否则不要盲目使用贷款投资的方式。毕竟借别人的钱投资，风险更大。银行的贷款利息不能说是可以忽略不计的，加上若干其他的费用(如律师费、保险费等等)，十几年下来，要多支付房款总额50~70%的款项。

在家庭理财规划的众多目标中，最现实、最迫切，也是必须实现的目标就是购房。房地产作为一种特殊的商品，其价值较大，往往动辄几十万元甚至几百万元。作为一生当中最大的一笔消费，买房有很多学问。下面就为大家介绍购房时要注意的一些常见问题。希望能对你选择房产时提供一定的参考。

(1) 量力而行

不断攀升的房价正在强烈刺激着人们投资房地产的欲望。调查显示，投资买房已成为国内高收入阶层的投资理财首选。然而，理财专家指出，房产投资不要光看到诱人的账面资金，一定要充分考虑房产变现能力差、家庭抗风险能力低的隐患，必须慎重行事，量力而行。有些抵押自己的住房，靠盘活旧房来投资新房，或卖掉自己的住房，靠卖房款来购进大户型、热点区域的房子的行为并不可取。事实上，已经有人为此付出了代价。

(2) 不要盲从跟进

房产投资的专业性很强，虽然比不上投资古玩、字画那样高难度，但是普通人并不具备投资房地产的专长，而且对房产投资失败的风险承受力也不强。因此投资理财要从自身的投资偏好、风险承受力、收入支出水平等多方面来考虑。盲目投资房地产不可行，只有在自己具备足够的心理准备及相对较为全面的房产投资知识时，才能进行房产投资。

(3) 明确投资策略

投资房地产的策略不同，所采用的方式也有所不同。有些房产易于出租，但是不会有太大的升值潜力；而另外一些房产恰好相反。因此，在决定投资以前，必须确定投资策略。

(4) 找到最适合的贷款方式

随着国家贷款利率的逐步放开，有些贷款公司的投资利息比较高；而有些公司的投资利息与别的利息一样；有的公司让贷款人把整个贷款作为抵押。在竞争激烈的今天，购房者必须货比三家才能减少损失。

(5) 设定收益预期

因受前阶段房产火暴时期很多人获取暴利的影响，有一些人在投资房地产时将收益预期设定过高。目前，市场上房东频繁返价大多是受这样的心理影响。而事实上，我们在进行任何投资时都应有好的心态，不能将收益预期设定过高，否则往往会因没有及时抛出而导致少获利甚至亏损。所以，一定要保持良好的心态，恰如其分地设定收益情况。

(6) 不能急功近利

很多人投资房地产就是为了通过买卖获利，当然，在房产火暴时期，这样的想法是对的，也确实有一部分人通过这样的方式获取了较为丰厚的回报。可在房价处高位及房产趋向理性的市场态势下，这样的想法将难以如愿。因为房价在高位时随时有下跌的可能，这样，将有可能导致投资受损；房产在理性的市场态势下，将不可能再出现房价大起大落的现象，短期内获取暴利是不可能的。

(7) 听取专家意见

商业或投资决定时，房产投资者应寻求律师帮助，获得专业性的管理服务。律师的参与也是购得房产中不可缺少的一部分。有律师的帮助能保证合同的完整性以及一切可以接受的变动。另外，多听房地产专家意见，也可以为投资者买房避免很多不必要的麻烦。

专家点金

在家庭理财规划的众多目标中，最现实、最迫切，也是必须实现的目标就是购房。房地产作为一种特殊的商品，其价值较大，往往动辄几十万元甚至几百万元。作为一生当中最大的一笔消费，买房有很多学问。

人生不同置业阶段的策略

很多人往往不是一次置业，第一次买房都是过渡性的，在制定换房计划时首先需要计算换房能力，同时，应该考虑购房的机会成本，可以将购房款用于投资回报率更高的产品。

购房不是理财的唯一目标，若把家庭所有的资金全部用来支付购房或是满足换房需求，会耽搁子女教育金或退休金的筹措时机，很多人甚至沦为“房奴”。不断的投资房地产，占据了大量的现金流，有时可能会降低现在的生活水平。

建议可在资金准备充分前暂时租房。一般购房房价的上限，约为年收入的5~8倍，月供款占收入的30%左右比较合理，这样在家庭财务安排上才具有一定的自由度，不至于沦为房奴。

贷款买房的朋友，如果资金投资不太专业，在没有更好的投资渠道时，首先建议还住房贷款，中国现在的银行利率不断攀升，房贷利率也越来越高，很多投资项目的回报率都不及银行房子贷款利率高，所以建议首选归还贷款。

人生有几个理财阶段？我们的购房置业同样也要按照这样的阶段划分。

1.幼稚期置业策略

刚出生到5岁，这是人生的第一个阶段，幼稚期。不需要买房，没有理财能力，衣食住行，包括所有的所需都是父母给的。

2.单身期置业策略

这个时期最大的问题就是要买房子，或者租房。尤其是单身男士，这个时期收入不多，工作不稳定，又要面临成家立业。为此，必须为买房子或者租房子强制储蓄一笔资金。

3.新婚期置业策略

结婚之后，第一次离开父母，需要独自生活，需要有自己的房子，或者承租一套房子。这个时期承租住房要求房价便宜，不求奢华和面积过大，只求适当舒适的居住，也许一室一厅的楼房就足够了，住房的维修尽可能少。买房不用一次到位，尽量安排二人世界的居住要求即可，简单装修，做到量力而行。

4.没有子女期置业策略

这个时期需重新考虑房子投资，为有小宝宝而做准备。如果这个时期是承租房子，需要换一个更大的适合三口之家的房子，住房要求较高，需要留出孩子的空间，还要有保姆的居住空间。可能一室一厅的住房就拥挤不堪了，这时本着要承租两室一厅的房子才够用，最好和房东签订二至三年的承租协议，防止在孩子出生后，因为房价上涨被迫再找房子。

买房的年轻父母这个时候可能原有的住房不能符合养宝宝的要求了，需要换一个更大的房子来满足家庭居住和抚养下一代需要。所以需要卖掉旧房子换一个更大的新房子，就会涉及旧房子卖出，新房子采购弥补差价，还涉及新房子装修等事情。

5.子女期置业策略

当有了孩子之后，成了三口之家，承租房子需要给子女提供一定的空间，比如做功课空间，游戏空间，这样对孩子未来成长有好处。这个时期如果已经完成购房，需要合理完善理财计划，最好尽快还清房贷，以便满足子女教育投资需求。

6.家庭成熟期置业策略

如果这个时期承租住房，一定租赁住房在各种需求和理财环境变化时提供一定的安全性，防止大起大落，因为这个年龄段实在不适合搬家等折腾。理财重点要放在为退休理财做打算。如果购买房子就得要求房子质量要好，简单适用的装修，千万不要因为装修太多而加大维修费用和负担。家庭成熟后，人的性格也日趋成熟，建议买符合生活方式需求的住房。

7.退休期置业策略

人生的夕阳红阶段，这个时期老年的生活质量最重要，需要平和的心态，买房和承租房子基本应该结束，房贷一定要还清。生活主要是尽享天伦之乐。人生这个阶段禁不起任何风浪，所以任何风险大的投资都不适合你。

以房养房楼市投资有哪些攻略?随着人们对房地产领域投资意识的加强，许多人都将赚钱的目光转向“以房养房”的方式上。聪明的消费者自会比较，家中的积蓄存入银行，利息收益较低假如用它来投资物业后又将其出租，以现在市场上的租金水平来计算，后者的收益率肯定要高于银行存款的利率。此外，这种租金收益也相对稳定。

在目前房贷政策紧缩、房产降温可期的情况下，“以房养房”风险究竟有多大呢？

（1）充分考虑“滞留期”

“以租养房”，已经成为众多人轻松买房的一条捷径。不过，人们似乎只看到了好的一面，而忽视了其中的风险。一旦出现变故，购房者将损失惨重。“以租养房”不是个简单的过程，这里面的账要仔细算清楚，除了每月固定要支付的物业管理费之外，还有银行贷款利息，这是笔固定的支出，而其收入却只是相对固定的。既然是投资就会有风险，投资房产的风险就是新房出租会有一个“滞留期”，即从正式入住到出租出去，中间会有一段时间房子是空置的。即使已经出租的房子也可能会中途“断档”，这就需要你周密考虑如何度过这样的“风险期”。

随着申请住房按揭贷款门槛的一降再降，不少投资者都会产生冲动想“以租养房”，做长线投资，但基于对市场分析不全面，最终房子租不出去，导致了以租养房的失败。所以，投资者在瞄准“以租养房”的投资模式时，应对自己的还贷能力慎重考虑。

（2）还贷额占比须控制

既然是投资就会有风险，“以房养房”也不例外。理财师认为，正常情况下，租金收入 + 家庭其他收入，如工资、存款利息等，应大于还贷额 + 家庭的正常开销。在家庭收入和正常开销不变的情况下，租金收入越高，还贷金额越低，家庭财务就越安全。

由于房贷政策的变化，“以房养房”者的还贷金额将上升。为控制这方面的风险，银行放贷时，一般要求还贷额占家庭收入的50%以下。超出这个比例，一旦家里出现什么意外情况，资金周转发生困难，造成逾期还贷，则房子就有被银行收走的风险。

（3）谨防物业贬值风险

除了还贷额上升的风险，“以房养房”者还要承受出租收入不稳定、物业贬值等多种风险。

房产也有“保鲜期”，要提折旧，房产发展总是一代接一代向更合理的设计、更新的建筑材料设备、更符合时代需求的方向发展。因此，时间久的房产可能落伍，租金和价值有下降风险。

此外，房产市场的供需情况也会影响租金收入。总体上看，房地产商手里的空置房越多，“房养房”风险就越大。当房地产转为买方市场时，开发商将大量抛售和压价出租，普通投资者将承担房价和租金双下降的风险，而还贷还要继续。因此那些购买多套住宅的投资者，“以房养房”要慎之又慎，避免因一时冲动而遭受损失。

（4）谨慎投资不宜“满仓”

综上所述，“以房养房”风险主要在于：银行贷款利率调整，还贷额上升；房子老化或房产空置率提高，租金下降，家庭其他收入下降等。分析人士认为，作为不动产，毕竟房产流动性不高，现在投资产品日见丰富，房产可纳入投资组合，但现在“满仓”恐怕不合适。同时在投资房产时，也要全面评估投资回报率，作为以租养房的房产，应对其周边租金行情有充分了解，包括是否有稳定承租人、周围市政规划等。所以，按揭贷款要具备稳定的还款来源，租金收入不能作为主要还款来源。应结合自身收入情况，选择适宜的还款方式。

“以房养房”的三种方式

（1）出租旧房，购置新房。如果你的月收入不足以支付银行贷款本息，或是支付后不足以维持每月的日常开销，而你却拥有一套可以出租的空房，且这套房子所处的位置恰好是租赁市场的热点地区，那么你就可以考虑采用这个方案，将原有的住房出租，用所得租金偿付银行贷款来购置新房。

（2）投资购房，出租还贷。有些人好不容易买了套房，却要面对沉重的还贷压力，虽然手里还有一些存款，但一想到每个月都要把刚拿到的薪水再送回银行，而自己的存款不知什么时候才能再增加几位数，心里就不是滋味。在这种情况下，可以再买一套房子，用来投资。如果能找到一套租价高、升值潜力大的公寓，就可以用每个月稳定的租金收入来偿还两套房子的贷款本息，这样不仅解决了日常还贷的压力，而且还获得了两套房产。问题的关键是要判断准确，还有重要的一点是出租收益率的计算。

北京的张先生以成本价购买一套位于西城区的房改房，建筑面积60平方米，2004年底，在海淀区贷款60万元购买一套商品房用于今后自住。西城房改房每年需负担取暖费1800元、物业费900元，经了解，目前市场价格42万元(包含装修)，月租金2000元。他拿不准到底该出租房子收租金，还是卖掉房子回收资金去归还海淀房产的银行贷款。

租金收益率的计算：为确保出租房屋的品质，张先生还需要投入1万元左右购置电器和家具；此外，出租过程中有可能出现房屋空置期，暂以每年15天计算。

年租金净收益 $=2000\times12(365-15)/365-1800-900\approx20314$(元)

年租金收益率 =20314 /(420000+10000)≈4.72%

目前，五年期以上银行按揭贷款年利率是5.94%，如果出租房产的年收益率低于5.94%，则出租方案显然不如出售该房产，那样可以将一次性回收资金用于提前全部或部分偿还另一房产的银行贷款。

(3) 出售或抵押，买新房。如果你手头有一套住房，但并不满意，想改善居住条件，可手里又没钱，好像一时半会儿买不了新房。如果你将手中的房子出售变为现金，就可以得到足够的资金。你可以将这部分钱分成两部分，一部分买房自住，一部分采用第二个办法用来投资。如果你卖了旧房却一时买不到合适的新房自住，就不如把原来的房产抵押给银行，用银行的抵押商业贷款先买房自住，再买房投资。这样，不用花自己的钱，就可以实现你改善住房，又当房东的梦想了。

专家点金

随着人们对房地产领域投资意识的加强，许多人都将赚钱的目光转向“以房养房”的方式上。然而，房地产商手里的空置房越多，“以房养房”风险就越大。普通投资者将承担房价和租金双下降的风险，而还贷还要继续。因此那些购买多套住宅的投资者，“以房养房”要慎之又慎，避免因一时冲动而遭受损失。

第七章
找到防止未来忧虑的“保护伞”

保险不仅可以积累现金价值，还可以提供偿债能力，当投保人遇到风险且没有时间在未来的岁月中继续增加收入以偿债的情况下，保险是唯一可以立即创造财富的法宝。“天有不测风云，人有旦夕祸福”，所以说保险投资已成为当今家庭不可或缺的理财范畴，保险就像是把保护伞，可以使投资者未雨绸缪。保险投资不仅能防范不测，而且还能将经济风险转移出去，从而给自己一份有效的保障。这时我们不得不承认保险是家庭经济生活的稳定器，更是家庭理财中最基本的避险保障。

适合一般家庭买保险的原则

保险作为家庭理财中的一个部分，与家庭理财的目标是息息相关的。普遍而言，不同的人生发展阶段，应该关注和制定不同的家庭理财目标。借用自然界的发展规律，人的一生可以分为“春耕、夏种、秋收、冬藏”四个阶段。安排保险计划，就是为了保障这些阶段的顺利进行。保险是一切投资的前提，是防范家庭风险的最后一道屏障，在一片狂热的投资盛宴中，理智的做法是先给自己上一道保险大餐，并且遵守一些投保原则。

随着人生的变化起伏，在等待实现各种需求之际，你会发现自己的愿望也已经发生了变化。制定保险规划也是一样的道理。当人到中年，已经积累了一定的财富时，蓦然回首，有些产品已不是中年人所需。处于人生的不同阶段时保险需求是会变化的，为此，保险消费也不适宜一步到位，必须及时调整。

1.遵从三三制原则

现代家庭理财应推行“三三制”原则，即1/3的流动资金用于应急;1/3通过投资，获取较高收益;1/3用于保险，获得家庭人身财产保障。而在投资类型上，股票、期货解决收益性，属于理财金字塔顶端;基金、储蓄解决流动性，属于金字塔中间;各类保险解决安全性，在家庭理财规划中是必不可少的塔基。

2.重要人优先原则

在一个家庭的保障计划中，应首先考虑家庭经济支柱，即家庭里谁赚钱最多，优先为谁投保。投保顺序先大人后小孩。

据了解，目前重大疾病保险的理赔案中，50%以上的发病率在40~45岁之间。因此，保险专家建议，家庭经济支柱应优先考虑购买保障型寿险和大病险，并附加较高比例的意外险和医疗险。

与此同时，小孩正处在一生中事故多发阶段，为孩子投保应趁早。为孩子买保险越早越合算，父母给子女在婴幼儿阶段投保，如果获得的保障相同，那么缴纳的保费会少得多。

不同的少儿险种可以解决不同的问题。一般来说，父母为子女投保有以下几种需要:一、为子女的意外伤害提供保障;二、解决子女医疗费用，特别是大病医疗费用;三、筹措教育基金;四、保证子女在父母发生意外后能正常生活。

3.先保障后投资原则

投保险种要分主次，先保障后投资，让有限的保费预算用在“刀刃”上。具体说来，应该是先考虑寿险、健康险方面的保障，然后考虑养老险、教育险方面的保障，最后才应考虑注重投资功能的保险。

保险作为一种无形的商品，最重要的价值是风险保障，防患于未然，其次才是投资功能。因此，买保险时不能只看价格,不能单纯地凭保险的收益同储蓄、国债、股票的收益作比较，而是要综合考虑个人的保障需求、保险公司的经营业绩以及保险代理人的服务质量等。下面讲如何正确的投保。

1.确定保费预算额度

一般三口之家，可将家庭年收入的5%~10%用来购买保险，这样比例的费用支出，一般不会给家庭经济带来经济压力，也不会影响今后的续缴保费，而且还能满足家庭的保障需求。

2．应明确所需要的保障

由于不同保险品种的保障内容各有侧重，投保人的年龄、性别、职业、收入和健康也千差万别，因此，投保时要考虑清楚这份保单是否适合。

通常家庭的主力经济来源者，适合以保障为主兼具其他功能的寿险；单身贵族或经常出差者，适合保费低而保障高的意外险；子女投保时，最好选择豁免缴付保险费附加契约；目前有稳定收入、希望退休后继续维持现有生活水平的投保者，可投保养老金保险。

3．要慎选保险公司

服务质量的高低也是衡量保险公司的重要因素。保险公司作为市场经济中的实体，同样面临经营绩效的问题，也有可能无法偿还保险金。在漫长的寿险保单有效期内会发生许多事，如续保、契约变更、领取生存现金、理赔等等。一家好的保险公司，会给保户提供全面、迅速、便捷的服务。因此，投保时要选择经营稳健、实力雄厚、服务周到的保险公司。

4．选取好保险代理人

代理人是保险公司和保户之间的中介，客户可通过代理人享有保险公司的各类服务。因此，选择一个专业的、诚实的、有责任心的保险代理人显得尤为重要。一位好的代理人，不但能在售前为客户设计最符合保障需求和收支情况的保险计划，而且能在售后提供传递信息缴纳保费、更改地址、理赔等服务。

此外，保险期限的长短、保险费的缴纳方式以及保险责任范围等，都是购买保险时需要加以考虑的。

人生各阶段具体的风险又何在?人们最熟悉的可能就是“生、老、病、死”。小孩成长教育、生病或残疾、老年退休养老甚至死亡……这些事件如果处理不当，都会对我们最亲爱的家人构成财务上的风险和危机。不同时期，个人和家庭的人身保障重点就是依据这些风险而来。根据自己的人生阶段，分步安排自己和家人的保险，不仅可以获得合适的保障，而且不会影响自己的经济状况。

现大致为不同阶段的人生作一个保障规划：

20 ~ 30 岁为单身期，以寿险保障为主，辅之部分的医疗保险和意外险。

30 ~ 40 岁为家庭成长期，寿险、医疗、子女教育保险都要充分考虑，有余力的再考虑自己的养老。

40~50岁家庭成熟期，健康医疗和养老保险迫不及待需要全面提高。

50岁以后，医疗和养老成为基本的两大问题。

薛先生今年40岁，现在距离他第一次买保险已经整整过去10年了。当时薛先生刚刚在东莞开了一家小厂。在保险推销员的强力推荐下，他买了一份意外伤害险和少额的终身寿险。

两年以后，薛先生成家了，他的工厂规模也扩大了许多。薛先生的工作变得越来越忙碌，这时在太太的建议下又购买了重大疾病保险附加住院补贴保险。后来，寿险也开始被他们所重视，又买了一份两全寿险。

2005年，薛先生因胃病住院，出院后很快得到保险公司的理赔金。这让他体会到保险的好处。于是，他又为自己和妻子买了养老保险，还为孩子上了意外伤害综合保险。

如今快要过45岁生日的薛先生觉得退休后的养老生活离他越来越近。按照他目前的生活水准，退休后靠微薄的退休金很难维持如今的生活质量。所以薛先生考虑为自己和妻子买了一些投资联结险，作为今后的养老基金。

这些年来，薛先生通过不断地调整自己的保险计划，也成为保险公司的VIP客户。像他这样按照人生的发展和财富的累积，循序渐进地购买保险并且作出合适的调整，具体险种有增有减，具体额度边增边减，不让自己“吃力”，也不让自己的家庭“缺乏安全感”，在经济成本和保障性能之间找到一个平衡点，这才算是打造了一份家庭保险的“黄金组合”。

专家点金

随着人生的变化起伏，由于不同保险品种的保障内容各有侧重，投保人的年龄、性别、职业、收入和健康也千差万别，因此，投保时要考虑清楚这份保单是否适合自己。

六张一生中必不可少的保单

生存的需求和安全与保障的需求，是人生中最基本的两大需求。在人生的不同阶段，面临不同的风险需求，所幸的是，现在可以通过保险来解决这些问题！

第1张:意外险保单

对于刚参加工作的年轻人而言，买份高额的寿险是不现实的。25~30岁，我们的经济能力还有限，我们还在创业或打拼，我们还要为人生积累财富，我们还要为买房、买车做准备，我们没有家庭所累，没必要、也不乐意把所有的钱都放进保险公司的存折里。

意外险是这个阶段必备的第一张保单。意外险提供生命与安全的保障，功能是身故给付、残废给付。买一份意外险是对生命的保障，更体现了对父母养育之恩的报偿。尽管意外险没有理财功能，在不出险的情况下，不能获得返还与收益，但与其高达数十万元的赔付金额相比，每年几百元的投入就显得微不足道。任何其他一个险种都不可能像意外险一样，有如此之高的保障功能。

意外险的附加险种也是必要的选择。因意外发生的医疗赔偿，包括门诊、挂号费全都可以获得赔付。小病的住院、手术费用，也可以附加住院与手术补偿来实现。

第2张:大病医疗保单

30岁起我们逐渐开始害怕体检。生活虽在一天天的改善，人生目标也似乎在按照设想一步步实现，但对未来的健康却越来越没信心。吃的食品让人揪心，呼吸的空气也好不到哪儿去!工业废气、汽车尾气越来越多，导致生存环境越来越恶化、空气越来越污浊。所以现在的癌症等大病的发病率越来越高，年龄越来越低!

再看看我们的医疗保障现状吧。我们都有一份社会医疗保险，一年的医疗费用上限两万元。在感冒一次也要支出上千元的今天，这点钱只够应付一场小病。在两万元以上，我们还有大病基金，按比例报销更高的花费。“比例”这个词本来就让人没安全感，更何况它的比例还很低。算下来，得一场10万元的大病，至少有三四万元的医药费需要自付。难怪别人会说，疾病是家庭财政的黑洞，足以让数年努力攒下的银子一瞬间灰飞烟灭。正所谓“辛辛苦苦几十年，一场大病让你回到解放前!”

大病医疗保险，是转移风险、获得保障的方式，更是理财的最佳选择之一。将一部分钱存入大病医疗，出险的情况下可以获得赔付，不出险最终也能收回本金和利息。

第3张:养老保单

30年后谁来养你这是我们不得不考虑的问题。当我们的口袋越来越充实，薪水逐年上升，越来越习惯了高质量的生活方式时，没人愿意未来的生活水准一落千丈。我们努力地工作、攒钱，是因为我们忽然意识到，我们每个人挣的钱至少要两个人花，一个是现在的你，一个是年老的你!养育小孩的花费越来越昂贵，很多城市居民都只有一个小孩，当未来出现两个小孩负担4个老人乃至8个老人的局面时，指望孩子，对孩子无疑也是一种巨大的压力。趁早规划自己的养老问题，是对自己和儿女的责任感。

在能赚钱的年龄考虑养老是必要的，也是不可回避的。我们在社会保险里也都有一份养老金，但这种养老金发放金额是当地最低月平均工资，这对维持一般的生活而言，尚属杯水车薪。

从30岁开始，在资金允许的情况下，应该开始考虑买一份养老保险。养老资金首先要保证安全，投资股市或者房产来养老，风险显然难以预测。而养老保险兼具保障与理财功能，可以抵御一部分通货膨胀的影响。养老保险应当尽早购买，买得越早，获得优惠越大。

购买养老保险之前，要算清楚以后每月能拿到多少钱，能拿到多少岁或者多少年。养老金的领取分两种形式，一种是每月领固定的金额，另一种是逐年递增，应视不同情况与经济承受力而选择。一个都市里的单身贵族，没有家室所累，买保险只需要考虑个人保障，以上三张保单是必备的。

第4张:子女教育保单

结婚后，昔日的单身贵族开始面临对家庭的责任。在经济条件允许的情况下，夫妇各买一份人寿保险，受益人互相写对方的名字，也是一种责任和承诺。在一方出现意外的情况下，家庭生活不至于陷入困境。

养育小孩之后，子女的教育问题更是提上了日程。天下的父母都希望孩子接受最好的教育，拥有更为美好的未来。义务教育的费用越来越昂贵，读个大学更要以万元计，更不必说对孩子爱好的培养，学跳舞、练钢琴、请家教，诸如此类高昂的开支也是一笔巨大的款项。从孩子出生之日起，为其教育准备一笔资金就已经是当务之急。好在小孩出生是在父母的壮年时期，收入高，经济来源稳定，此时有能力给小孩准备足够的教育基金。如果小孩出生是在父母四五十岁的年龄，则更应该为小孩准备一笔教育金。

准备教育基金有两种方式，一种是教育费用预留基金。举例说，在小孩1~17岁，每年存一笔钱，以供小孩读高中或大学时专用;另一种方式是买一份万能寿险，存取灵活，而且另有红利返还，可以做大额的教育储备金。

第5张:子女意外保单

儿童意外险是孩子的另一张必备的保单。儿童更爱动，更好奇，比成人更容易受到意外伤害。仅2004年，我国就有近50万15岁以下儿童因意外事故而死亡，即每一天就有1000多个花儿一样的孩子离我们而去，这还不包括意外致残的孩子。儿童意外险可以为出险的孩子提供医疗帮助。儿童意外险保障程度高，例如价值3万元的儿童意外险，每年缴费不到300元，还是很值得购买的。

第6张:人寿保单

学会把风险转移出去!算算贷款金额共多少，买一份同等金额的人寿保险，比如贷款金额是80万元，就买个80万元的寿险，一旦有变尚有保险公司替你还贷，这样保险公司可以为个人及家庭提供财富保障。

专家点金

生存的需求和安全与保障的需求，是人生中最基本的两大需求。在人生的不同阶段，面临不同的风险需求，如果要想做到人生有保障就必须规划好六张一生中必不可少的保单。

一生中不同年龄时期的保险规划

保险规划必须根据每个人所处的人生不同阶段来分类，大致根据什么时候需要什么保险，然后根据人生阶段的推进和变化"逐步进行，逐级调整"。

一般而言，凡保障类的保险产品，宜选择较长的缴费方式。因为保障类的产品，投保者的意图本是用尽可能少的经济投入，转移未来可能发生的较大的经济损失。比如人寿保险、重大疾病保险等。

大多数保障类产品在保险责任设计中，还向投保者提供"豁免条款"，即当出现全残或某些约定的保险事故情况下，投保人可以免缴余下的各期保费，而且保障还可能继续有效。这样一来，选择较长的缴费期就更能够规避经济风险。

储蓄类的保险产品，应选择较短缴费期。因为相同的保额，或相同的储蓄目标，在缴费期较短的情况下，总的支付金额也较少(不考虑货币的时间价值)。特别对于年纪较大的人群，如果要选择这类保险产品，最好是能选择短期期缴或是一次性付清保费。比如一个50岁的老人投保某公司的一份10万元额度养老险，五年期缴每年缴费需要 20100 元，而一次性缴费只要 89000 元。

另外，当产品具有分红或投资功能的时候，在较短的缴费期内完成缴费义务，意味着在合同初期，就能享有比较高的分红权益或是投资账户累积基数。保险产品又都是复利计息的，如果在较短的时间内完成保险合同所规定的缴费义务，也就能充分利用复利的效果来达到多多累积财富的目的。

当你是一个社会新人时，你也许有很强烈的保险意识，想把自己需要的产品都买了，但此时你的经济能力有限，你只能花钱买最需要的保障，而不是所有保障。等到自己的条件逐渐改善的时候，人们的保障内容也将随之增加。

不同的年龄层，需求会有所不同，每一个年龄区间，都有其不同的人生目标，针对这样的一个需求，保险商品规划便要随时做修改，像是年轻人，在投资方面的需求就会多一点，中年人则偏重退休规划重保本等，每个年龄阶段，保单最好都要随时做检视。

下面就一生中重要生命周期的几个阶段进行保险规划介绍

1.儿童的保险

随着生育率逐渐下降，每个子女都是父母捧在手心的宝贝，因此及早替小孩规划一份完整的儿童保单，也是替他的人生理财跨出第一步。从小孩出生后30天就需要开始考虑购买保险，越早购买价格相对比较便宜，可以获得相对较高的保险利益保障，同时由于投保早，交费的积累期长，资金增值会比较高。

儿童保险的规划，注重在医疗险保障，学龄前儿童抵抗能力较差，容易得上一些流行性疾病，所以建议多买住院医疗补偿型险种。同时有能力的家长，还应替孩子再规划一笔教育基金，通常储蓄险或是投资型保险都是不错的选择。

值得注意的是，应该正确对待儿童保险在家庭整体保险中的地位。家庭定投保应以孩子的父母为主，孩子为辅。为孩子买保险不一定要以孩子的名义进行，父母才是孩子最可靠的"保护伞"。

2.年轻人的保险

由于年轻人要面临将来的结婚生子或是房贷的压力，投保计划重点应该是把钱存下来，如果收入稳定，不妨以累积人生第一桶金当作目标，通过定时定额的方式购买投资型保单，强迫自己储蓄。另外再经由传统寿险规划，来附加医疗、防癌等其他险种，把基本保障给做足。如果经费充足应以购买终身型险种为主。另外因为年轻人工作属性的问题，意外险的规划更是不可少。

值得注意的是，同样的险种、同样的保额，保费会随被保险人年龄的增长而增加。等年龄较大、身体状况恶化时再买保险，很有可能因年龄和健康原因而被拒保，即使通过了核保，也要支付较年轻时更多的保费。因此，年轻人很有必要未雨绸缪，及早购买保险。

3.中年人的保险

中年人都面临着繁重的家庭负担，所以购买保险的计划不能太单一，首先身为一个家庭经济支柱保额，保额的设定十分重要，建议寿险及人身意外事故险的保额，大约在家庭年收入的10倍。另外还要考量保险事故发生时，你及家人可能面对的经济损失及新增负担，例如面临的负债(车贷，房贷)问题等。

需要警惕的是，目前市场上不少重疾险只保到65岁，这意味着保户在65岁以后罹患疾病将没有保险保障，而如果这时才去补买终身型重疾险，往往为时晚矣。因为很多保险公司不为65岁以上的老人保险，而且即使这时有适合自己的产品，也会直接面对高额的保费。因此，中年人越早买保险对自己和家庭越有利。建议中年人尽量购买保障期长的保险，最好是终身保障型保险。

4.老年人的保险

随着医学的进步，现代人寿命延长了很多，因此老年人的保单，已经不再像年轻人偏重投资层面，也不像中年人那样注重保额多少，能够富足退休生活，才是最关键的。

对于一部分没有医疗保险的老人来说，看病花费大，想购买保险的愿望很迫切。然而，保险公司专门为老年人设计的保险产品少之又少，即使有些可以投保，保险条款规定也相当严格。首先是年龄限制。目前，保险公司推出的意外伤害保险一般都把投保年龄限制在65岁以下，养老保险、重大疾病保险多数限制在60周岁，最低仅为55岁;其次是保费高。投保人年纪越大，保费就越高。现在不少寿险产品都将50岁作为价格分水岭，消费者最好在此之前投保。此外，大多数保险公司都要求对超过50岁的投保人进行体检，体检不合格很可能被拒保。因此，老年人投保更须尽早。

专家点金

人生中保险规划要根据个人所处人生不同阶段来分类，根据人生阶段的推进和变化“逐步进行，逐级调整”。当你是一个社会新人时，你只能花钱买最需要的保障，而不是所有保障。等到自己的条件逐渐改善的时候，人们的保障内容也将随之增加。故不同的年龄层，需求会有所不同，每一个年龄区间，都有其不同的人生目标，针对这样的一个需求，保险商品规划便要随时做修改，保单最好都要随时做检视。

家庭理财节省保费的技巧

如今，人们的保险意识越来越强。在选择购买保险时要考虑的因素也越来越广泛，其中保险费用的支出是购买保险的重要因素。投保者应根据家庭年收入情况、家庭成员情况、选择险种情况来设置保费比例。下面就从这三个方面来介绍如何设置合理的保费支出。

1.保费占家庭收入比重

保险属于安全层面的需求，我们购买保险要为生活提供将来的保证，因此不能太少，因为过低的保费支出意味着不能带来足够的安全保障，但是也不能过高，因为保费越高越意味着现在要面临很大的支出，会带来较大的生活压力。因此，保费支出应该与自己的实际收入相联系，一般说来大约相当于年收入的10%保费支出是最为适宜的，也可以根据自己的实际情况稍加调整。保费支出不要低于5%，也不要高过20%。

40岁的丁先生，配偶35岁，已有自住房产(无按揭)，家中有一个10岁小孩，他的年收入为8万元，配偶年收入2万元，家里一年生活费用支出在3万元左右。就基本保障而言，丁先生的年保费应在7000元左右(7万 × 10%)，保额适合确定在70万元左右(7万 × 10倍)。也就是说，丁先生应购买保额在70万元左右的综合性保险商品组合，包括意外保险、重大疾病保险，年保费在7000 ~ 1万元之间较为适宜。

2.在家庭成员中优先为谁投保

支出同样的保费，为不同的家庭成员投保，会有不同的保险利益。应当掌握的一个原则是优先为家庭经济支柱投保。经常遇到这样的情况，父母为子女教育金保险一掷千金，但在为自己投保时却斤斤计较。理性地思考一下，真正为孩子提供保障的绝不是保险公司，而是父母的收入。如果家庭经济支柱发生了意外，收入中断，那么谁来为孩子的成长支付教育金?谁来为家庭的日常生活费用提供开支?合理的做法是大人在自己保障充分的基础上，再为小孩投保。

张先生今年40岁，工作10年，个人年收入约10万元。孙女士年收入8万元左右。他们的儿子8岁多，父母都有养老保险。张先生为儿子将来的教育购买了分红储蓄型保险，年交保费约2000元左右，交费期20年。无其他商业保险，也无贷款负担。

张先生夫妇的投保存在一定的误区。忽视了保险的最重要功能——保障功能，只从投资收益角度简单看待判断保险的作用。保险现状存在相当问题，保险利用顺序有误。家庭主要收入贡献者的风险保障严重不足。商业保障性保险在为大人购置充足之前，不应先考虑投保孩子。

3．优先选择何种保险

购买保险首要考虑的应该是保险的保障功能，只有在保障比较充分的基础上，再去考虑衍生的投资理财功能。

曹先生夫妇都是刚工作了两年的白领，收入差不多，每人都买了年近3000元保费的保险，可内容却大不相同。妻子的保险偏重保障，涵盖了1万元的住院费用报销保险、100元/天的住院津贴保险、20万元意外伤害保险、1万元意外医疗保险、10万元重大疾病保险和30万元定期寿险，年交保费约2800元。而曹先生的保险则比较偏重储蓄投资，他投保的是保额6万元的分红寿险，没有附加险，年交保费2988元。

如果发生了意外事故需要住院治疗，那么前者将能得到保险公司充分的赔付，而后者却因不符合保险理赔的条件，得不到任何补偿。

4．影响保费的因素

一般情况下，影响保险费计算的因素有保险期间、保险责任、交费期间、交费方式、被保险人的性别、年龄、职业及身体健康状况、投保金额等。

一般的情形大致为：保险金额越高，保险费越高。养老保险的保险费较高，死亡保险则较生存保险便宜。保险期间方面，生存保险及两全保险的保险期间越长，保险费越便宜；死亡保险则反之，期间越长，保险费越贵。在交费方面，年交的保险费会多于半年交，半年交会多于月交，两个半年交的保险费会多于一个年交保费，六次月交的保费会高于一次半年交的保费。在性别方面，死亡保险一般是女性的保险费较男性的保险费便宜，这是因为女性平均寿命高于男性。

当我们知道了保费支出的合理范围，那么应该怎样才能在不影响保险数量与质量的前提下，节约更多的保费呢？下面就介绍几个节约保费的好方法。

（1）学会算清明细账

戒烟、减肥能够帮助我们节省保费的道理大家都清楚，但是到底能省多少呢?保险公司对于有不良生活习惯和健康隐患的投保人保险费用至少要提高一倍，那么要我们回归健康生活又何乐而不为呢?

（2）把保险福利收入归自有

许多企业和公司把购买人寿保险作为对员工的一项福利，如果你也享受到了这项福利，那么你就一定要注意，不能让这种保险“半途而废”。因为每个人都可能会因为各种原因离开某家公司，因此最好的办法是把公司为员工购买的人寿保险作为自费购买的相关保险的一个补充，这样就使人寿保险能够延续下来，才能保证未来的收益。

（3）学会选择“低负担”保险公司

一些保险公司在出售人寿保险的时候手续费很低，甚至为零，知道了这一点，就意味着应该选择那些保单上的金额相对较少的公司。这些保险公司大多为行业龙头，或者是某个细分市场的领导者。

（4）学会顾虑健康问题

45岁的吴先生最近体检中查出有糖尿病，因此他打算购买人寿保险。朋友建议他选择“对糖尿病友好的”保险公司投保。有不少保险公司，尤其是有悠久历史的保险公司，它们对疾病有不同的分类，并且对严重程度也区别对待。例如，糖尿病患者不再作为一个整群出现，而是在“医药可控制”到“非常严重”之间分成不同等级，保险费用自然有很大的差别。

（5）学会避免该节约费用

保费大多在每个月会按时、自动地从我们的账户上划走，非常方便。但是，在每个月打对账单的时候，还是要问问自己这种支付方式是否合适，这些钱花得是否值得。因为，有的时候年付比按月支付要便宜15%～20%。所以，不要在不知不觉中损失了很多本来可以省下来的费用。

（6）弄清到底买了些什么

有些保险公司在谈论人寿保险的时候，避免直接说“人寿保险”这个词。而是会用一些委婉的说法，例如用“保障抵押”或“退休养老计划”等加以包装，甚至很多保险公司都要求保险规划师不要用最直白的说法告诉潜在的客户。所以，一定不要被包装所诱惑，要弄清某个保险方案是不是真正适合你。但是，我们应该清楚自己是在购买人寿保险，尽管保险规划师一直强调它规避纳税等方面的价值，但是他们不会强调硬币的另一面:高手续费、长年累月的定期缴纳，以及一旦提前终止所受到的巨大损失。

专家点金

人们在选择保险时，一定要学会精打细算，这样可以为我们节约不少保费，同时学会怎样才能在不影响保险数量与质量的前提下，节约更多的保费。

第八章

理财风险和收益的博弈

股票投资者要想使自己的投资获得成功，必须掌握股票投资的基本策略，依据一定的策略去指导和实施自己的投资。时代在变，观念在变，投资技巧也在不断变化。投资虽讲究“天分”，但也不能只靠“天分”，而要积累经验，不断学习新的投资技巧。每日学一点，每日改进一点，才能在投资市场取得优势，赚钱多而亏钱少。

投资不同情况股票的投资策略

1.新股发行时的投资策略

新股的发行与交易市场的关系是相互影响的。了解和把握其相互影响的关系，是投资者在新股发行时正确进行投资决策的基础。

在交易市场的资金投入量一定的前提下，新股的发行，将会抽走一部分交易市场的资金去认购新股。如果同时公开发行股票的企业很多，将会有更多的资金离开交易市场而进入股票的发行市场，使交易市场的供求状况发生变化。但另一方面，由于发行新股的活动一般都通过公众传播媒介进行宣传，从而又会吸引社会各界对于股票投资进行关注，进而使新股的申购数量大多超过新股的招募数量，这样，必然会使一些没有获得申购机会的潜在投资者转而将目光投向交易市场。如果这些潜在投资者经过仔细分析交易市场的上市股票后，发现某些股票本益比、本利比倍数相对低，就可能转而在交易市场购买已上市股票。这样，又给交易市场注入了新的资金量。

虽然在直觉上可将新股发行与交易市场的关系做出上述简单分析和研判，但事实上，真正的相互影响到底是正影响还是负影响，是发行市场影响交易市场还是交易市场影响发行市场，要依股市的当时情况而定，不能一概而论。

一般来讲，社会上的游资状况、交易市场的盛衰以及新股发行的条件，是决定发行市场与交易市场相互影响的主要因素。其具体表现为：

（1）社会上资金存量多、游资充裕、市况好时，申购新股者必然踊跃。

（2）市况疲软，但社会上资金较多时，申购新股者往往也比较多。

（3）股票交易市场的市况好，而且属于强势多头市场时，资金拥有者往往愿将闲钱投在交易市场，而不愿去参加新股的申购碰碰运气。

（4）新股的条件优良，则不论市况如何，总会有很多人积极去申购。

在我国由于目前的股票市场还处于试点阶段，发行新股的企业一般都经过了严格的挑选，且股票处于供不应求的状况，谁买到了新发行的股票，只要耐心等待到其上市交易，就可获得一笔额外的可观收益。目前的市况下，只要有新股发行，投资者均宜积极申购，并可根据新股发行与交易市场的关系，灵活地进行选择。

2.新股上市时的投资策略

新股上市一般指的是股份公司发行的股票在证券交易所挂牌买卖。新股上市的消息，一般要在上市前的十几天，经传播媒介公之于众。新股上市的时期不同，往往对股市价格走势产生不同的影响，投资者应根据不同的走势，来恰当地进行投资决策。

当新股在好景时上市，往往会使股价节节攀升，并带动大势进一步上扬，因为在大势正好时新股上市，容易激起股民的投资欲望，使资金进一步围拢股市，刺激股票需求。因此，投资者在面对股市大势向上情况下有新股上市时，宜适时入市购股。

相反，如果新股在大跌势中上市，股价往往还呈现出进一步下跌的态势。当然，如果在跌势的尾期，购进具有高度成长性的新股，则收益将颇为可观。

此外，新股上市时，投资者还应密切地注视新上市股票的价位调整，并掌握其调整规律。一般来讲，新上市股票在挂牌交易前，股权较为分散，其发行价格多为按面额发行和中间价发行。即使是绩优股票，其溢价发行价格也往往低于其市场价，以便使股份公司通过发行股票顺利地实现其筹资目标。因此，在新股票上市后，由于其价格往往偏低和需求较大，一般都会出现一段价位调整时期。价位调整的方式，大体上会出现如下几种情况：

（1）股价调整一次进行完毕，然后维持在某一合理价位进行交易。此种调整价位方式，是一口气将行情做足，并维持其与其他股票的相对比价关系，逐渐地让市场来接纳和认同。

（2）股价一次调整过头，继而回跌，然后维持在某一合理价位进行交易。将行情先做过头，然后让它回跌下来，一旦回落到与实质价位相符时，自然会有投资者来承接，然后依据自然供求状况进行交易。

（3）股票调整到合理价位后，滑降下来整理筹码，再做第二段行情调整回到原来的合理价位。这种调整方式，有涨有跌，可使申购股票中签的投资者卖出后获利再进，以便造成股市上的热络气氛。

（4）股价先调整至合理价位的一半或2/3的价位水平后，即予停止，然后进行筹码整理，让新的投资者或市场大户吸进足够股票，再做第二段行情。此种调整方式，可能使心虚的投资者或心理准备不充分的股民减少盈利，但有利于富有股市实践经验的投资者获利。

由此可见，有效地掌握新股上市的股价运行规律并把握价位调整方式，对于股市上的成功投资者是不可或缺的一种分析工具。

3.分红派息前后投资策略

股份公司经营一段时间后(一般为一年)，如果营运正常，产生了利润，就要向股东分配股息和红利。其交付方式一般有三种：

一种是以现金的形式向股东支付。这是最常见、最普通的形式。在美国，大约80%以上的公司以现金的形式进行支付。第二种是向股东赠送红股。采取这种方式主要是为了把资金留在公司里扩大经营，以追求公司发展的远期利益和长远目标。目前，深圳的股份公司多采用这种送红股的方式分派。第三种形式是实物分派，即是把公司的产品作为股息和红利分派给股东。这种方式在我国目前还不多见。

在分红派息前夕，持有股票的股东一定要密切关注与分红派息有关的四个日期：

（1）股息宣布日，即公司董事会将分红派息的消息公布于众的时间。

（2）派息日，即股息正式发放给股东的日期。

（3）股权登记日，即统计和确认参加本期股息红利分配的股东的日期。

（4）除息日，即不再享有本期股息的日期。

在这四个日期中，尤为重要的是股权登记日和除息日。由于每日有无数的投资者在股票市场上买进或卖出，公司的股票不断易手，这就意味着公司的股东也在不断变化之中。因此，公司董事会在决定分红派息时，必须明确公布股权登记日，派发股息就以登记日这一天的公司名册为准。凡在这一天的股东名册上记录在案的投资者，公司承认其为股东，有权享受本期派发的股息与红利。如果股票持有者在股权登记日之前没有登记过户，那么其股票出售者的姓名仍保留在股东名册上，这样公司仍承认其为股东，本期股息仍会按照规定分派给股票的出售者而不是现在的持有者。由此可见，购买了股票并不一定就能得到股息红利，只有在股权登记日以前到登记公司办理了登记过户手续，才能获取正常的股息红利收至于除息日的把握，对于投资者也至关重要。由于投资在除息日当天或以后购买的股票，已无权参加本期的股息红利分配，因此，除息日当天的价格会与除息日前的股价有所变化。一般来讲，除息日当天的股市报价就是除息参考价，也即是除息日前一天的收盘价减去每股股息后的价格。例如：某种股票计划每股派发2元的股息，如除息日前的价格为每股11元，则除息日这天的参考报价应是9元（11元－2元）。掌握除息日前后股价的这种变化规律，有利于投资者在购股时填报适合的委托价，以有效降低购股成本，减少不必要的损失。

对于有中、长线投资打算的投资者来说，还可趁除息前夕的股价偏低时，买入股票过户，以享受股息收入。出现有时在除息前夕股价偏弱的原因，主要在这时短线投资者较多。因为短线投资者一般倾向于不过户、不收息，故在除息前夕多半设法将股票脱手，甚至价位低一些也在所不惜。因此，有中、长线投资计划的人，如果趁短线投资者回吐的时候入市，既可买到一些相对廉价的股票，又可获取股息收入。至于在除息前夕的哪一具体时间点买入，则是一个十分复杂的技巧问题。一般来讲，在截止过户前，当大市尚未明朗时，短线投资者较多，因而在行将截止过户时，那些不想过户的短线客，就得将所有的股票卖出。越接近过户期，卖出的短线客就越多，故原则上在截止过户的1～2天，可买到相对适宜价位的股票。但切不可将这种情形绝对化。

专家点金

如果大家都看好某种股票，或者是某种股票的派息十分诱人，也可能会出现“抢息”现象，即越接近过户期，购买该种股票的投资者越多，因而，股价的涨升幅度也就越大。投资者必须根据具体情况进行具体分析，以便在分红派息期掌握好买卖火候。

再谈投资不同情况股票的投资策略

1.多头市场除息期投资策略

多头市场是指股价长期保持上涨势头的股票市场，其股价变化的主要特征为一连串的大涨小跌变动。要有效地在多头市场的除息期进行投资，必须首先对多头市场的“除息期行情”进行研判。

多头市场“除息期行情”最显著的特征是：

(1) 息优股的股价，随着除息交易日的逐渐接近而日趋上升，这充分反映了股息收入的“时间报酬”。

(2) 除息股票往往能够很快填息，有些绩优股不仅能够“完全填息”，而且能够超过除息前的价位。

(3) 按照股价的不同，出现向上比价的趋势向，投资者所“认同”的本利比倍数愈来愈高。

根据上述“除息期行情”的特征进行分析研判，可以得出多头市场的以下几点结论：

(1) 股利的时间价值受到重视，即在越短的时间领到股利，其股票便越具价值。所以，反映在股价上，就是出现逐渐升高的走势。

(2) 股票除息后能够很快填息，因此，投资者过户领息长期持股的意愿也较高。

(3) 行情发动初期，由业绩优良、股息优厚、本利比倍数很低的股票带动向上拉升；接着，价位较低却有股利的股票调整价位；最后，再轮到息优股挺扬冲刺。

(4) 股市行情一波接着一波上涨，一段挨着一段跳升，轮做的迹象十分明显。选对了股票不断换手可以赚大钱，抱着股票不动也有获利机会。因此，投资者一般都不愿将资金撤出股市。

(5) 由于在早期阶段本利比偏低，大批投资者被吸引进场，随着股价的不断攀升，使得本利比倍数变得越来越高。

掌握了多头市场“除息期行情”的这种变化特征，投资者如何进行操作也就不说自明了。

2.股价回档时的投资策略

在股价呈不断上涨的趋势中，经常会出现一种因上涨速度过快而反转回跌到某一价位的调整现象。在股市上，人们习惯将这种挺升中的下跌称之为回档。一般来说，股票的回档幅度要比上涨幅度小。道琼斯理论认为，强势市场往往会回档1／3，而弱势市场则通常会回档2／3。

股票在经过一段时间的连续挺升之后，投资者最关心的就是回档问题。持有股票者希望能在回档之前卖掉股票；未搭上车者，则希望在回档之后予以补进。

股价在涨势过程中，之所以会出现回档，主要有以下原因：

（1）股价上涨一段时间后，必须稍作停顿以便股票换手整理。就像人跑步一样，跑了一段之后，必须休息一下。

（2）股价连续上涨数日以后，低价买入者已获利可观，由于“先得为快”和“落袋为安”的心理支撑，不少投资者会获利了结，以致形成上档卖压，造成行情上涨的阻力。

（3）有些在上档套牢的投资者，在股价连续上涨数日之后，可能已经够本，或者亏损已大大减轻，于是趁机卖出解套，从而又加重了卖盘压力。

（4）股票的投资价值随着股价的上升而递减，投资者的买进兴趣也随着股价的上升而趋降。因而，追涨的力量也大为减弱，使行情上升乏力。

鉴于行情在上涨过程中，必然会出现一段回档整理期，投资者应根据股市发展的态势，对股市回档进行预期，以达到在回档前出货和回档后及时入市的目的。

3.彷徨走势时的投资策略

股市一旦陷入“消息行情”，就会产生彷徨走势。如碰到所谓利空消息出现，股价就会向下急速滑落；如遇到所谓利多消息，则股价又会扶摇直上，其灵敏度之高、反应之迅速，令人叹为观止。

股价随着消息走的态势，称之为“彷徨走势”。因为这时股票投资者对于股票投资本身已经没有主见了，只好翻阅报纸杂志，找一些消息来为自己壮胆，或者弄个借口来安慰自己。于是乎，“消息”满天飞，“消息”也就成为当天股市行情的决定力量了。

处于这种“彷徨走势”之中的股市，一般都不再注重公司业绩和技术分析。这个时候的投资者最关心的是能获得足以影响股市走向的信息。因此，在股价的“彷徨走势”中，投资者可采取的策略是：

（1）抽出资金观望，待形势明朗后，再入市运作。

（2）对于各种正式消息、传闻消息和谣传消息进行冷静分析，以免跌入股市陷阱。

4.乖戾走势时的投资策略

乖戾走势指的是股市上的“多空拼斗”的情形。在股票市场里，“多空拼斗”的情形时有发生，但其最终结果不论是“杀多”还是“轧空”，都会造成股价的不合理变动。

多头是指投资者对股市前景不看好，预计股价将会上涨，于是先低价买进，待上涨到某一高价位时再卖出，从中获利。采用这种先买进后卖出的投资者称为多头。空头则是指投资者对股市前景不看好，预计股价将会下跌，于是先将股票卖出，待其下跌到某一价格时再买回，以获取差额收益。采用这种先卖出后买进的交易方法的人称为空头。由于多头与空头之间采取的方法不同，多头期望股价节节上升，空头则希望股价一路下跌，所谓多空拼斗就是由于利益不同所引起的。

如果多头空头的力量不强，则不同的投资方法只能产生一种制衡作用。如若多空力量十分强劲，且又抱着“必胜”的信念，则拼斗的结果必然有一方受创惨重，并由于股价的不正常起落，而使部分投资者遭受损失。

在这种多空拼斗的乖戾走势中，一般小额投资者的策略原则应是:不要盲目跟风。既不宜风涨心痒，冒险去追逐这种投机股票，也不宜遂起糊涂心念，盲目抛空。

5.淡季进场投资策略

成交量的减增与股市行情的盛衰有着相当密切的关系。大凡交易热闹的时期，多属于股市行情的高峰阶段;而交易清淡的时期，则多为股价走势的低潮阶段。

对于短期投资者来讲，只有在交易热闹时进场，才有希望获得短期的差价收益。如果着眼于长期投资，则不宜在交易热闹时期进场。因为在交易热闹的时期，多为股价走热的高峰阶段，这时进场购股，成本可能偏高，即使所购的股票为业绩优良的投资股，能够获得不错的股利收益，但由于购股的成本较高，相对的投资报酬率也就下降了。

如果长期投资者在交易清淡寥落时进场购股，或许在短期内不能获得差价收益，但从长期的观点来衡量，由于投资的成本较低，与将来得到的股利收益相比，相对的投资报酬率也就高得多。因此，交易清淡时期，短线投资者应该袖手旁观，而对于长线投资者，则是入市的大好时机。

主张长线投资者在交易清淡时进场购股，并不是说在交易开始清淡的时候，就可以立即买进。一般来讲，应该是淡季的末期才是最佳的买进时机。问题的难度在于没有人能够确切地知道到底什么时候是淡季的末期。也许投资者认为已经到了淡季末期而入市，行情却继续疲软了相当一段时期；也许认为应该再等一两个月再进场，行情却突然上升而错失良机。

所以，有些投资者，尤其是中大户投资者，在淡季入市时，采取了逐次向下买进的做法，即先买进一半或1/3，之后不管行情是上升或下跌，都再予以加码买进。这样，既能使投资者在淡季进场，不错失入市良机，又可收到摊平成本的效果。

5. 超买超卖时的投资策略

“超买”和“超卖”是股市上的两个专门性的技术名词。股市上对某种股票的过度买入称之为超买，而对某种股票的过度卖出则称之为超卖。

股市上，经常会因某种消息的传播而使投资者对大市或个股做出极强烈的反应，以致引起股市或个股出现过分的上升或下跌，于是便形成了超买或超卖现象。当投资者的情绪平静下来以后，这种超买超卖现象就会得到适当的调整。因此，超买之后股价出现一段回落，超卖之后，也必然会出现相当程度的反弹。投资者如了解了这种超买超卖现象，并把握了其运动规律，就能在股市上增多获利机会。

这里的关键是，如何适时地测度出股市上的超买超卖现象。目前，股市上测度超买超卖现象的分析工具很多，主要有相对强弱指数(RSI)、摆动指数(OSCO)、随机指数(STC)及R百分比等，而以RSI指数用得最多。在RSI指数中，一般以14天炒期计算股市走势的强弱，称为RSI14。计算RSI14的公式为：

RSI14=14天内的平均值÷(14天内上升交易日平均值+14天内下降交易日平均值)

在上述公式中，如RSI高于80，就可视为“超买”，即过分强势之意，可能会引来较大的获利回吐和出现股份调整。因此，许多投资者利用这一指数的指示，伺机回吐。倘若RSI低于20，则可视为“超卖”，即过分弱势之意，可能会引起股价反弹。因此，许多投资者利用这一指标进行低价吸纳。

专家点金

股票投资市场变幻莫测，要想在股票市场赚到一笔财富，就必须要掌握一些应对不同股票市场投资的策略，才能达到理想的投资目标。

第九章
人生理财武器“大阅兵”

多数投资者投资失败可能因为不知道如何利用众多令人眼花缭乱的投资工具达到“以钱生钱”的致富目的，只要熟练掌握几种常用投资工具并加以正确的运用，也可能创造财富。由小钱变大钱的过程中，资本在不断地积累，只要你善于游刃有余利用多种理财途径，你便可从一个普通老百姓变成富翁。

教你家庭储蓄的规划与方法

合理的储蓄规划，关系着每个家庭的日常生活的美满与否。所以说，一定要制订合理的储蓄规划。如今，人们的大部分花费主要用在孩子教育、购车、买房、养老等几个方面。这些方面的开支需要我们提早规划。在进行此类规划时你一定会发现储蓄是十分必要的，因此必须提前做好储蓄计划。

要实施良好的储蓄规划，还要掌握一定的方法与技巧。接下来就教大家一些实用的制订储蓄规划时要掌握的方法。

其一，要明确存款的用途，简单来说就是为什么存款。只有清楚为什么要存款，才能制订出适合的储蓄规划，做到“对症下药”，准确地选择存款期限和种类。

其二，选择正确的存款时间，什么时间才是适合的呢?其实很简单，利率高时就是最适合存款的时期了。

其三，明确存款期限，根据用途合理确定存期是理财的关键，因为存期如果选择过长，万一有急需，办理提前支取会造成利息损失；如果过短，则利息率低，难以达到保值、增值的目的。对于一时难以确定用款日期的存款，可以选择通知存款，其收益远高于活期利息。

其四，选择适合的银行，如今可供储户选择的银行越来越多。所以选择到哪家银行存款非常重要。首先要考虑安全问题，应该选择信誉度高、规模较大的银行机构。其次还要考虑存取款是否方便，银行营业网点的多少。最后从储蓄所功能的角度选择，如今许多储蓄所在向“金融超市”的方向发展，除办理正常业务外，还可以办理缴纳话费、水费、煤气费及购买火车票、飞机票等业务，选择这样的储蓄所会为家庭生活带来便利。

接下来就以教育储蓄为例来为大家进行分析，如何制订关于大件开支的储蓄规划。

子女教育储蓄计划的目的是为孩子将来高中毕业后的学费及相关费用预做储蓄。由于教育费用长期以高于通货膨胀率的速度逐年递增，如果不及早做准备，将来势必成为子女或父母的沉重负担。

对于收入比较稳定，结余不是太多的家庭，可采取教育储蓄的方式为孩子储备教育基金。根据孩子的年龄，结合你目前的收入状况，采用教育储蓄组合。以下通过案例具体分析。

小学阶段：王先生夫妇均是某学校的教师，其家庭月收入为8000元，除去日常开支和偿还住房贷款，每月结余2000元左右，女儿正上小学四年级。为了积攒孩子的教育费用，李女士首先看好了教育储蓄，于是她到银行开立了一个六年期的教育储蓄账户，每月存270元，若按照五年期整存整取的5.85%计算，预计孩子上高中时可以取回本息26263元。

中学阶段：此阶段需要为大学期间费用进行筹备，所以要注重提高投资收益。此阶段王先生夫妇除继续进行六年的教育储蓄外，还拿出一部分钱开始进行组合储蓄方式，来获得更高的储蓄收益。

大学阶段：大学是整个教育过程中花费最大的一段时期，并且由于现在竞争的加剧，更多的人开始考虑继续深造。所以此阶段的储蓄还是十分必要的。王先生夫妇的女儿毕业后选择继续读研究生，所以这个阶段王先生夫妇选择了一个三年期的教育储蓄账户。由于组合型储蓄方式带来的丰厚利益，他们决定继续此项储蓄。

王先生夫妇通过坚持不懈的教育理财顺利完成了女儿的整个教育阶段，他们的先见之明是值得大家好好学习的。

以上是通过从储蓄用途角度考虑的储蓄规划，其实平时我们进行储蓄时还要考虑用钱的时间，比如，怎样储蓄应急的钱，怎样储蓄长期闲置的钱。接下来就通过案例来为大家进行此方面的解读。

单先生结婚已经三年，夫妻二人的总收入在1万元左右，贷款买了一套房子。从日常用钱的时间和对利息收入的考虑，他安排了这样的储蓄计划：

首先是应急的钱。定期三个月，强过定活两便；不等分储蓄法，降低利息损失。照单先生平日的生活状况，安排2万元准备应急用，就差不多够了。因为这笔钱第一次使用多少事先并不能确定，因此将这笔钱分别存为金额不等的几张存单，比如分成1060元、3000元、4000元、5000元、7000元。这样，假如你急需提取1000元，只需动用1000元的那张存单就可以了。这样不仅可以降低利息损失，同时还可以获取利息最大化。

其次是长期打算的钱。递进式储蓄法，增值取用两不误。单先生现在还有一笔5万元的存款，对这笔款项，最好这样安排：将这5万元分成1万元、2万元、2万元分别存为一年、两年、三年定期。一年后他可将到期的1万元转存成三年定期，第二年再将到期的2万元转存为三年定期，这样他手中所持有的存单全部为三年期，只是到期年度依次相差一年。这种储蓄组合机动强，随时可以根据利率变动进行调整，同时又能获取较高的存款利息。

专家点金

如今，人们的大部分花费主要用在孩子教育、购车、买房、养老等几个方面。这些方面的开支需要我们提早规划。在进行此类规划时你一定会发现储蓄是十分必要的，因此必须提前做好储蓄计划。合理的储蓄规划，关系着每个家庭的日常生活的美满与否。所以说，一定要制订合理的储蓄规划与方法。

教你家庭债券投资的策略与技巧

由于国债具有安全性高、流动性强、变现容易、收益稳定等优势，因此受到众多投资者的青睐。

面对众多国债投资产品，个人投资国债不能盲目跟风，应根据自己个人和家庭的情况，以及资金的长、短期限等原则来具体安排。

1.有短期的闲置资金的投资者，可考虑购买记账式国库券或无记名国债。这两类债券属于可上市流通的券种，其交易价格随行就市，在持有期间可随时通过交易场所卖出(变现)。投资人在急需用钱时可以及时将其转化为现金。

2.有三年以上或更长一段时间的闲置资金的投资者，可以考虑购买中、长期国债。国债的一个特点是发行期限越长，发行利率越高，要想获得较高的收益，投资者可投资期限较长的国债。

3.对保守投资者来说，购买凭证式国债或记账式国债是最稳妥的保管资金的手段。购买时，投资者将自己的有效身份证件在发售柜台备案，便可记名挂失。一旦投资者因保管不慎等原因将债券丢失，只要及时到经办柜台办理挂失手续，就不会有任何损失。

4.对投资意识较强的投资者，如果能经常、方便地看到国债市场行情，并且有兴趣、有条件关注国债交易行情，则可以购买记账式国债或无记名国债，主动参与“债市交易”。

国债投资策略可以分为消极型投资策略和积极型投资策略两种，每位投资者可以根据自己资金情况来选择适合自己的投资策略。投资者应在投资前认清自己，明白自己是积极型投资者还是消极型投资者。消极型投资者只愿花费很少的时间和精力管理他的投资，通常他的投资收益率也相对较低。决定投资者类型的关键不是投资金额的大小，而是他愿意花费多少时间和精力来管理自己的投资。大多数投资者是消极型投资者，都缺少时间和缺乏必要的投资知识。消极型投资策略是一种不依赖于市场变化而保持固定收益的投资方法，其目的在于获得稳定的债券利息收入和到期安全收回本金。因此，消极型投资策略也被称作保守型投资策略。常用的消极型国债投资策略有：

1.购买持有法

购买持有是最简单的国债投资策略，其步骤是：对债券市场上所有的债券进行分析之后，根据自己的爱好和需要，买进能够满足自己要求的债券，一直持有到到期兑付之日。在持有期间，并不进行任何买卖活动。

这种投资策略虽然十分粗略，但却有其自身的好处：首先，这种投资策略所带来的收益是固定的，不受市场行情变化的影响。它可以完全规避价格风险，保证获得一定的收益率。其次，如果持有的债券收益率较高，同时市场利率没有很大的变动，这种投资策略可以取得相当满意的投资效果。最后，这种投资策略的交易成本很低。由于中间没有任何买进卖出行为，因而手续费很低，从而也有利于提高收益率。因此，这种购买持有的投资策略比较适用于市场规模较小、流动性比较差的国债，更适用于不熟悉市场或者不善于使用各种投资技巧的投资者。

具体在实行这种投资策略时，应注意以下两个方面：首先，根据投资者资金的使用状况来选择适当期限的债券。期限越长的债券，其收益率也往往越高。但是期限越长，对投资资金锁定的要求也就越高，因此要根据投资者的可投资资金的年限来选择债券，使国债的到期日与投资者需要资金的日期相近。其次，投资债券的金额也必须由可投资资金的数量来决定。在购买持有策略下，投资者不应该用借入资金来购买债券，也不应保留剩余资金，而是最好将所有准备投资的资金投资于债券，这样才能保证获得最大数额的固定收益。

2.梯形投资法

梯形投资法又称等期投资法，就是每隔一段时间，在国债发行市场认购一批相同期限的债券，每一段时间都如此，接连不断。这样，投资者在以后的每段时间都可以稳定地获得一笔本息收入。

梯形投资法的优点在于，此种投资方法的投资者能够在每年中得到本金和利息，不至于产生很大的流动性问题和急着卖出尚未到期的债券，从而保证收到约定的收益。同时，在市场利率发生变化时，梯形投资法下投资组合的市场价值不会发生很大的变化，因此国债组合的投资收益率也不会发生很大变化。此外，这种投资方法每年只进行一次交易，因而交易成本比较低。

3.三角投资法

三角投资法利用国债投资期限不同所获本息和也不同的原理，使得在连续时段内进行的投资具有相同的到期时间，从而保证在到期时收到预定的本息和。这个本息和可能已被计划用于某种特定的消费。三角投资法和梯形投资法的区别在于，虽然投资者都是在连续时期内进行投资，但是，这些在不同时期投资的债券的到期期限是相同的，而不是债券的期限相同。

这种投资方法的特点是，在不同时期进行的国债投资的期限是递减的，因此被称作三角投资法。它的优点是能获得较固定的收益，又能保证到期得到预期的资金以用于特定的目的。

积极型投资者一般愿意花费时间和精力管理他们的投资，通常他们的投资收益率较高，常用的积极型投资策略有：

（1）利率预测法

利率预测法指投资者通过主动预测市场利率的变化，采用抛售一种国债并购买另一种国债的方式来获得差价收益的投资方法。这种投资策略着眼于债券市场价格变化带来的资本损益，通过准确预测市场利率的变化方向及幅度，利用市场价格变化来取得差价收益。

投资者通过对利率的研究获得有关未来一段时期内利率变化的预期，然后利用这种预期调整其持有的债券，以期在利率按其预期变动时能够获得高于市场平均的收益率。因此，正确预测利率变化的方向及幅度是利率预测投资法的前提。

（2）等级投资计划法

等级投资计划法是公式投资计划法中最简单的一种，它由股票投资技巧得来，方法是投资者事先按照一个固定的计算方法和公式算出买入和卖出国债的价位，然后根据计算结果进行操作。其操作要领是“低进高出”。只要国债价格处于不断波动中，投资者就必须严格按照事先拟订好的计划来进行国债买卖。当投资者选定一种国债作为投资对象后，就要确定国债变动的一个幅度作为等级，这个幅度可以是一个确定的百分比，也可以是一个确定的常数。每当国债价格下降一个等级时，就买入一定数量的国债；而当国债价格上升一个等级时，就卖出一定数量的国债。

（3）逐次等额买进摊平法

投资者对某种国债投资时，如果该国债价格具有较大的波动性，并且无法准确地预测其波动的各个转折点，投资者可以运用逐次等额买进摊平操作法。逐次等额买进摊平法就是在确定投资于某种国债后，选择一个合适的投资时期，然后在这一段时期中定量定期地购买国债，不论这一时期该国债价格如何波动都持续进行购买，这样可以使投资者的每百元平均成本低于平均价格。运用这种操作法，要严格控制所投入资金的数量，保证投资计划逐次等额进行。

（4）金字塔式操作法

金字塔式操作法是一种倍数买进摊平法。当投资者第一次买进国债后，发现价格下跌时再加倍买进，以后在国债价格下跌过程中，每一次购买数量比前一次增加一定比例，这样成倍地加大了低价购入的国债占购入国债总数的比重，降低了平均总成本。由于这种买入方法呈正三角形趋势，形如金字塔，所以称为金字塔式操作法。

国债的卖出也可采用金字塔式操作法，在国债价格上涨后，每次加倍抛出手中的国债，随着国债价格的上升，卖出的国债数额越大，来保证高价卖出的国债在卖出国债总额中占较大比重而获得较大赢利。

运用金字塔式操作法买入国债，必须对资金做好安排，以避免最初投入资金过多，以后的投资无法加倍摊平。

对债券投资风险进行控制的时候可以采用以下策略：

1.及时地了解与掌握债券市场的信息与形势

投资者在投资国债的时候，需研究分析经济宏观形势，了解国家的政策动向，跟踪利率、通胀率的变化情况；在投资企业债券的时候，需把握产业政策、了解行业动态，并对发行债券企业的整体状况进行分析；另外，需了解债券市场的整体情况。

2.科学地分散债券投资

债券投资应该遵守安全原则，科学地分散债券投资，以分散风险。一种投资方案是按期限长短进行分散组合，该方案既具有一定的流动性，又分散利率风险；另一种方案是在债券种类(发行主体)上进行组合。如投资国债安全但收益较小，投资企业债券风险较大但收益较高。该方案组合两种债券后，既有比较高的安全性，又可获得中等程度的收益。

3.国债投资要做到套期保值

国债套期保值交易是指在买入国债现货的同时，在国债期货市场做一笔同样的远期交易(一般是卖出)，也就是说利用期货的盈亏抵补现货的盈亏，从而规避或减少利率风险。这种策略主要适合对期货交易比较熟悉的高级投资者。

在具体的实施风险控制策略时，人们还可以灵活地运用下列技巧，以加强对风险的防范。

1.利用时间差提高资金利用率

通常债券的发行都有一个发行期，如半个月的时间。如果发行方规定在此段时期内都可买进时，则最好在最后一天购买。同样，到期兑付时间也有一个相当长的兑付期，投资者最好在兑付的第一天去兑现。这样，可减少资金占用的时间，相对提高债券投资的收益率。

2.卖旧换新

当了解到新国债即将发行时，投资者提前卖出旧国债，然后再连本带利买入新国债。这样所得收益可能比旧国债到期才兑付的收益高。实施这种方式的时候有个前提条件:必须比较卖出前后的利率高低，估算是否合算。

3.利用市场差和地域差赚取差价

例如，投资者通过上海证券交易所和深圳证券交易所进行交易的同品种国债，它们之间是有差价的。如果人们能够利用两个市场之间的市场差，就有可能赚取差价。同时，还可利用各地区之间的地域差，进行贩卖，以赚取差价。

4.选择高收益债券

一般债券的收益是介于储蓄和股票、基金之间，因此债券投资具有相对安全的特点。所以，在债券投资的选择上，投资者不妨大胆地选购一些收益较高的债券，如企业债券、可转让债券等。特别是风险承受力比较高的投资者，更不要只盯着国债。

5.如果在同期限情况下，可选择储蓄或国债时，最好购买国债。

从宏观经济的角度看，利率反映了市场资金供求关系的变动状况。在经济发展的不同阶段，市场利率有着不同的表现。在经济持续繁荣增长时期，企业家由于购买机器设备、原材料、建造工厂和拓展服务等原因而借款，会出现资金供不应求的状况，借款人会为了日益减少的资金而进行竞争，导致利率上升;相反，在经济萧条、市场疲软时期，利率会随着资金需求的减少而下降。利率除了受到整体经济状况的影响之外，还受到以下几个方面的影响:

一是通货膨胀率。通货膨胀率是衡量一般价格水平上升的指标。一般而言，发生通货膨胀时，市场利率会上升，以抵消通货膨胀造成的资金贬值，保证投资的真实收益率水平。借款人也会预期到通货膨胀会导致其实际支付利息的下降，所以，他会愿意支付较高的名义利率，从而也会导致市场利率水平的上升。

二是货币政策。货币政策是影响市场利率的重要因素。货币政策的松紧程度直接影响市场资金的供求状况，从而影响市场利率的变化。一般而言，宽松的货币政策将使市场资金的供求关系变得宽松，从而导致市场利率下降。而紧缩的货币政策，如减少货币供应量、加强信贷控制等都将使市场资金的供求关系变得紧张，从而导致市场利率上升。

三是汇率变化。在开放的市场条件下，本国货币汇率上升会引起国外资金的流入和对本币需求的上升，短期内会引起本国利率上升；相反，本国货币汇率下降会引起外资流出和对本币的需求减少。短期内会引起本国利率下降。

专家点金

国债投资是一门很深奥的学问，掌握它尚需依赖于投资者知识面的拓展和经验的积累。但是，这并不意味着国债投资没有任何策略和技巧。经过长期的探索，我们还是掌握了一些有关国债投资的基本原理，并用它们来制定国债投资的策略。

家庭如何做好投资收藏规划

在一个又一个收藏神话的诱惑下，艺术品带来的名和利成为了众人追逐的对象，很多人为收藏的魅力所吸引。不过业内人士认为，艺术品投资并不是只赚不赔的买卖，艺术品投资也像其他的投资一样，风险无处不在，同样需要进行一个合理的规划。

第一，要确立收藏方向。收藏是一门很深奥的学问，它好比一所大学，进去了但永远不会毕业，即使是行家、专家也难免有走眼的时候。古玩的真赝问题，始终在挑战着买家的眼力和智慧，同时也使得许多人对此望而却步。也正是因此古玩才具有它独特的魅力，也才有“捡漏”之说。因此，对于收藏者来说，具备一定的专业知识必不可少。

当具备一定的知识后，就可在专家的指点下进行收藏。不过对于初涉收藏的人来说，藏什么是个很头痛的问题。在收藏界，无论多大名气的收藏家，也会有其主要的收藏方面对象，例如：要么瓷器、要么书画，绝对不会什么都收藏。刚从事收藏的人，应该踏实地按着自己的爱好和兴趣去收藏。而且初涉收藏的人往往财力有限，不能见什么收藏什么，因此收藏方向的确立非常重要。

第二，收藏要有超前意识。搞收藏应具备前瞻性眼光。作为一名收藏投资者，洞察市场潜在热点的前瞻性眼光最为重要，也就是对未来市场趋势的把握。在20世纪70~80年代，一些地方的古玩交易十分活跃，当时古玩市场上的藏品不仅赝品少，而且价格低，还有很多精品、珍品。当时一些有前瞻性眼光的收藏家认为，随着我国经济的发展，人民生活水平的提高，艺术品收藏必将成为一个新的投资热点，于是当时购得了大量的名家书画。当时潘天寿、齐白石、徐悲鸿的书画每幅才100多元，而到现在这些书画早已经高达几十万元甚至几百万元了。由此看来，收藏投资者超前的意识对于收藏和投资而言非常重要。

第三，最好用闲钱。投资艺术就是储蓄未来，从中国艺术市场的发展历程来看，投资艺术品所能获得的升值回报远远超过银行利息。不过艺术品由于其本身的特殊性，也存在一定劣势。首先，艺术品的流通性和变现能力较差。如果将艺术品与股票相比，其流通性和变现能力就远不如股票好。股票只要在交易时段内，随时都可交易，而艺术品的流通则受很多因素限制。艺术品的交易主要通过古玩市场、拍卖会或私下进行等。古玩市场、古玩店虽然人气较旺，但买家并不好找，即使有买家也未必在价格上谈得好，因此成交存在一定的困难。拍卖会的举办也是有时间周期的，而且对入选的藏品需要有一定的档次要求，并不是所有藏品都可以入选，即使入选也有可能出现流标。这些都会因为接盘的买家难找而难如愿以偿，所以经常会出现高价进、低价出的情况。其次，艺术品的保管难度大。决定收藏品价值的一个主要因素就是品相，而艺术品保管难度大，这对收藏投资者来说，就增加了投资险。以瓷器为例，如果稍有不慎，就会因为破损而分文不值。同样，邮票、书画等艺术品如果有折痕、破损、泛黄、褪色等，其价格就会大打折扣。所以，艺术品投资也具有较大的风险，因此收藏投资者在收藏过程中，最好用闲钱，不可将日常开支用于艺术品投资。

第四，搞收藏要学会“以藏养藏”。在收藏界，著名大收藏家张宗宪先生，从最初的24美元，一直到拥有亿元藏品。张先生在接受媒体采访时曾说，“如果不会买卖，也不能造就我今天拥有亿元的丰富藏品”。由此可见，在收藏中学会买卖是十分重要的一个环节。在收藏过程中学会买卖，可以使资金周转加快，藏品还可以通过市场来检验其流通性。在收藏市场上，有的投资者平时过着节衣缩食的生活，搞收藏只买不卖，虽然拥有一些自以为丰厚的藏品，最终却可能因为藏品的流通性差而受到损失。

第五，搞收藏较适合中长期投资。艺术品需要收藏来等待其价值升高，短期买卖是一种投机行为，不能真正体现出艺术品的价值。一般来说，艺术品投资较适合中长期投资，这样可以在尽可能降低风险的情况下获得最大的收益。但是，长期投资又要承担市场热点转移和价格波动的风险。业内人士建议，十年左右是一个比较适宜的投资期限。

专家点金

在收藏传奇的蛊惑下，收藏带来的名誉和利益豁然成为投资者热追的“猎物”对象，更有很多人为收藏的魅力所吸引。然而收藏专家指出，艺术品投资并不是只赚不赔的买卖，艺术品投资也像其他的投资一样具有风险，因此，投资收藏品同样需要进行一个合理的规划。

家庭黄金投资三七策略

黄金买卖不是靠运气，靠运气即使一时能够获得收入，但是结果根本不能控制，我们可以通过一定的分析进行预测。

1.政治局势

政局动荡通常都会有对金价利好情况的出现，战争使得物价不断上涨，令金价得以支撑。譬如美伊危机、朝核问题、恐怖主义等造成的恐慌、国际原油价格的涨跌以及各国中央银行HYPERUNK黄金储备的政策变动等，都对黄金的价格有较大的推进作用。而世界局势相对稳定时则会使金价受到一些不利的影响。

2.黄金的产量

黄金产量的增减，一定程度上决定黄金的供求平衡。黄金产量最大的是南非，当地的任何工人罢工或者其他特殊情况的发生，都对其产量产生影响。其次，黄金的生产成本也对产量有影响。例如1992年黄金生产成本提高，不少金矿停止生产，导致了金价一度推高。而新开采技术或新矿藏的发现，将使黄金的产量有所增加，价格也必受到影响。

3.政府行为

如果政府需要套取外汇，不管当时黄金的价格怎样，都会沽出储备黄金来获取。当然，政府黄金回收的数据，也是影响黄金价格的重要指标。我们要关注政府的一些扶持政策以及政府铸币用金情况。

4.黄金需求

黄金除了是一种保值工具以外，更有工业用途和装饰用途。电子业、牙医类、珠宝业等用金工业，在生产上出现的变动，都会影响到黄金的价格。譬如，每年第四季度适逢西方的感恩节、圣诞节以及中国的农历春节等传统黄金需求的旺季，根据此类信息的指示，我们可以分析得知，在年底之前，金价一般会有上涨的空间。

5.**美元的走势**

黄金和美元是相对的投资工具，美元的走势一旦强劲，投资美元将获得更大的收益，美元的投资必呈上扬趋势。相反，美元处于弱市的时候，投资者则会减少对美元的投资，投向金市，推动黄金价格的强劲。

6.**通货膨胀**

物价指数上升，意味着通货膨胀的加剧。通胀的到来将影响一切投资的保值功能，此时金价升降较大。黄金作为对付通货膨胀的武器，其作用已不如以前，但高通胀仍然会对金价起到很大的刺激作用。

7.**利率因素**

利率提高，储蓄存款会获得较大的利息收益，对于无息的黄金，将造成利空作用。相反，利率下滑，则对金价比较有利。

我国个人黄金投资起步时间不长，广大投资者对黄金投资还不是很熟悉。进行充分的前期准备工作，是黄金投资者的必修课。有了充足的知识和信息做铺垫，才能实现更顺利的投资。

下面就给大家介绍投资黄金的七大策略：

1.认识黄金的投资特点

首先，应当知道黄金在一般情况下，与股市等投资工具是逆向运行的，即股市行情大幅上涨的时候，黄金的价格通常是下跌的，反之亦然。当然，黄金价格的涨跌与我国股市当前的行情并没有很大的关联，而是与国际主要股票市场有比较强的关联。第二，应当知道将黄金作为投资标的，它没有类似股票那种分红的可能。假如是黄金实物交易，投资者还需要一定的保管费用。第三，应当了解不同的黄金品种各自有哪些优缺点。

2.黄金投资品精挑细选

作为投资工具的黄金品种比较多，从交易方式上可分为纸黄金与实物黄金交易，从时间上可分为即时柜面交易与期货交易，从不同的发行管理部门和发行目的可将实物黄金分为标金、饰金、金币等，其中金币还可细分为纯金币与纪念金币等。投资者在选择黄金品种进行投资的时候，黄金饰品一般情况是不应当作为投资工具的，从纯粹的投资角度出发，标金与纯金币才是投资黄金的主要标的。假如对邮币卡市场行情比较熟悉，那么也可以将纪念金币纳入投资范围，因为纪念金币的市场价格波动幅度与频率远比标金和纯金币大。

3.黄金投资长线才是“金”

作为非专业的普通投资者，想要通过快进快出的方法来投资黄金获利，可能会以失望告终。因为投资黄金需要具备相当的分析能力；与股票、外汇等相比，黄金价格变化比较温和，很少有大起大落的情形。

4.投资黄金需考虑汇率变化

在本国货币升值的时候，大家能够在外国购买到较为便宜的黄金品，因为黄金在国内价格不动或下挫，并不表示黄金本身的价值便会相应地下挫，而有可能是本地货币与外国货币汇率变化的结果。所以，投资黄金需具备一定的外汇知识，否则不要大量地投资黄金。

5.黄金投资要跟着市场感觉走

黄金市场是一个十分敏感的交易市场，所谓见微知著、见风即雨，则是投机者的心理反应。从赢利的目的出发，应当跟着市场走。

6.投资黄金应分批买入

从投资策略来看，应该沿着大牛市的上涨趋势操作，即朝着一个方向操作，坚持在回调中买进。由于最低点可遇而不可求，因此要分批买入，待涨卖出，再等待下一个买进机会。

7.尽可能使利润延续到最后

缺乏经验的投资者，在开盘买入或者卖出某种货后，一见有赢利，就马上想到平盘收钱。获利平仓做起来似乎十分容易，然而捕捉获利的时机却是一门学问。富有经验的投资者，会依据自己对价格走势的判断，来确定平仓的时间。假如认为市势会进一步朝着对他有利的方向发展，他会耐着性子，明知有利而不赚，任由价格尽可能向着自己更有利的方向发展，进而使利润延续。见小利就平仓不等于见好即收，到头来，做不好就会盈少亏多。

下面介绍炒纸黄金的七条赢利法则。

1.不求漂亮做单，只要落袋为安

不少投资者在实盘交易中期盼自己能成为买底卖顶的高手，总是希望自己每一单能做得相当漂亮。事实上，这种方法的结果极可能是得不偿失。

作为个人纸黄金交易投资者，如果没有先进的交易工具作为依靠，就很难全面把握市场的变化。大多数投资者仍然有自己的本职工作，无法长时间对市场进行盯盘操作，而且大多数投资者仅对黄金市场的基础知识、图表分析方法略知一二，并没有经过系统训练。假如靠这些条件一味追求一次次漂亮的做单，则发生赔钱的几率要远远大于赢利。能够踏踏实实地完成每一笔交易，不必要求自己每次成为买底卖顶的高手，只要做到顺势而为，在波动中获得自己可以到手的利润，哪怕每次只有一小点利润，长此以往，所获得的收益也决不会低于这些所谓的高手。在黄金市场交易中只有最终落到自己口袋里的才是钱，而那些处于很难把握未来变化中的只是一些虚幻的数字。

2.提高做单质量，控制做单数量

我国银行的纸黄金交易与股市不同，中线是金，长线是银。由于纸黄金交易市场是一个零和市场，在这个交易市场里，有人赚钱就必然有人赔钱，不存在市场总资本增值与升值的可能，维护既得的利润才是最好交易方式。但由于银行的点差比较高，短线交易成本较大，频繁交易失误的概率也较大，极容易影响心态，而中线的操作获利丰厚一些。通常中线交易是指1~3个月为周期，在上半年淡季的时候可能每个月仅有一次较好的买入机会，而高位要注意立即获利。在下半年的旺季时，升势可能持续的时间长一些，低位买入的持仓时间可能有3~5个月左右。当然也可以运用部分仓位做1个月之内的循环操作。

3.感觉不好，最好不要勉强入市

炒纸黄金有些时候需要依靠一点感觉。假如感觉不好，不要勉强自己入市。若在媒体分析的诱导或他人的劝说之下入市，面对波动的行情难免会忐忑不安。行情看涨而自己看跌，无法保证做好交易。不如把这段时间留给自己认真分析总结黄金市场行情。

特别是在有强烈预感市场要大幅下挫时，更不要勉强入市，经验告诉我们有时这种预感常常比分析预测还要准确。纸黄金交易中实盘交易首先要保证不亏损，其次才能谈赢利。假如自己感到没有把握，不如什么也不做，耐心地等候入市的时机。假如已经开盘，大有“食之无味，弃之可惜”的感觉时候，不如平仓出局。不要过分计较输赢，冒无把握的风险。

4.不可盲目跟风，也不能心存幻想

市场不存在神，对任何投资者来说均有发生错误的时候。而一些投资者自己不做分析判断，对别人的建议言听计从。善于思考的投资者在听取建议时应当多问几个为什么，来了解建议者的想法和思路，开拓自己的思路，提升自己的水平。特别是当与自己的判断不一致的时候，更要全面思考。

有一些纸黄金交易的投资者在发生损失被套时，并非分析行情变化去寻找解套的方法，而是希望有大幅反弹的奇迹发生。结果不但奇迹没有发生，市场反而继续下跌。在纸黄金交易投资中唯一可以解救损失的方法只能靠自己，企图依靠外力的奇迹不如依靠自己的努力。

5.在市场平静如水的时候，更需要耐心地等待

有的投资者往往认为不做交易就不是在进行炒金，一日不操作就觉得手里痒痒。事实上很多时候都需要我们付出耐心去等待，特别是在市场平静如水的时候，需要投资者付出更多的耐心。市场其实75%~85%的时间之内是没什么大的波动，真正大幅行情出现的时间只有15%~25%左右。只有能忍受住寂寞的投资者，才能成为纸黄金交易投资中的高手。

6.顺势交易，步步为营维护到手的利润

参与个人纸黄金投资交易的目的在于获利，别人的赞誉不一定能够为自己带来丝毫的收益。有的投资者在做顺势交易的时候，极容易被眼前的暂时胜利冲昏头脑，忘记黄金价格是在涨跌起伏中前进的。有涨一定有跌，大涨以后必然回调，假如不能保住眼前的既得利益，极容易被黄金价格的大幅回调搞得灰头灰脸。

判断市场的底部和顶部均是非常困难的事情，即使专业分析人员也常常只有在该底部或顶部形成以后才能得出肯定结论，所以这种判断对于普通的投资者更是难上加难，唯一的方法就是在正确判断升势的情况下逐渐提高止赢价位，步步为营，以维护已经到手的利润。

7.操作不顺利时，暂时离场休息

任何投资者对于市场走势的判断不可能总是正确的，正常情况下出现一两次错误影响不太大。但假如接二连三地出现错误，很可能说明当前你已失去了对市场的把握能力，暂时休息应当是此时的最佳选择。

市场的波动是永不停止的，不用忧虑没有挽回损失的机会，纸黄金投资的市场的钱永远挣不完。假如这时一意孤行，为了弥补损失而不肯罢手，极可能造成更大的损失。因为这时你操作的心态已经大乱，失去了冷静、客观地观察市场的能力。正所谓

当局者迷，旁观者清。退一步抽身，重新审视市场的变化，才是在此获得判断市场走势能力的最好选择。

专家点金

不论是投资国内市场还是投资国外市场，不论是投资一般商品还是投资金融商品，投资的基本策略是一致的，在更为复杂的黄金市场上尤为如此。各人投资的策略虽有不同之处，但有一些基本投资策略还是相同的。

家庭期货投资套利策略

1.影响期货价格变化的基本因素

期货价格走势的分析方法常用的有两种：基本分析法和技术分析法。技术分析法和股票交易的分析方法差不多。主要包括K线图、线形图、点数图、移动平均线法等。基本分析法，是从商品的实际供求和需求对商品价格的影响这一角度来进行分析的方法。这种分析方法注重国家的有关政治、经济、金融政策、法律、法规的实施及商品的生产量、消费量、进口量和出口量等因素对商品供求状况直接或间接的影响程度。

商品价格的波动主要是受市场供应和需求等基本因素的影响，即任何减少供应或增加消费的经济因素，将导致价格上涨的变化；反之，任何增加供应或减少商品消费的因素，将导致库存增加、价格下跌。然而，随着现代经济的发展，一些非供求因素也对期货价格的变化起到越来越大的作用，这就使投资市场变得更加复杂，更加难以预料。

影响期货价格变化的基本因素概括起来主要有以下七个方面：

（1）商品的供求关系。期货交易和商品交易有着紧密的联系，一般期货价格可以较好地反映现货的走势。所以在期货交易里，要密切关注现货的价格。而现货的供求关系又是决定性的因素。当供大于求时，期货价格下跌；反之，期货价格就上升。

（2）经济周期。在期货市场上，价格变动还受经济周期的影响，在经济周期的各个阶段，都会出现随之波动的价格上涨和下降现象。在经济高速增长的时期，期货价格也会随之增长，反之亦然。

（3）政府政策。各国政府制定的某些政策和措施会对期货市场价格带来不同程度的影响。政府的政策主要是财政政策和货币政策。

(4) 政治因素。期货市场对政治气候的变化非常敏感，各种政治性事件的发生常常对价格造成不同程度的影响。

(5) 社会因素。社会因素指公众的观念、社会心理趋势、传播媒介的信息影响。

(6) 季节性因素。许多期货商品，尤其是农产品有明显的季节性，价格亦随季节变化而波动。

(7) 心理因素。所谓心理因素，就是交易者对市场的信心程度，人称“人气”。如对某商品看好时，即使无任何利好因素，该商品价格也会上涨;而对某商品看淡时，无任何利淡消息，价格也会下跌。又如一些大投机商还经常利用人们的心理因素，散布某些消息，并人为地进行投机性的大量抛售或补进，谋取投机利润。

期货价格走势基本分析具体方法有:

(1)结转库存量;

(2)产量;

(3)产情报告;

(4)气候;

(5)经济状况;

(6)其他。如替代品的供求状况、全球性竞争因素等。

在期货交易的过程里，一定要学会的一条就是学会止损和资金管理。在股票市场里，经常提到要学会割肉，期货交易也要如此。期货交易的杠杆性决定了期货交易的高风险性，价格的微小变化就被放大为数倍的风险。所以一旦价格不利于我们，就要果断地斩仓出市。资金管理也同样很重要，三分之一法则的资金管理方法，是期货交易大户中普遍流行的做法之一，并被广泛运用。三分之一法则，是指股指期货资金的初始资金投入不应该超过总资金的三分之一。具体来说就是:三分之一的资金用于持仓，三分之一的资金用于弥补行情不利所造成的浮动亏损，剩下的三分之一资金用于反向操作。其宗旨就是给自已留有余地，而不使自已陷入困境。

2.期货市场中的跨期套利策略

跨期套利的操作方式是根据不同合约月份的价格关系，买入一个合约月份的同时卖出数量相等的另一个合约月份，在有利时将两个合约月份的持仓同时对冲平仓获利。

假若两个合约月份的价格都不波动、同幅度上涨、同幅度下跌，投资者无盈利;假若买入的合约价格不变，卖出的合约上涨，则亏损；反之，则盈利。假若卖出的合约价格不变，买入的价格上涨，则盈利；反之，则亏损。假若同时上涨，但买入的合约上涨幅度大于卖出的合约，则盈利；反之，则亏损。假若同时下跌，买入的合约下跌幅度大于卖出的合约，则亏损；反之，则盈利。

不同合约月份的价格之间通常会存在联动和合理的价差，两个合约月份的价格不变或同向同幅度变化是不可能的，同向不同幅度变化是经常的。因此，当一个合约和另一个合约的价格相比较出现不正常价差时，可以买入价格相对较低的合约月份，卖出价格相对较高的合约月份。当价差趋于合理时，可以平仓套利、持仓盈利。

由此看来，期货市场中的投机是根据价格变化趋势去操作，跨期套利是根据两个合约月份的价差变化趋势去操作的。由于跨期套利的风险小于单方向投机的风险，所以，成为一些投资者常用的交易策略。

（1）牛市跨期套利

正向市场中，合约价差大于交割仓单成本时，则会导致近期月份合约价格的上升幅度大于远期月份合约，或者近期月份合约价格的下降幅度小于远期月份合约。这时，投资者可以在买入近期月份合约的同时，卖出远期月份合约而进行牛市套利。如果价差不缩小，可以通过仓单交割方式获利，但要考虑交割对主体的要求。例如，不能开出增值税发票的是存在一定风险的。

（2）熊市跨期套利

在反向市场上，近期月份和远期月份价差超过正常水平时，则会导致近期合约价格的跌幅大于远期合约，或者近期合约价格的涨幅小于远期合约。这时，投资者可以在卖出近期合约的同时，买入远期合约而进行熊市套利。正常水平可以根据有关基本面，跨季节月份方向市场可以根据历史价差判断当时基本面情况。而且，这种套利在市场出现风险，强行平仓时，可能单边被强行平仓。当市场出现逼仓时，存在着较大风险。而判断市场是否存在逼仓，要看交割的顺畅程度。

（3）仓单跨期套利

当远期合约价格大于近期合约价格时，投资者可以买入近期合约；当卖出远期合约，近期合约到期时，可以交割接受仓单；当远期合约到期时，再交割卖出仓单。这种跨期套利叫仓单跨期套利。由于交割有一系列费用，包括交割费、仓储费、资金利息等，所以，仓单跨期套利时，两个月份的价差应该大于这些费用。因此，大多数跨期套利不用仓单跨期套利。跨期套利的存在，保证了合约价格差趋于合理，是期货市场鼓励的交易行为。为此，一些期货交易机构专门制定了有关跨期套利管理办法，在交易中，对跨期套利给予优待。

3．期货投资的期、现货套利策略

期货价格高于现货价格时，投资者可以从现货市场买进商品。交割月临近时，注册成标准化的仓单后，在期货市场交割获利。但是，期现套利过程中也有一些需要注意的问题。

(1) 交割商品的质量严格执行规定的标准

由于期货市场涉及买卖双方的利益，买卖双方是互不见面的，交割仓库要对交割质量负责，因此，对质量标准的要求极为严格。目前，期货交割检验实行国家公检制度，有关检验机构也会严格执行规定的标准，确保交割顺利进行。

(2) 在期货市场降价交割的货物必须符合国家有关标准

同现货市场不同，期货市场交割的商品必须符合交割品的有关规定，不符合标准的不能交割。一些初入市的投资者，由于对期货规则不熟悉，用现货商务处理方法思考问题，往往货物到了交割仓库，才发现货物不能降价交割。

(3) 交割成本核算低于期现货价格差

除货物购入价外，期货交割由于实行定点交割仓库制度，还需花费一定的交割成本，其中包括期货交易费、短途运费、卸车费、配合公检费、交割费、资金利息、税收和一些人员的差旅费等。

(4) 交割收益水平

交割过程中常会存在一些风险，例如，货物购进时出现商务纠纷问题，包括购进货物数量和质量纠纷，运输过程中产生的纠纷等。如果货物到达指定交割仓库后，发现质量不合格，发生的交割费用就无法弥补。因此，交割必须有一定的收益水平，超过一定的收益水平交割才是合理的。

专家点金

期货交易和股票交易的思路基本是差不多的，股票交易的技术分析也可以运用到期货交易里。但是需要注意的是，期货是和实物联系比较紧密的，所以还有必要学会期货的一些独特的分析技巧。

家庭进行外汇理财的策略

近几年来，国内理财市场上出现了很多的外汇理财产品。例如:“两德宝”、“两得利”、“金葵花”，等等。外汇投资的渠道已经越来越开阔，理财的门槛也在逐步地降低。可以说外汇理财已经开始进入寻常百姓家，正在逐步成为新的理财工具。目前，我们可以进行外汇理财的渠道有以下几个。

1.外汇储蓄

外汇储蓄存款:外汇储蓄存款因其风险低、收益稳定，一直以来都是外汇投资理财的主要渠道。尽管利率水平一降再降，但从总体上来看，外汇储蓄存款的收益相对于波动无常的股市或汇市而言，仍然是风险最小的投资品种。目前，在我国，并不是所有的外币都可以储蓄，各商业银行开办的外币储蓄币种也不尽相同，有的商业银行开办的外币储蓄币种较多，有的较少，一般都开办美元、日元、英镑、港元、德国马克5种外币储蓄品种。中国银行目前开办包括以上5种外币及法国法郎、荷兰盾、澳大利亚元、加拿大元、欧元等在内的11种外币的现钞或现汇储蓄。

2.炒外汇——外汇宝

自1993年以来，中国银行、交通银行以及工商银行等多家银行相继开通了个人买卖外汇的业务，也就是“外汇宝”。“外汇宝”是指个人将持有的一种外币转化成另外一种外币，借以满足高收益或者规避外汇风险的需要。外汇交易操作方法简单，深受人们的追捧。目前可以办理买卖的货币种类有美元、日元、英镑、加元、瑞士法郎、澳大利亚元以及欧元等。

要进行外汇买卖就要先开户，外汇开户的手续很简单。目前很多银行都开通了外汇买卖的业务，可以到银行办理开户手续。开户时需持有本人的有效身份证证件和开立外汇账户需要的外汇。一般开立账户需要的资金不太一样，一般为最低100美元或者等值的外汇。开户手续完成后，就可以交易了。交易的方式可以是柜台交易，也可以是电话交易，或者是最适用的网络交易。如果选择柜台交易或使用个人理财终端进行交易，交易时间仅限于银行正常工作日的工作时间，多为周一至周五的9:00至17:00，公休日、法定节假日及国际市场休市均无法进行交易。而如果选择电话交易或者互联网交易，一般来说交易时间将从周一8:00一直延续到周六5:00，公休日、法定节假日及国际市场休市同样不能交易。可见，除非要去现场感受气氛，否则通过电话或者互联网交易才是更佳的选择。

目前，各家银行都推出了国际先进的交易系统，开发出了自动报价系统、电话交易系统，让客户在瞬息万变的行情里足不出户就可以抢占先机，捕捉行情。交易是采用T+0的方式，当天买进卖出。如果行情有利，那么在一天里，可以抓住多次的获利机会。目前的外汇实盘交易指令，总的来说分为市价交易和委托交易两种。市价交易，即按照银行当前的报价即刻成交。委托交易，俗称挂盘交易，即投资者可以先将交易指令传给银行，当银行报价到达投资者希望成交的汇率水平时，银行电脑系统就立即根据投资者的委托指令成交。委托交易指令给客户带来的方便在于，客户无需每时每刻紧盯外汇市场变化，节省了大量时间。但是使用委托交易指令也需要慎重，外汇市场瞬息万变，贸然使用委托交易指令可能为你带来很大风险。

投资个人外汇买卖需要具备一定的外汇基础知识和对世界经济走势有所判断，否则投资就会出现失误。当然，汇市是一个理性的市场，也是一个完全开放的市场，不存在信息不对称的问题，也不存在幕后操作的问题，风险相比股市要小。

3. 外汇储蓄理财产品

近年来，我国家各大银行纷纷推出了外汇储蓄型理财产品，也就是我们常说的外汇结构存款理财产品。比如:工商银行的“第一桶金”、建设银行的“聚宝盆”、光大银行的“阳光理财”、民生银行的“民生财富”等。外汇储蓄的安全性要高于上面提到的外汇宝等产品，但是同样也存在着汇率和利率的风险。外汇储蓄型产品根据收益的类型可以分为以下两个类型:

第一类是固定收益类外汇理财产品。这类产品银行每月均会推出，并且有多种投资期限、多个币种可供选择，收益与同期银行外币定期存款相比高出许多。这类产品比较适合稳健风格的投资者。该产品投资者不能提前支取存款，银行具有提前终止权。选择这类产品时，要看银行的信誉和产品的收益率。例如，建行推出的第五期“汇得赢”产品，15个月期限的外汇理财产品年收益率为1.63%。而农业银行推出的一年期“汇利丰”，年收益率为1.9%，民生银行推出的“民生财富外汇理财A计划”，年收益率为2.15%。如果投资这些产品的话，不能提前支取存款，所以将面临很大的风险。

第二类是浮动收益类外汇理财产品。这类产品的收益因投资挂钩标的物不同而有高低差异。在浮动收益里，又可以分为正向浮动、反向浮动和利率参考三种。这类产品的设计比较复杂，投资的范围很广，与石油、黄金、汇率、港股等挂钩，预期收益也十分可观。该产品的收益和伦敦同业拆借利率有很大的联系。例如，建设银行推出的第五期“汇得赢”产品B，第一年收益率确保3.03%，以后的各年为LIBOR+1%。工商银行推出的五年期美元产品“幸运星”，其第一年收益率是固定为10.2%，第二年以后的第N年的收益方式为:前一年收益率 +(N+1)9/6-2 × LIBOR。

外汇储蓄的理财产品多样化，如果你没有足够的时间和精力的话，完全可以交给银行委托理财。目前很多银行都有专业的外汇理财业务。

4. 其他的外汇理财渠道

除了以上三个基本的外汇理财渠道以外，还有很多的外汇理财渠道可供投资选择。外汇期权、外汇保单以及购买B股股票等都是不错的选择。

个人外汇期权。期权外汇买卖实际上是种权利的买卖，权利的买方有权在未来的一定时间内按约定的汇率向权利的卖方(如银行)买进或卖出约定数额的外币，同时权利的买方也有权中止上述买卖合约。期权分为买权和卖权两种，如果选择正确，期权既可获得存款利息，又可以凭借这笔存款的本息再去投资汇市，从而获得利率、汇率双丰收。例如，2002年中国银行推出的“两得宝”、“期权宝”。“两得宝”是指客户在存入一笔定期存款的同时根据自己的判断向银行卖出一个外汇期权，客户除收入定期存款利息(扣除利息税)外，还可得到一笔期权费。期权到期时，如果汇率变动对银行不利，则银行不行使期权，客户有可能获得高于定期存款利息的收益;如果汇率变动对银行有利，则银行行使期权，将客户的定期存款本金按协定汇率折成相对应的挂钩货币。“期权宝”是指客户根据自己对外汇汇率未来变动方向的判断，向银行支付一定金额的期权费后买入相应面值、期限和执行价格的外汇期权(看涨期权或看跌期权)，期权到期时如果汇率变动对客户有利，则客户通过执行期权可获得较高收益;如果汇率变动对客户不利，则客户可选择不执行期权。也就是说“两得宝”可以让投资者获得外币定期利息和期权费双重收益，“期权宝”适合进取型投资者，它具有杠杆放大功能和避险保值功能。

专家点金

如何合理打理自己手里的外汇，不要再让自己的外汇缩水，已成摆在我们面前的问题。外汇市场风云变幻，充满了风险和行情。在这种国际市场的战争里，我们要灵活地掌握国际市场信息，运筹帷幄，立于不败之地，用外币来赚人民币的钱，享受这一奇妙的金钱游戏。

操作篇

享用一生的理财策略

家庭合理安排资金结构，在现实消费和未来的收益之间寻求平衡点，使收支、财产、借贷尽在掌握之中，不仅达到财物目标，并且提升了生活品质，使得购置房产、子女教育、退休养老，一切都没有难题。理财实践中，稳健、理性、参考专家的意见、吸收理财知识、结合生活的需求做一策略性的规划、计划性的投资，才是应有的理财态度与做法。

理财的目的，不在于要赚很多很多的钱，而是在于使将来的生活有保障或生活的更好，正确的理财观念应是既要考虑财富的积累，又要考虑财富的保障；既要为获利而投资，又要对风险进行管理和控制；既包括投资理财，又包括生活理财。因此，个人理财首先要保证满足自己正常的生活需要，其次是对剩余财产进行合理安排，合理划分生活开支与可投资资产。

生活中我们每个人或家庭可以根据各个年龄段的不同需求，精明的做好一生的理财规划，也便于自己有的放矢进行理财行动。理财战略是整个人生理财过程的起点，实践中每个家庭要根据自己或家庭的实际情况选择适合自己的理财规划，相信成功终将会属于你。理财是为自己及家人建立一个安心、富足、健康的生活体系，实现人生各阶段的目标和理想，从而过上高品质的生活。通俗而言，理财就是赚钱、省钱、花钱之道，是人生计划的重要部分，贯穿于每一个生活细节之中。

第十章

把握一生中的第一次理财机遇

——单身期(参加工作到结婚前2~5年)

理财概要:没有家庭负担,精力旺盛,要为未来家庭积累资金。重点是寻找高薪工作,打好基础。也可进行高风险投资,积累经验。年轻人的保费相对较低,可为自己买点人寿保险。就让自己赢在起跑线上吧。

专家支招:可将积蓄的60%用于投资风险大、长期回报高的股票、基金等金融品种;20%选择定期储蓄;10%购买保险;10%存为活期储蓄,以备不时之需。

理财优先顺序:节财计划——资产增值计划——应急基金——购置住房

单身期如何制订投资理财规划

单身时期,可以抽出一部分资金进行风险较高的投资,取得宝贵的投资经验。虽然如此,也要注意努力地规避风险。不少年轻人有个错误观念,认为自己年轻,可以承受投资冒险,亏了可以从头再来。在此需要奉劝你不要投机过度,不要抱着“不成功,便成仁”的态度,要端正自己的投资态度,分散风险,适当投资,多阅读有关投资的书籍,丰富自己的投资知识,总结投资经验,才能成为成功的投资者。

这一人生阶段的消费不要贪图虚荣,刻意追求名牌。如果抱着及时行乐的态度,将来如何生活?

投资越早越好，年轻时开始储蓄，就算每月的金额很少，退休时所得的回报还是相当可观的。

投资不单单是为了赚钱，所谓“聚沙成塔”，就是利用小钱的累积，也能成为不小的一笔大钱。所以，我们就该从生活中做起，省小钱积财富！不过，重点是你得先了解自己每个月的钱都是如何花掉的，又花在哪里。在进行收支规划前，下列几点是你首先要考虑的：

你的收入足够支付每月的开销吗？

你的收入在未来的成长空间有多大？

未来若有新增加的支出，你已经规划好能够有充裕的开销了吗？

考虑好以上几点后，就要仔细检查每月的开支了，并且改善自己的消费习惯。以下拟订几项可行的计划提供参考。

拟定收支目标，希望每月能固定存入多少金额，以准备投资理财。

现代社会是好好思考如何将物力发挥到极限的好时机。网络上提供了许多商品二手货的互动等交易，省钱又省时。喝咖啡聊天不一定要在咖啡厅消费，邀请朋友来家里喝下午茶更是一种享受与自在；搭配好现有的衣服也能穿出美丽与风格；想要逛街不如在家好好布置一番，创造出独特的居家空间！

从毕业参加工作到结婚之前这段时期，工资收入不高并且花销不小。这一阶段，可考虑每月定期储蓄一笔资金，养成定期储蓄的好习惯，为进一步投资积累经验、为未来的生活打下基础。

同时，可以抽出一部分资金进行风险较高的投资，取得丰富的投资经验。虽然如此，也要注意努力地规避风险。

对于单身工薪族来说，收入的来源主要有：工作收入和理财收入。在只有工作收入而无理财收入的情况下，要积累人生的第一个10万，通常是需要相当的毅力，但要积累第二个10万，往往就有诸多可行捷径，有了理财的本钱，钱生钱就容易了。下面两条单身理财妙计或许会给我们一些帮助和启发。

1.月月有余 = 强制理财 + 慎用信用卡

单身工薪族理财的关键在于合理消费，对支出进行适当的调整和控制，尽量压缩可用可不用的开支。

俗话说“钱是人的胆”，手里有了钱，消费欲就会膨胀。所以，单身族要想控制消费的欲望，首先得建立一个理财档案。没有过多的流动资金，消费的欲望自然就小了。

可试试逐步积累、强制储蓄的方法。每月把工资的1／3固定存入零存整取账户。

阶梯式组合储蓄法也是一个比较合适的办法。若存储金额较大，每月存入一张一年期定期存单，一年以后每月有一张存单到期，需要用钱时可方便支取。或者在前三个月，根据自身情况每月拿出一笔钱存入三个月定期存款。第四个月开始，每月便有一个存款到期。

存储额虽只占工资的一部分，但长远算来，可积累一笔不小的资金。不但可用来添置一些大件物品，也可以作为个人“充电”学习及旅游开支。

此外，每月给自己做一份“个人账务明细表”，对大额支出以及超支的部分，考究其是否合理，若不合理，可在下月的支出中进行调整。

单身一族要学会记账。若不记账，月月光却不知钱花哪儿了。通过账目表，可知自己每个月的钱具体用在了什么地方。

有了账目表，便于我们做开支预算。对每月必须支出的项目进行预算，譬如通信、食品、交通、住房、衣着、休闲娱乐等做一个规划，尽量压缩不必要的开支。

2.理财方程式＝30%稳守＋45%稳攻＋25%强攻

理财方程式概念非常简单。先将一半积蓄放在银行储蓄或者国债上，这些钱不为增收，重在保本，避免使财富暴露在不可控制的风险下。

做到这些后，就可以开始投资。对于稳攻部分，有一定投资理财概念的人可以选一些报酬较稳健、波动度较小的理财产品，我国目前的投资方式和渠道很多，短期投资项目主要是债券、基金、人民币理财等产品，这些产品的年收益率一般在5%～10%之间，但是稳定性非常强。当然，我们在投资前要做一些功课，选出好的品种，还需有投资组合的概念，通过分散投资来降低风险。

至于强攻部分，是投资理财中最刺激的部分，譬如股票型基金、成长型股票、期货等，投资这些高风险高收益的理财产品，必须有相当高的知识与经验门槛，既有机会让人一个月赚10%，也有可能一个月赔掉10%。对于不擅长投资的人士，最好先以稳攻方式进行投资，摸索出自己的投资心得，功力较深厚之后，再加强强攻追求更高的收益率。

“理财方程式”的攻守比重可根据个人的风险承受能力和理财目标进行灵活的调整，若能承受较大的风险而且短期内没有较大资金支出计划，可提高强攻比例，但该部分比重最好不要超过50%。对于保守型的投资者，可适当增加稳健的比例。

最后，单身人士在努力增加理财收入的同时，仍然须把工作收入积累下来，积攒第一个10万的劲头不可松懈。若能养成定期储蓄的好习惯，同时又坚持投资理财，拥有下一个10万将指日可待。

赵刚就是一个有理财规划的年轻人，他刚参加工作5个月，无车无房，月收入3000元。每月开支：房租水电气600元，生活费800元，交通通信费200元，其他费用300～500元，每月余款800～1000元。他的理财目标是在五年内买房、结婚。对于一个刚参加工作的年轻人，怎么理财才能实现他的目标呢?

赵刚是这样做理财规划的：

首先，为了实现他的理财目标，他应将生活费控制在600元，把其他费用控制在300元，这样他每月可节余1300元。

其次，因为货币基金流动性好、资本安全性高，而且无须认购费用，没有手续费，也不用扣税，具有稳定收益和低风险的双重特征。他每月定时定额申购货币基金1000元，一年可积累1.2万元。另外，把每月的其他剩余进行储蓄，应付一些意外。

再次，每年可将货币基金中的1万元转投股票型基金，剩下的继续投资货币市场基金。

最后，股票型基金年收益率在8%～10%，货币市场年基金收益率在2.1%左右，经过5年的积累，赵刚可积累8万元左右。用其中的6万元作为小户型的首付，2万元筹备婚礼。至此，赵刚的理财目标基本实现。

相对于一些刚参加工作的年轻人来说，赵刚的理财计划应该算是比较成功的。

【专家支招】

针对年轻人自制能力差、理财经验较少的特点，建议刚参加工作的人在做理财规划时参考以下方法：

（1）学会强制储蓄

对于刚参加工作不久的年轻人来说，资金不丰、理财经验匮乏、花钱没有计划性是很普遍的。即使有资金参与理财，因不少理财产品门槛高，也会被拒之门外，如很多银行理财的起点都在5万元以上。通过强制性储蓄来积蓄人生中的首笔财富是一种最有效的理财之道，它可以帮助爱花钱的人改掉不良的消费习惯，同时又为今后的生活积累一笔可观的资本。但需要注意的是，强制储蓄一段时间，当资本累积到一定程度时，需要考虑其他的理财渠道。

(2) 购买一定的保险

刚参加工作的年轻人，工作压力大、社会保障也少。尽管单位会为刚毕业的大学生购买基本的社保，但不能为意外或大病大险的隐患提供保障，因此，购买几种商业保险，特别是购买人身意外伤害险、大病医疗保险，建立一个保障网络是必需的，还有就是一些保险越年轻时购买越合算。

(3) 学会精打细算

任何理财都离不开开源节流这一根主线，刚参加工作的大学生由于没有雄厚的财力更应如此。在不断扩大财富渠道的同时，节约开支是不可忽视的，不积细流，无以成江海。要学会精打细算可以对日常开支建立记账簿，时常查看，以便知道自己是如何开支的，主动将不必要的开支逐渐省去。

专家点金

单身期，刚从学校毕业，人生掀开新的一页，收入不高，负担也不多，工资升幅快，是资金积累的黄金时期。这一阶段，你要养成早储蓄的习惯，可考虑每月定期储蓄一笔资金，养成定期储蓄的好习惯，为将来的生活和进一步投资准备钱财。人的赚钱能力、风险承受能力，都在这个时期，因此针对这个时期制订适合的投资理财规划，有助于合理支配资金，从而得到有效的保障。

适合上班一族的理财法则

一个平凡的上班族，若想在有限的收入中存下更多的钱，就必须培养正确而良好的消费行为，仔细地规划每个月的收入与支出，否则，赚再多的钱恐怕也不够用。

以下是提供给现代上班族家庭的理财法则，不妨一试：

1.准备3至6个月的急用金

就一般理财规划来说，最好以相当于一个月生活所需费用的3至6倍金额，作为失业、事故等意外或突发状况的应急资金。

2.减少负债，提升净值

小两口的家庭财务应变的实力尤其重要，也就是净值(等于资产减负债)必须进一步提升。而提升净值最直接的方法就是减少负债，国内负债形态包括房屋贷款、汽车贷款、信用卡与消费性贷款等。基本上，个人或家庭可承担的负债水准，应该是先扣除每月固定支出及储蓄所需后，剩下的可支配所得部分。至于偿债的原则，则应优先偿还利息较高的贷款。

3.把钱花得更聪明

如果“开源”的工作有困难，那么应有计划的消费、从“节流”做起。选对时节购物、货比三家不吃亏、克制购物欲望，以及避免滥刷信用卡、举债度日等，都是可以掌握的原则。在方法上可针对每月、每季、每年可能的花费编列预算，据此再决定收入分配在各项支出的比例，避免将手边现金漫无目的地消费。最好养成记账的习惯，定期检查自己的收支情况，并适时调整。

4.养成强迫储蓄的习惯

“万丈高楼平地起”，所有人理财的第一步就是储蓄，要先存下一笔钱，作为投资的本钱，接下来才谈加速资产累积。若想要强迫自己储蓄，最好是一领到薪水，就先抽出20%存起来;无论是选择保守的零存整付银行定存，或是积极的定期定额共同基金，长期下来，都可以发挥积少成多的复利效果。

5.加强保值性投资

股、汇市表现不佳，银行定存利率也频频往下调降，现阶段理财除谨守只用闲钱投资的原则以外，资产保值相当重要，可透过增加固定收益工具如银行定存、债券和债券基金的投资比重来达到目的。其中，债券基金因为具有投资金额较低、专业经理人管理操作及节税等好处，较于直接从事债券投资，门槛降低许多，加上目前实质收益率也可维持在银行定存之上，所以成为目前最热门的投资工具之一。不过由于国内外债券基金种类繁多，应先了解其投资范围、特性与适合的用途，配合自己的期望报酬与承担风险来选择。至于银行定存，在利率持续调降的趋势下，最好选择固定利率进行存款。

另外还有一种工薪理财法可以学习。看看自己更适合哪一个。

工薪理财法是一种有机组合投资，将个人余钱的35%存于银行，30%买国债，20%投资基金，5%买保险，还有10%用于艺术品及邮票、钱币等其他方面的投资。

其一，35%存于银行。虽然央行一再降低存款利率，但作为一种保本的保值手段，储蓄仍是普通百姓的首选目标。储蓄有不同的种类，我们可以按照不同的比例进行储蓄的分配。50%存一年期，35%存三年期，15%存活期，这样储蓄就可以实现滚动发展，既灵活方便，又便于随时调整最佳投资方向。

其二，30%买国债。投资国债，不仅利率高于同期储蓄，而且还有提前支取按实际持有天数的利率计息的好处。

其三，20%投资基金。投资基金这一世界性的投资工具在我国进入一个迅速发展的新时期。它具有专家理财、组合投资、风险分散、回报丰厚等优点，一般年收益可在20%左右。

其四，5%购买保险。保险的基本职能是分担风险、补偿风险，在目前银行利率较低的情况下，购买保险更有防范风险和投资增值的双重意义。如今在京城，花钱买平安、买保障已成为一种时尚。购买保险也是一种对“风险”的投资。比如养老性质的保险，不仅对人生意外有保障作用，而且也是长期投资增值的过程，可以买一些，5%足矣。

最后是10%投资于艺术品及邮票、钱币等其他方面。艺术品投资属安全性投资，风险最小，而且由于艺术品有极强的升值功能，所以长期投入，回报率极高。但千万注意要懂行，否则买了赝品悔之晚矣。至于其他投资，一是收藏类，主要包括邮票、磁卡、钱币等，这不仅有投资性质，还融入了个人的兴趣和爱好，做好了可谓是一举两得的事。

【专家支招】

第一次买房的原则：只买对的不买贵的。业内人士指出，首次置业，挑选适合自己目前需求的应该是基本准则。否则可能面临的是买得起住不起的尴尬。不仅每个月的供房款占去收入不小的一部分，还有物业管理及水电煤气等费用，可能会压得人喘不过气来。年轻置业人群一般刚从大学毕业不久，工作年限不长，初入社会需要花钱的地方很多，再加上生活必需品要不断配齐、同事同学关系的维护、各种社交场合的投入及参加各种培训的费用都将是不可避免的。专家建议，买房前要清算一下自己现有的“现金流”，包括存款、现金、可以套现的股票等。根据“现金流”，考虑付款方式和所能支付的首付款，从而考虑所购买的房子的总价。此外，还要看购房后的家庭收支状况。计算家庭收入时应侧重固定可靠的来源，如工资、银行存款利息、债券利息等；家庭支出包括每月的月供、物业管理费、水电煤气电话费、正常生活开支等等。

准备结婚的情侣的理财规划。恋爱需要成本，爱情与金钱本是无法分割的，浪漫的精神世界需要有物质的支撑。爱情之路是金钱、物质与精力铺成的，只不过有的人节省一点，有的人耗费一点。

【案例】

平平是2005年大学毕业的学生，26岁，在一家外贸公司做业务员，年收入3万～4万元；男朋友年收入3万元，国营单位技术员。两人感情稳定，准备2008年结婚。男朋友有住房公积金约6000元，两人都有三险一金，男朋友父母还年轻，两人年收入5万元，男友的弟弟读高二，正需要钱。平平父母均有养老金。平平和男友的工作时间不长，都没多少存款，两人预计到2008年存款5万元，双方父母支持11万元，两人工资2008年均会涨。

平平的理财目标是在不降低生活质量的前提下，2008年实现买房计划。为房贷首付累积资金是平平和男友的理财重点。

平平的理财规划是：首先，每月结余用来购买货币市场基金。因为货币基金有定期的收益、活期的便利，而且，随着央行加息，货币基金的收益也会水涨船高。

其次，平平根据自己的经济情况准备购买总价在30万元左右的小户型住房。采取商业贷款＋住房公积金组合贷款的方式，2008年可用资金共11万元，现有住房公积金可提取用于还贷。若按五年期以上贷款优惠利率6.04%(7.11×0.85)，首付30%，贷款21万元、30年期，则等额本息还款为月还款1265元，2008年工资预计上涨，因此，月供收入比控制在30%以下，还贷没有太大的压力。

购房后，在安排好家庭应急备用金的前提下，每月结余可以做基金定投，进行长期投资，积少成多使资产稳步增值。

应该说平平是一个比较理性的理财者，她既能按预定计划购得新房，又能使资产稳步增值。

【专家支招】

针对目前很多准备结婚的热恋情侣却不会做理财规划，原本可以结婚的人却因为资金问题推迟婚期，对于准备结婚的情侣有以下理财建议：

(1)应转变恋爱期间的消费观念

热恋与刚刚相识不同，无论是男方还是女方的钱，都是未来小家庭的共同财产。女方不要以男友对自己花钱是否大方作为衡量爱情的标准，如果这个男人精打细算、适度消费，也许他是为了筹备结婚的资金，使婚后的生活能够长久幸福，那么这种男人实际上是更可信赖的。对于男方来说，在恋爱的开支上，也要根据自己的收入状况适度消费，不能打肿脸充胖子。

(2)学会科学消费

恋爱中的男女在花钱上缺乏算计和比较，容易无端地造成浪费。因此，从恋爱之始就应学会精打细算、科学消费。比如，购置炊具自己做饭，既能练手艺又比去饭店吃饭省钱;约会和出行能坐公共汽车就尽量不打车，郊游可以选择骑自行车和自助野炊;两个人如果都具备上网条件,应尽量利用网络聊,比打电话便宜;同样是电话联系，小灵通比手机省钱……这些生活中的省钱窍门要靠自己慢慢地学习和琢磨，学会“勤俭持家”会有助于将来的家庭理财。

(3)可以建立一个爱情账户

情侣间到了谈婚论嫁的亲密程度，再各掏各的钱就显得见外了，这时不妨设立一个“爱情账户”。两人可以根据感情进展程度，每人拿出收入的一定比例，每月定期存入“爱情账户”，用这个账户的资金来支付热恋期间的各种开支会比较公平。另外，这个账户也可以作为建设未来爱巢的基金。

专家点金

很多刚参加工作的年轻人都处于理财的起步阶段,这一阶段的共同特点是积蓄少、投资活动少、风险承受能力小。很多刚参加工作的人由于刚走上社会缺乏理财意识，非常容易沦为入不敷出的“月光一族”;也有一些人懂得合理规划自己的资产，让资产升值。而这个阶段又是掘得人生第一桶金的重要时期，是否会理财对以后的生活会产生很大的影响。

低收入单身职员的理财规划方案

小李是一家IT公司的实习人员，税后月薪2700元，预期一年后转正的月薪为4500元，年终奖1万元。目前小李除了有一台电脑外，无其他任何值钱的资产。他和朋友合伙租房居住，每月自已应缴租金500元，因为都是年轻人，基本不做饭，一日三餐在外面吃，加上购买衣服、交通、电话、和女朋友约会等费用，小李每到月底便成“月光一族”。

人无远虑，必有近忧，小李想在五年后能攒下购房首付款，准备结婚，所以就面临合理管理每月收支问题。

【专家支招】

小李刚从学校毕业，还没有积累起个人资产，所以要积累购房首付款只能在其月度现金收支上下工夫。

对于刚毕业的普通职员来讲，理财的第一步就是进行资本的原始积累。小李目前的储蓄能力太低，因此节流对小李来讲是理财的第一要素。我们可以把日常开支分为两类:可以自行决定的开支和不能自行决定的开支。不能自行决定的开支主要是指债务的偿还。可以自行决定的开支是生活消费之类的项目。对小李而言，目前没有任何债务负担，不存在不可控制的理财支出，他目前的支出集中在生活消费上。他房租的支出是不可避免的，但是伙食和其他支出太高，可以精打细算省下一部分。

他应该减少下馆子和聚会的次数，下班后自己动手做饭，既能省下一笔不小的餐费，又可锻炼厨艺，为以后居家做准备。为了更好地实现节流的目的，小李最好采取记账式消费，清楚地了解自己的现金流向，有针对性地对症下药寻求改善之道，对于不必要的超额消费支出项目进行削减。因为小李是单身，生活比较简单，每月400元的餐费、200元的交通和电话费，再加上400元的其他开销，合计每月1000元的生活费用就可以过得去。这样每月就可以省下1200元备购房用，第一年可存下1.44万元。第二年以后因为预期工资为4500元，这样每月可以留下3000元，1年可以存下3.6万元，5年下来合计为15.84万元。再加上5年的年终奖和存款利息，小李这样一个普通职员5年可以有21万元。

小李5年内最大的理财目标就是实现购房计划，可以和女朋友结婚，对于很多像小李这样参加工作不久的普通职员来说，如果没有父母的经济相助，购房并非易事。但是，小李通过自己的精打细算却完全可以购置一套如意的房子。

小李可以购买一套60平方米左右、单价在8000元左右的房子，总价约48万元，首付30%约14.4万元，他还可以用余下的钱装修、结婚。虽然有一部分买房贷款，但结婚后有双份的收入，月供应该是没有什么问题。

李玟是一名单身小学女教师，在某公办学校教书，现年27岁，月工资2000元，扣除20%的住房公积金后，仅剩下1600元，每个月生活日用开支约500元，学校提供住房补贴，刚好抵消了房租。她手中有存款1万元，其中5500元存了半年的定期。学校为她购买有医疗保险和养老金。

李玟和男朋友打算2年内结婚生孩子。她的父母都已到了50岁，父亲每个月有2300元的工资收入，单位为其买了养老保险；妈妈是家庭妇女，什么保险也没买。家里还有一个弟弟和一个妹妹，父母供妹妹读书，李玟负责供弟弟读书。估计供弟弟读书至少还要1.5万元。李玟和男朋友结婚后，还要负责赡养1个老人。

李玟的理财目标是：要能够在供弟弟读书的同时，更好地为将来建立家庭和赡养老人、养育小孩做好打算。

【专家支招】

首先，李玟的日常开支为500元，这对于一个单身的女孩来说已经十分节省，既然不能节流，就要考虑开源，增加自己的经济收入。为了达到一个新目标，结合李玟的自身情况，她可以通过家教和发表文章等渠道增加一些收入。

其次，由于李玟只有社保，对自己和家人的保障很不够，因此，建议她尽快补充相关保障，如寿险和重大病医疗险。

再次，李玟每月除了日常生活开销外，只有1000元左右的节余，由于近期内要供弟弟读书，必须把剩下的资金有计划地储蓄。李玟已有1万元的存款，再节余5000元筹足1.5万元在银行储蓄，不做其他的风险投资，风险投资和目标性很强的投资不适应这个时间段。在建立家庭后，除了做好家庭的开源节流计划外，另一个是增加投资渠道实现资产增值，到时可以看市场投资热点操作，例如：投资黄金、白银、证券市场等，顺势而为逐步实现其他两个理财目标。

最后，在达到了供弟弟读书的理财目标后，每月节余的资金可以适当地做一些风险投资，只有这样才有利于让自己的钱尽快生钱。由于资本较少，李玟可以采用定期定额购买基金，每月把节余的一部分资金投资到开放式基金中。由于是每月都购买就不必太在乎进场点，也不必太在意市场价格的起伏。当需要资金时，可赎回整笔或部分资金。日积月累，每个月小小的投资可以聚沙成塔。

唐均大学毕业，参加工作一年，每月收入2000元，除去保险还有1800元。唐均目前只有5000元的存款，还没结婚，更没有房和车。唐均花钱也没什么计划，每月基本剩不下钱。其实如果细细地算一笔账的话，他每月有1000元就够花了，每月应该有800元的余额。

唐均毕业后为自己制订的第一个目标就是先买个房子，但以他目前的收入状况，买房只能是个梦。理财规划师建议唐均先从节流开始，砍掉不必要的开支。于是，唐均开始了自己的节流行动。首先，吃饭自己做，而不是像以前那样经常在外面的饭店里吃。唐均每天下班会经过一个类似于早市的市场，东西卖得比较便宜，这样他每天的生活费开支就减少了许多。其次，一般情况下不打车，坐公交车或骑自行车就行。最后，管好自己的钱包，改掉乱花钱的毛病，比如少买那些不实用的东西，少买装饰品。

关于买房，理财规划师建议月收入2000~4000元的“无房族”，在买房时需要注意两点：其一，买房是为了提高生活品质，不是增加负担，要量力而行，买自己买得起的房；其二，过渡性“买房”，所买的房子应该具有一定的“变现性”，即具备一定的投资潜力，如可以比较容易上市出售或出租的房产。根据以上的购房原则，月收入在4000元以下的“无房族”可选择的楼盘首先是总价低、月供在1500元左右的房。

手中的现金需要靠理财来增值。对于月收入2000~4000元的上班族来说，最基本的理财方式是节俭和储蓄。因为资金原始积累需要一个过程，在这个过程中，保守型的储蓄投资是一个必经的投资理财步骤。储蓄投资可分为以下三步：

1.盘点已有的资产，分析并理清自己的收入和支出情况。

当你决定有计划地理财时，首先要做的便是盘点已有资产。因为，只有先清楚了自己目前的财务状况，才能作出切实可行的理财计划。同时，还要对自己的收入和支出情况作出分析，并且要分清楚哪些收入是固定的，如工资等，哪些收入是非固定的。在分清收入的同时，还要分清支出情况，哪些是必要支出，哪些是不必要支出，哪些是意外支出等等。建议大家做一个账本，以便明确收支情况。这样，也便于作财务分析。这个账本，可以是手写的，也可以用电脑的Excel表格来做，也可以用专门的理财软件来做。方式不是问题，重要的是达到理财的目的。

2.制订一个适合自己的储蓄计划。

当你盘点了你的财务状况后，发现自己的存款并不多，而未来两年又有购房的打算，那么有计划地进行储蓄乃当务之急！

月收入2000~4000元者，每月若砍掉不必要的支出，基本盈余应该是1000元以上。根据这个情况可以作出如下储蓄计划：

(1) 先开一张活期的存折，带一张银联卡。每月开支后，往卡里存1000元，这一部分用于日常花销。

(2) 办一张零存整取的一年期的存折，每期往里存1000元。

(3) 等到上面提到的一年期的零存整取的存折到期以后，再取出来，转存成一年期定期的。这个储蓄计划以年为单位，依此类推。

3.严格按照储蓄计划付诸实施。

好的储蓄计划作出来了，不去实施，便等于废纸一张。一个计划无论它制订得多么无懈可击，在它还没有实施之前，它也是零。所以，理财要脚踏实地，一步步地按照计划来实施才行。

储蓄投资很简单，但是，对于很多月收入2000~4000元、正处于初级资金积累阶段的人来说，还是挺适用的。还需要说明的一点是，储蓄投资是保守型投资的一种，它需要耐心和恒心，对于期待一夜暴富的人是不适用的。大家要结合自己的实际情况选择适合自己的理财方式。

【专家支招】

1.知己知彼法则。所谓“知己”是指理财者要对自己家庭的财务状况进行全面了解，包括资产和欠债，每年的收入、支出及理财目标等。“知彼”指通过银行、证券公司、媒体等了解各种不同理财产品的风险和收益水平。在知己知彼的情况下，选择适合自己的理财产品。

2.KISAS法则。这个法则是Keep It Simple And Stupid的首字母组合，意为家庭理财不要复杂化，要选择简便易行的方式。比如股票投资，对于一个35岁的中年男子来说，用我国男性的平均寿命76岁减去35岁，得出41。那么该男子就可拿出41%的资产投资高风险的股票，其风险是他这个年龄的人可以承受的。

3.72法则。对于理财者来说，72法则十分适用，据此可以算出经过多少年收益才能翻倍。拿比较保守的国债投资者来说，如果年收益率为3%，那么，用72除以3得24，就可推算出投资国债要经过24年收益才能翻番。

4.个性化法则。不同收入、年龄段和不同职业的人由于抗风险能力各不相同、家庭财产状况各有差别，选择适合自己的理财方案尤为重要。

专家点金

月收入2000～4000元的工薪阶层一般都是些刚毕业的大学生，这些人正处于资金的原始积累阶段，保守型的储蓄投资是他们必经的投资理财步骤。只有沿着先积累再打理的理财路线走，才能使自己的资产在正确的理财操作下，逐渐丰厚起来。

年轻人如何建立有效的基金组合

很多年轻人觉得自己可支配资产不多，想多积累一些再开始投资。但专家建议最好能尽快开始自己的投资，积累经验、积累资本。尽管一般基金的最低申购要求在1000元左右，但通过以下几个技巧，投资者拥有的资产即使不足3000元也可以构建出一个简单有效的基金组合。

第一，决定最优资产配置。一般地，年轻人的事业刚刚开始，投资期限很长，愿意把较多的资产投资于股票。从经验规则来看，债券在你组合中的比重应与你的年龄相当。比如，你今年如果25岁，那你最好持有25%左右的债券，其余的可投资于股票。你如果想得到精确一些的配置比例，晨星资产配置工具会根据你的投资期限和储蓄率等参数给出使你达成目标的相关配置建议。需要注意的是，这是一个长期的优化配置，你还必须把一定的资产投资于风险低、流动性高的品种(如货币基金)，以备不时之需，一般建议预留3~6个月的生活开支。

第二，寻找符合最低投资要求的核心基金。基金组合中要有一些资产分散、拥有丰富经验的管理团队和业绩长期稳定的核心基金。对资产不多的投资者而言，还要附加一个条件，就是最低认购额要尽可能地低。用基金搜索器可以很快地从众多的基金中找到合适的核心基金。在选择债券基金时，可首选中期类，因为它们在获得收益的同时又不会有太大的利率或信用风险。在挑选股票基金时建议选择大盘价值(或成长)类。

第三，参与长期的定期定额投资计划。前面提到过定期定额投资方式，对参与的投资者会大大降低最低的申购金额要求，尤其适合年轻人。这样，年轻的投资者在构建组合的时候可选的品种就大大增加了，可以做到更高质量的分散化投资。

第四，争取低成本构建组合。首先，在挑选基金时，相关费用一定要周全考虑，优先考虑费用低的基金；其次，选择合适的品种也可降低相关成本。比如购买一只资产分配比例合适的配置型基金，要比购买一只股票型、一只债券型基金要好得多。其一减少申购次数，其二配置型基金自身会根据市场变化调整资产配置，避免投资者自己在不同类型基金中调整。另外，投资者也可以直接购买适合自己的伞形基金或ETF。

针对变化调整基金组合。构建好自己的基金组合后，必须养成定期检查、监控投资组合的良好习惯，针对各种变化适时做出调整，这主要包含三个层面的调整：

一是“再平衡调整”(固定比例法)，即根据组合中各基金的市值变动情况，定期进行一次“再平衡”，以保持各基金投资的比例不变，这是投资组合的经典方法。有经验的投资者大致遵循这样一个准则：每隔三个月或半年调整一次投资组合。这种方法不仅可以分散投资成本，抵御投资风险，还能见好就收。不致因某只基金表现欠佳或过度奢望价格会进一步上升而使投资额大幅度上升，或因盲目追涨而使到手的收益成为泡影。当然由于重新平衡要涉及买卖费用，所以重新平衡也不一定放在年初，可在某类品种偏离预定比例5%~10%后进行此调整。

例如，你决定分别把50%、35%和15%的资金各自买进股票基金、债券基金和货币市场基金，当股市大涨时，假定股票增值后投资比例上升了20%，你便可以卖掉20%的股票基金，使股票基金的投资仍维持50%不变，或者追加投资买进债券基金和货币市场基金，使它们的投资比例也各自上升20%，从而保持你原有的投资比例。如果股票基金下跌，你就可以购进一定比例的股票基金或卖掉部分等比例的债券基金和货币市场基金，恢复原有的投资比例。

二是“生命周期调整”，即根据年龄增长情况将动态调整组合中各种基金的配置比例，投资者越年轻，越应更多地考虑收益性，随着年龄的增长，风险承受能力的降低，应该把重心逐渐转移到安全性和流动性，也就是应该逐步增加债券型基金等稳定性和流动性好的基金，而减少激进积极的股票型基金。

一般人的财务生命周期分为四个阶段：第一个阶段是个人工作生涯中前期的积累阶段。这个阶段需要累积资产，通常在这一阶段内，净资产值较小，因为所承担的各项贷款可能比较重。由于具有较长的投资期限，以及不断增长的盈利能力，所以处于累积阶段的人们通常进行较高风险的投资，以期获得高于平均水平的收益率。第二个阶段是巩固阶段，此时人们通常已过了工作生涯的中点，此时，人们的收入一般大于支出，超额收入部分就可以用于投资，但是这时候人们一般更加关注资本保值，而不想承担太大的风险，以防遭受损失。第三个阶段通常始于个人退休，是花费阶段。在此阶段，生活费用来自社会保障收入和先前的投资收入。此时，人们更加倾向于为资产寻求更好的保护。第四个阶段是遗产捐赠阶段，过剩的资产可以用来资助亲戚和朋友，此时，避税是主要目的。退休金的积累阶段主要是第一和第二阶段，投资风险也应逐步降低。由此，作为投资者要结合自身年龄阶段的投资特点，适当定期做出调整，这事实上是在改变投资目标和策略的前提下，进行核心组合和非核心组合的配置变动。

三是基金品种的调整，即对核心组合或非核心组合中的个别基金品种进行重新调整。它既可以是资产比例的平衡调整，也可以与生命周期调整结合起来。一般来讲，基金的申购赎回费率比较高，频繁的调整将吞噬很大一块收益，应该本着长期投资的理念来进行基金组合投资。因此，除非相关基金公司发生了难以逆转的重大变化，否则就不必急于调整基金品种。一旦决定转换基金品种，在同等情况下，应该优先选择伞形基金下的转换。因为其一，伞形基金转换所需的申购费优惠，有的基金甚至免费转换，比如景顺长城系列基金等；其二，伞形基金转换只需两个工作日，比一般的交易程序节省了 3 天的在途时间。

夏丽是北京某大学的在读大学生。她给人们讲述了自己 5 年来的基金投资故事：

我的基金生涯最早可以追溯到我读高三的时候，就是 2002 年。那时候我手里有卖参考书赚到的第一笔钱，加上新年的压岁钱，林林总总觉得是好大一笔钱，怎么办呢？我准备到建设银行办理活期存款，当年的利率非常低。在建行正好赶上融通新蓝筹的基金正在认购期。基金是什么东西？我不知道，但在我的小小心灵里，它和股票有点相似，应该和大盘沾点边，投资回报应该好过银行利息。于是我当下就把全部的钱买了基金。

那个时候股市不像现在涨得这么疯狂，可以说 2002 年是股市的寒冬。但是，一年后也就是 2003 年我卖出手中的基金时，我的资金已经增长了 10% 左右。感觉真好，相比2%的利率实在是好很多，很是满足的！正是那个时候的小小成功，才开发了我的投资头脑！

在我的带动下，妈妈购买了博时的第一只基金。妈妈是属于那种做短期投资的基民，我不断灌输她基金长期持有才能获得最大收益的思想，可是收效甚微。这就直接导致牛市来临后，妈妈错过了收获的时节。当然，这是后话。妈妈的博时基金，当时真的不错，好过我的融通新蓝筹，妈妈在市值1.2元左右卖出了，收获颇丰。之后购买了当时在认购期的其他基金。

到了2004至2005年，基金的表现就不是很好了，这跟大盘有直接关系，不过我还是认为基金的表现好过股市，它的抗压能力比较强。而且基金经理人都是比较专业的投资专家，要比我们单打独斗强多了。20/80定律我是绝对相信的。时代进步，理财当然要找专业的团队了。

重返基市，就到我大三的时候了，也就是2006年夏天。其实在2006年上半年，股市就已经复苏。妈妈手里一直处于亏损的基金已经走出低谷，可惜妈妈沉不住气，只涨了0.2元就卖掉了，这之后基金就一路涨红，妈妈真的是后悔莫及呀，唉，谁让她不听我的呢。

重返基金。我看上了交银施罗德，这是一家交通银行和施罗德基金机构合作的基金公司，施罗德管理全英国的养老保险金的投资保值，我对这家机构比较看好。而且当时我购买交银稳健的时候，它的另一只基金交银精选已经有了不错的业绩。从2006年6月14日基金建立到现在已经增长超过70%，绝对出乎我的意料，简直是一块大金子砸在我头上。妈妈现在手上的基金也都是很不错的，像上投和华夏公司的基金。这次一定要让妈妈长持！

进入2007年，我投资的第一只基金就是宝盈策略增长，除了是在认购期这个重要原因外，我最看重它的赢利能力，2006年牛市中宝盈的两只基金收益都超过100%，尤其是红利收益，我比较看好这家公司。我相信新的一年会有新的收获。

在我的带动下，同宿舍的姐妹们个个跃跃欲试，我上铺的女孩已经买了银华刚刚拆分的一只基金，现在已经有了不错的收益。

我总结这几年投资基金的小小心得是：

1.投资基金，选择好的基金管理公司，就能保证投资收益；

2. 基金选择长持，尽量不做短期，这样才不会错过涨势；

3. 分散投资，宜选择多只基金，分散风险；

4. 不要像盯股票一样天天盯着基金，这样你会轻松很多。

专家点金

作为投资者要结合自身年龄阶段的投资特点，适当定期做出调整，这事实上是在改变投资目标和策略的前提下，进行核心组合和非核心组合的配置变动。但是一般来讲，基金的申购赎回费率比较高，频繁的调整将吞噬很大一块收益，应该本着长期投资的理念来进行基金组合投资。

高收入单身的理财规划方案

36岁的高先生属于收入较高的中产阶层。他的老家在湖北，两年前他来到北京，在一家通信公司任销售主管，年收入22万元，但每月基本无储蓄，银行也没有存款。高先生身体健康，无任何保险，父亲已经去世，母亲与其同住，暂无女朋友，无经济负担。

高先生在老家有一套三室一厅的住房，总价值120万元，现月供5000元，至2008年付清;还有一套40平方米一室一厅单元房，价值15万元左右，房款已付清，由于对大约1000元的月租收益不看好，暂时空置；1辆旧车，价值3万元;1辆新车，买入价格20万元，月供3000元，还有一年可还清贷款;养车及其他相关费用每月1500元。

在工作之余，高先生开了一家玻璃器皿店，投资额5万元，目前亏损，预计6个月内不会有好转。此外，他无其他投资项目，从未进行过证券投资。高先生和母亲一起住租房，为了不委屈母亲，租房条件相对较好，每月支付2000元房租。

【专家支招】

1.一定要买保险

高先生有新房和新车的债务，就得为其履行义务。按理说，高先生年收入22万元，属于收入较高的中产阶层，应该过着比较滋润的生活，但他刚性支出太大，新房贷款本息支出、旧车使用的费用支出、新车贷款本息支出、房租支出等每年就15万元。剩下的钱，即使包括空置旧房出租收入在内也并不多。至于风险投资，目前高先生的条件尚不具备，且与他的理财目标相悖。高先生在目前阶段还是保守型投资为好。鉴于高先生的年龄、健康状况和目前的经济状况，医疗保险和养老保险应该纳入规划了。

2.理财要组合

第一，日常生活开支，年安排2.4万元。高先生的年龄已经不算小，可以开始考虑交女朋友。但豪华爱情对于目前阶段的高先生来说并不合适，高先生在交友时，应开诚布公地告知对方自己目前的状况以及承担的经济义务，以让对方有一定的心理准备。

第二，紧急备用金年安排1万元，以3.5万元作为常数。万一遇到紧急情况发生，如交友、结婚、生子等情况，以3.5万元作为常数应对贷款，即使处于升息周期，也可应对自如。

第三，旧车使用的费用支出、维修护理成本肯定要高过新车，高先生可以卖掉旧车，并用卖旧车的收入提前还新车贷款，降低月供。

第四，意外保障，购买国寿人身意外伤害综合保险，高先生做销售主管，外出几率高，必要的风险防范和转嫁准备还得有。每年花560元，即可获得20万元的意外伤害保障和2万元的人身意外伤害医疗保障。

第五，国债或人民币理财产品投资，从目前情况看，高先生最为紧迫的是解决住房和换新车两个问题，以重归往日富足的生活。要按部就班地实现这两个计划，靠风险投资恐怕不行。风险投资在某个时点上既有可能赚个钵满罐盈，也有可能亏得惨不忍睹。这样的投资不适应于目标性很强的计划。因此，高先生的余钱只能在保本有息的前提下，选择收益率相对较高的投资工具。

第六，空置旧房出租，年收入22万元的人在有钱的时候，可能把每月区区的1000元钱不当回事。但从理财的角度看，这就是一种资源的浪费。高先生债务沉重，刚性支出压力较大，因此应将空置的旧房出租。一年房租收入1.2万元，占据可自由支配收入的1/5。

第七，高先生的玻璃器皿店目前处于亏损状态，并且预计未来的半年内不会好转。对此，高先生应对此项投资重新进行考察分析和评估。评估的内容包括：玻璃器皿在现代家庭消费中是否时尚和流行；商品的价格、品位是否能够吸引消费者；消费群体都是哪些人；店铺附近是否聚集着消费群体等。对高先生而言，经营店铺的关键是考察它的发展前景。如果通过考察发现这种经营和投资具有市场，目前的亏损是由于店铺品牌的打造需要一个逐步积累的过程，那它是一个先苦后甜的事业，高先生可以坚持下去，甚至不惜追加一些投资。但如果说这种经营和投资没有市场，前景暗淡，那么，高先生就应当机立断、快刀斩乱麻，将投资的损失和风险控制到最低限度。

陈小姐是一家食品公司的主管，每个月月薪可达到5000元，有时如果业绩出色的话，甚至可以有近万元的月收入。28岁的陈小姐目前单身，现无房产，租住一套两室一厅的房子。她的支出状况是这样的：日常生活开销每月1500元，每月交房租1000元，每月交际费用1000元。陈小姐的理财目标是计划在5年内购买一套两居室的房子，谈恋爱并结婚。

对于陈小姐这种收支状况，理财专家认为：陈小姐的个人经济状况属中等收入群体；从支出来看，她也属于中等消费群体。虽然每月收入有5000元，但除去各种开销后仅剩余1500元。虽然她和父母的生活都有基本保障，暂无后顾之忧，但考虑到5年内要买房、结婚，其后可能还会面临抚养子女等问题，届时家庭固定支出将会大幅上升。

【专家支招】

陈小姐若想顺利实现置业、成家的规划，专家建议她从以下几个方面着手：

1.积极储蓄

在不影响生活质量的前提下，试着提高每月的储蓄比例，至少要保证将收入的40％存下来，即每月积攒2000元，将生活开支尽量控制在3000元以内。

2.构建基金投资组合

陈小姐的风险承受能力较强，不妨投资一些风险型基金。结合目前此类基金的表现，建议将70％的资金投资于股票型基金，30％投资于债券型基金。具体说来，可将目前积攒的钱投资股票型基金。今后每月1500元的收入投资货币市场基金，然后再定期按比例转为股票型基金，以提高收益。

3.买过渡房置业

陈小姐月收入5000元以上，无论是购买商品房还是购买二手房，经济上应该都能承受。在购房时，建议选择梯级置业的方式，先购买一套二手房作为过渡。这样一来，不仅可解决住房问题，重要的是还可以为今后继续投资预留一定空间，等经济状况好转之后，再购买新房、大房。另外，在买房时一定要考虑到房产的升值潜力，以备将来“以旧换新”或“租旧养新”之用。综合来说，最好选择位于商业区附近或学校周边的房产，这些地段的房产一般都好租好卖，且升值潜力较大。

对于月收入5000～7000元的上班族来说，应该这样来理财：

1.保险理财

首先应该考虑为自己购买一份医疗保险，从而有效降低自己给家庭带来的潜在经济风险。因为任何人都无法避免健康方面的风险，早些给自己购买健康保险，可以缓解重大疾病对家庭的经济压力。

2.活期账户理财

每月定时以一定金额的整数倍从工资卡活期账户划转到定期存款账户中，使得账户始终保持较高的利息收入水平。

3.人民币金融资产理财

第一步，30%用于个人存款；第二步，购买30%的凭证式国债，因为该产品比相同期限定期储蓄存款利率高，收益免税，是稳健型理财的首选投资品种；第三步，再将剩余的钱购买开放式基金。

4.预留出应急资金

手边留一部分钱作为应急资金，以应付突发事件。

5.将全年的旅游费用控制在1万元以内

具体途径有两条：一是减少出游次数；二是适当改变出游方式，比如从豪华游变为经济游、由参加旅游团变为自助游等。这样除了省钱外，还能获得不一样的旅游乐趣。

此外，还有其他的一些理财小常识：

1.面临节假日时，提前将闲置的活期存款转存通知存款或购买货币市场基金。

在节前的一周左右，查看一下自己的银行存款状况，除留出假日期间可能要支出的部分之外，将闲置的活期存款转存1天或7天通知存款，也可购买货币市场基金，来提高假日期间的资金收益率。

2.安排好投资。

投资流动性要好，谨慎选择股票型基金。

3.购物用卡较划算。

现在银行的信用卡基本上都免年费，还有20～50天的免息还款期。买大件商品，如空调，可以用信用卡以50天内还钱的方式消费。自己的钱在基金里面每个月分红，先借用银行的资金，长期下去还是很合算的。

月收入5000～7000元的人，购房前应遵循以下两大步骤：

1.为避免“买房增加生活负担”这一风险，购房前，先对自家的财产作周密细致的评估，根据自己的经济能力找出相应的地段和楼盘，要比找完房子再算价钱明智得多。

2.看购房后的家庭收支状况。在计算家庭收入时应侧重固定可靠的来源，如工资、银行存款利息、债券利息等；家庭支出包括每月的月供、物业管理费、水电煤气电话费、正常生活开支、娱乐教育费用等。据专家测算，如果购房还贷支出只占到家庭总收入的30%以下，应该是安全的；如果收入预期增长前景比较看好，也可以适当提高比例。

专家点金

在大中型城市里，月收入5000～7000元者，就需要更好地打理自己的财产。你不理财，财不理你。如果对自己的财产不闻不问，任其自然，那么尽管你的月薪不少，你也不会在有朝一日成为大富翁。要想成为大富翁，首先要学会理财。

工薪阶层理出创业资本的方案

许多人会冒着风险走上创业之路。但创业需要资本，没有资金作为基础，一切无从谈起。那么，如果创业资本只有5万~10万元的话，有什么创业方案可供选择呢？

季良攒够了5万元后就琢磨自己创业了。可是5万元能开什么样的店呢？季良想，自己资金不多，如果不能充分利用将造成浪费，就会影响效益，如果因计划不周出现超支，也会面临很多危机。最后，他决定按5万元左右的投入去寻找项目。经过筛选，他选出了五个最有潜力最保险可靠的项目。

季良选的项目都是连锁加盟形式的。季良想：个人创业，人力资源、资金资源、管理水平都很有限，一切都要自己去做确实很不切合实际，比如经营管理、市场拓展等对于一个初次创业的人来说，做起来的确困难。连锁店一般总部都有一套完善的经营方案，复制起来就容易多了。当然，目前连锁业里大的要十万八万加盟费，小的也要一两万加盟费，加盟费高的对于自己肯定不合适，因为自己没有多余的钱，不要加盟费的项目大多数都是过时或者超前的，过时的失去了往日的辉煌，超前的市场启动需要很长时间，都是不可取的，所以选择项目的确很费脑筋。要在不要加盟费的项目里选择好的适合自己做的项目，就靠平时积累的经验和敏锐的市场观察能力了。

季良分别与五个项目的总部或供货商通过电话，索取详细资料并对它们进行全面考察评分，然后从中选出两个项目，直接到其总部进行考察。结果一家确实和广告中所说的一样，尽管没有另外一家诱人，但季良觉得安全，况且总部不是皮包公司，有实体。于是他决定了做这个品牌。

项目选好后，季良进行实地考察，他要求总部工作人员陪同，考察了附近几家已经在经营的连锁店，这样对整体模式有了充分的认识，然后把总部制定的价格、政策及产品知识进行了一次全面系统的学习。这时他没有直接签约，而是先回来作当地市场调查。

全面调查后，季良不再犹豫，开始选择店面。选择商业次街房租虽然比较低，但人流量太少，不利于发展；在商业主街上选房则房租太高，虽然人流量大，但因为商品本身的特殊性，在人太多的地方反而不太好卖。所以他选择在一个次街上开店。虽然是次街，但紧靠市里最大的宾馆，街上全部是休闲场所，人流量也有，房租也低。之后，季良一面按总部要求装修店面，一面办理营业执照等事务，同时认真进行第一次配货。

一星期后，万事俱备，季良的店面正式开张。他重点突出品牌，并开展一个月优惠让利活动，同时发展VIP会员，效果出人意料，发展形势非常好。季良又趁热打铁，在顾客群里发展了很多业务员，把产品推向宾馆、大型休闲场所、药店、超市，很快该店就成了总部业绩最好的专卖店，受到了总部的奖励。

5~10万元的创业资金或许很少，但只要能够选准创业项目，把握好经营方法，具备创业者应有的心态，仍旧可以以小搏大。

【专家支招】

5～10万元的新型创业方案有以下几种，仅供参考：

1.宠物标本制作店

为了满足那些想把宠物长久留在身边的人的愿望，开设一家专门制作宠物标本的工作室也可以赚取不少的利润。

2.仿真娃娃玩偶店

仿真娃娃玩偶是仿造“小主人”的样子制作的，具有以下特点：一是构思独特，能让孩子与仿真的玩偶一同进入孩子的乐园；二是形象逼真可人，因为玩偶是依照孩子本人的外貌特征制作的；三是紧跟潮流，每年推出国际流行潮流的服饰、玩具、饰物用品与孩子共享。它的主要消费对象为1～14岁的儿童。

3.咖啡艺廊

将“艺术”引进咖啡店中，让游客、商务人士及一般民众在喝咖啡的同时感受艺术的魅力。

4.“布波”精品店

“布波”族是继嬉皮、雅皮之后，现代城市最时髦的一群。他们具备高学历、高收入，是现代新经济社会的精英分子，但在休闲和精神生活方面向往自由超脱的“消费享乐”。

5.整体造型店

所谓“整体造型店”，是打破传统“买服装到服装店、剪发到美容院”的一种概念，做法引自欧美。具体地讲，这种新主张就是将美容、美发与服饰的选购放在同一个店内，让顾客在护肤、做发型的同时，一并作好服装搭配与整体装扮。

6.婚礼支持服务公司

婚礼支持服务公司“代办”与结婚相关的一切事宜：家族间的意见沟通、婚礼会场的预订、礼服租赁及蜜月规划等等。除了对年轻新人不了解的礼俗、仪式及硬件的场地、礼服等提供协助外，考虑到新人的紧张心情，也提供新人心理上的咨询与支持，让新人能以快乐、放松的心情，迎接人生的重要时刻。

怎样发现创业机会？

1.从环境变化中找机会。环境的变化，会给各行各业带来良机，人们通过这些变化，就会发现新的创业机会。

2.从“低科技”中把握机会。随着科技的发展，开发高科技领域是时下热门的课题，但是，机会并不只属于“高科技领域”。在运输、金融、保健、饮食、流通这些所谓的“低科技领域”也有机会，关键在于开发。

3.集中盯住某些顾客的需要就会有机会。如果我们时常关注某些人的日常生活和工作，就会从中发现某些机会。

4.追求“负面”也会找到机会。所谓追求“负面”就是着眼于那些大家“苦恼的事”和“困扰的事”。人们总是迫切希望解决一些问题，如果能提供解决的办法，实际上也能找到机会。

对大多数刚进入社会的年轻人而言，开始有了固定的收入，在短时间内最重要的目标就是要自给自足。刚踏入社会时，总是觉得“手中资金有限，生活目标无限”，常会发出人生蹉跎的感叹。

其实，对于社会新人来说，收入的多少自然是一方面的因素，但收入的高低并不是影响未来发展的决定性因素，只有养成储蓄的习惯，避免不必要的浪费，才能更主动地把握住手中有限的资金。应该说，如何处置自己未来的资产才是关键的要务。

大学毕业的社会新人在投资方面常出现两个极端：

一是保守者。为了预备可能出现的“突发状况”，这类社会新人往往选择把钱存在银行里。虽然这是最稳妥的一种投资方式，但投资效率偏低。

二是喜冒风险者。这一类社会新人喜欢高风险的理财生活方式，比如期货、房产等，一见到高收益的投资项目就心痒痒，预期收益虽然很高，但风险也不可小视，一旦投资失败，就会沦为负债一族。

一般来说，目前大学毕业生的月薪收入集中在2000~4000元之间，低于2000元和高于4000元的相对较少。每月的交通费用、饮食费用和电信费用合计约为五六百元，稍高的也不超过千元。如不计租房费用，一般每月手头可以掌控的资金约有1500~3500元。工作一年下来，手头可以动用的资金大概在2~4万元。剔除个人消费因素，总体而言一年工作下来，手头一般都有1.5万元以上的资产。但毕业刚刚两年的赵果却有近10万元的资产，不禁让她的很多姐妹羡慕不已。大家纷纷猜测，既然赵果的工资收入不比其他人高，那么她是怎么攒下那么多钱的呢?

其实，赵果提前成为10万元新人全是靠她精明的理财之道。由于是学财经专业的缘故，赵果很早就对证券投资产生了浓厚的兴趣。与很多大学就开始炒股的同学不同，赵果不喜欢那种高风险低效率的投资方式，而是认真研究课本上所讲的套利理论。

毕业后，赵果很快就找到了学以致用的方法。首先，她办理了两张信用卡，第一个月发工资，她就把钱全部购买货币市场基金，而日常消费使用第一张信用卡额度。第二个月的工资发下来后就直接去申购股票型基金，日常消费使用第二张信用卡额度。到第三个月时，第一张信用卡的免息期已到，就将购买的货币市场基金赎回还清信用卡的透支额，然后继续使用这张卡应付第三个月的支出，第三个月的工资可以用于购买货币市场基金或者股票型基金。而当第四个月到来时，第二张信用卡额度的免息期已到，用第四个月的工资还清欠款后，继续使用其支付第四个月的消费。这样，赵果在4个月的时间内只使用了2个月的工资，其余的2个月工资全部用于投资，资金使用效率提高了一倍，即相当于工资增加了一倍。以每月4000元工资计算，每年至少可以积累3万元以上的资产，再加上每年的投资收益，很快就挣到了人生中的第一个10万元。

虽然赵果购买货币市场基金的方法有些复杂，不适于全面推广，但对于刚刚工作的年轻人来说，存下薪水的10%或更大比例用来投资基金，相对不是很难的事情。特别对于年轻人，购买并长期持有一定数量的开放式基金，一般情况下不仅能够获得专业证券理财所带来的高于银行和国债利息的分红，而且可以有效回避股市较大的风险。如果掌握赵果的循环信贷技巧，那么想获得更高的收益也不是难事。

专家点金

让资本流动起来最好的方法就是创业。创业的路虽然很艰难，但做好一份产业的话，收益也是相当可观的，而且让人很有成就感。5万～10万元的创业资金或许很少，但只要能够选准创业项目，把握好经营方法，具备创业者应有的心态，仍旧可以以小搏大。

教你做好创业前期理财规划

创业理财摆正心态。创业理财，就是有计划地管理创业过程中的财富，其方程式为:创业理财 = 财务计划 + 财务管理 + 风险控管 + 投资 + 聪明消费 + 节税。创业的制胜要点是摆正创业理财的心态。正所谓会理财，才会创业。

许多人在创业之初，最关注如何寻找一个好的创业项目，如何去开拓自己的市场以及如何获得最大收益。这些确实是必需的，但如果想获得成功，还有一个更为紧要的能力必须兼顾，那就是拥有一个正确的理财心态。对个人而言，若理财态度不对，即使有最好的方法，也是徒劳无功。而对于创业者来说，理财态度不对，可能直接导致其创业项目的全军覆没。

许多人每天起早贪黑、辛辛苦苦地赚钱，钱到了手上，就当完成了使命，这种心态正如与钱过不去一般。我们先不说那些“月光族”的与“钱”为敌，就是很多知道需要存钱、尝试着用于投资的人，也常有跟“钱”过不去的情况。

创业理财靠智慧。创业者只有在具备良好的理财心态后，才能使自己的理财活动有效地实施下去，并给企业带来利益。我们来看看创业者应具备怎样的理财心态。

1.将我们储蓄以后剩下的钱花掉，而非将花完以后剩下的钱存起来

这是一个非常浅显的道理，不懂得存钱的人根本谈不上致富。当我们的企业赚到1万元时，首先要做的就是将其中的10%存起来，以防不时之需。而非100%地花掉，进行再投资。

2.成功的投资者常常是有反市场心理的人

当年王传福开始做比亚迪，别人都积极准备引进生产线扩大规模，用整套的机器来代替人力，他反其道而行之，用大量人力来代替机器，只在不得不用机器的环节才使用一定的机器。因为王传福知道，中国作为一个劳动力供应大国，工人的人力成本大大低于购买成套机器设备的成本。用人力代替机器，虽然使比亚迪的工厂显得不那么现代化，却将比亚迪的生产成本大大降了下来，其生产成本低于竞争对手日本40%。凭借着巨大的价格优势，比亚迪横扫世界市场，也在短短数年之内，积累了巨额财富，进入了《福布斯》中国富豪榜。

3.会赚钱又会花钱的人同时享受着两种快乐

会赚钱算不上什么，会花钱才是理财的精髓之所在。比尔·盖茨曾与朋友同车前往希尔顿饭店开会，由于到得晚，他们半天没找到车位。于是朋友建议将车停到饭店的贵宾车位。这要花12美元，比尔·盖茨说什么也不同意。他的朋友来付钱也不被他许可。因为盖茨坚持认定他们超值收费。汽车最终停到一个很远的地方，因为停车费很便宜。究竟什么原因使世界首富不愿多花几美元钱将车停在贵宾车位?其实很简单，他作为一个天才的商人，深深懂得花钱必须如同炒菜放盐般恰到好处。盐少了，淡而无味;盐多了，苦涩难咽。即使只是很少的几元钱甚而几分钱都是要珍惜的，争取让每一分钱发挥效益。只有当一个人用好了他的每一分钱，才能轻易做到事业有成，生活幸福。

4.人可一夜暴富，但长期保持财富，却时刻须关注理财

理财的关键就在于坚持和连贯，时刻关注我们每1分钱的去向，才有助于保持财富。杨澜起家于央视的《正大综艺》，90年代初曾经红遍全国，单是主持各种晚会、颁奖礼，就给她带来了不菲的收入。但杨澜的消费观念却很让人吃惊。出国前，杨澜的置装费都少得出奇。杨澜如此节省自然有自己的理由，在她最红的时候，她将积累下的“投资”自己的资金，带到国外留学。如今，杨澜已经身价过亿万，但在日常生活

中，她仍然坚持把柴米油盐等开支详尽记录下来，以身作则教育子女养成勤俭节约的好习惯。

5.愚蠢者自己交费学习投资，聪明者让傻瓜交费自己投资

梁伯强一直想做指甲钳，却在国内找不到过硬的技术，后来他发现韩国人在这方面不错，技术非常好。可是韩国那家企业非常抠门，对技术的看管异常严格。为了从韩国人那里偷师学艺，梁伯强想了个“曲线救国”的方法。他首先想办法成为韩国企业的代理商，为其在国内批发销售指甲钳。如此一番后既建立了自己的销售网络，又取得了韩国人的信任。在取得韩国人的信任后，梁伯强便不断找借口，说韩国人的货质量不过关，产品老崩口，三天两头跑去论说。为了证明自己的产品质量过关，韩国人一怒之下，将产品的生产材料以及工艺流程都告诉了他。梁伯强大喜过望，没过多久，“非常小器·圣雅伦”便呼啸出山了。

6.理财之道犹如滚雪球，不停滚动带来丰厚利润

富豪陈金义当年有这么一番经历。他没有发迹前，曾有机会建一个蜂蜜加工厂。当时建一个蜂蜜加工厂需要30万元，但陈金义手头仅有3万元。于是他先将这3万元存入银行，随后利用3万元存款做抵押，从银行贷出6万，又以6万元的存款做抵押，贷出12万，如此循环，直到贷出办工厂所需的30万元。陈金义的事业由此逐渐走上正轨。在归结理财能力时，出奇制胜是一个很重要的要素。

摆正理财的心态，要想进而达到创业理想，我们还需要牢记如下四个方面：

1.有效地增加财富

有效地增加财富，最根本的要素是要努力开源。譬如去谋取一份更高收益的投资项目、寻找在我们能力范围内的其他投资渠道，找寻良好的创业项目、有效利用手中的资金进行投资等。

2.聪明的消费

对创业者来说，累积财富的另一途径在于节流。锻炼我们的协调能力来安排消费计划、合理降低支出(利用折价券、一次购足、使用替代品等方式)，控制非理性消费及过多欲望，以减少不必要的支出。其实，节流能充分调动人的智慧，在节流中，我们的创业理财能力将得到巨大的提高。

3.安全规避财务风险

保险规划和风险规避措施是创业成功的重要因素。完善保险计划，对创业者来说

尤其重要，可以让我们在遭受意外伤害时，其余家庭成员仍能过正常生活，我们必须通过事先防范的措施，减轻个人或企业在意外中受到的损失。

4.合法节税，勿逃税

在现代社会，国家为了公共建设以及均富，要求个人对社会分摊责任而缴税。而由于实际征税可能会有一些不合理的现象，因而产生了节税的需求，我们可以通过经验与对法律知识的研究，合法减少不必要的税务支出。但千万不可狂妄地逃税，逃税对企业信誉以及个人的声誉的毁坏是巨大的，往往造成得不偿失的结果。

仔细分析成功创业者的经历，我们不难发现他们的一个理财共同点，他们对自己的资金有着极强的控制能力，而这种能力的产生正来自于他们本身具备的良好理财能力，并将这种理财能力准确无误地应用到企业理财的活动中。

我们是否已具备积累创业资金的能力?是否能不让自己在创业项目的细节问题中迷失方向?决定创业时，我们常常由于忽视大的金融问题而在投资时犯错，有苦难言。创业者普遍遇到的难题并非没有解决之道，最行之有效的解决方法就是在实践中不断完善自己的创业理财能力。

每一个步入社会的人都渴望拥有一份自己的事业，不少人将自己的职业当成事业用心经营，也有人愿意自己创业打下属于自己的王国，那么，我们在准备创业前，应该做怎样的前期规划呢?

1.确定自己想干什么

确定自己想干什么就是确定自己的创业方向，不知道自己想去哪里，那将哪儿也去不了，同样不知道自己想干什么，就什么也干不了。需要注意的是，我们在确定自己想干什么之前，一定要对自己的能力进行切实的评估，预测自己要去的地方或者要干的事情是否在自己的能力范围之内。只有先认清自己，才能对自己的事业进行正确的选择，树立明确的事业目标，从而制订切实可行的发展计划。确定自己想干什么，其实也就是找到自己的兴趣所在，所谓兴趣是最好的老师，我们找到能够点燃自己激情的事业，方可全力以赴，发挥自己的最大潜力，达成目的。

2.知道自己适合干什么

我们在选择事业的时候，明确了自己的兴趣之后，还要看看自己究竟适合干什么。有时候我们最愿意做的事情并不是最适合我们自身条件的。与自己的特点吻合的事业才是真正适合自己的事业。俗话说“性格决定命运”，我们要确定自己究竟适合做什么事情，首先要对自己的个性有一个明确的了解。性格比能力重要，因为能力是可以通过一些途径在一定时期内得到提高的，但是性格是长期的习惯与行为，是很难突然改变的。譬如，一个很内向、容易害羞的人就不适宜选择销售类的工作；而性格开朗的人，可能容易成为不错的销售人才。当然，自己所学的专业或自己的某项特长以及自己的资金充足与否，也是确定自己是否适合某个事业的关键因素，我们最好在自己熟悉的领域里寻找创业的机会。

3．明确社会需要什么

我们的事业最终是要面向社会取得收益或成就，因此我们在考虑了自己的内在因素之后，一定要明确这个社会到底需要什么。所谓内外因结合共同推动事物的发展，因此社会的需求和未来的发展前景对创业规划有着至关重要的影响。假如我们选择了自己想做又适合做的事业，但是社会没有需求或者供大于求，成功的道路将布满荆棘和坎坷。衡量社会的需求以及发展前景是一件颇为困难的事情，因为社会的发展受到很多因素的综合影响，其变化具有不确定性，因此我们在选择事业时，一定要综合权衡、统筹考虑，力争做到择己所爱，扬己之长，同时又能满足社会需求。

专家点金

万事开头难，对于创业者来说，拥有足够的自知、自制、自治是起步的首要条件，制定了科学合理的创业规划，我们可以开发自己的潜能，发挥好个人专长，不断修正前进方向，最终获得事业的成功。

附：北京电视台《天天理财》栏目专题之一
——奔三的80后，月光还有理

“三十而立”的80后们，可能正处于薪酬不高、有车无房、无车有房、存款空空的尴尬境况，但这毫不影响他们崇尚奢侈品的热情，甚至表现出激增之势，虽然不富裕，但他们依旧高调地奢侈着。他们工资可能不高，但却不能没有追求，80后虽贵为“月光一族”，脸上的妆容、身上的行头，却有可能来自赫赫有名的奢侈品，香奈尔和迪奥的护肤品、贝玲妃的彩妆、Y－3的服饰、卡地亚的高级手表……当他们聚在一起时，就会讨论潮流前线的高端品，“迪奥又出了新香水”、“GUCCI出了新包，超好看”、“卡地亚的三色戒真经典”……毫不厌倦。

现在奔三的80后，有多少人还在月光?

王小姐是做环保工作，月薪两千全花了，还觉得不够。

其实有时候她们也想节省一点，但是现在工资实在太低了，没办法节约呀!

王小姐诉苦说，我上班在五道口附近，可是五道口附近的房子太贵了，只能租远一点的天通苑，早上6点多就得起床。真愿意现在努力工作，希望薪水能稍微涨一涨。

马小姐是一位女记者，她说她月光不起，因为她还有房子贷款要还。

现在奔三的80后，工作多年，他们为什么总存不下钱?曾经有多少人是传说中的穷忙一族!他们挣的少，花钱的地方比较多，北京的消费水平不低呀，吃顿饭很贵。日常支出、人情往来、穿衣打扮，他们的钱都花在这上面了，哪里还能积攒钱呀!奔三的80后呀!他们在拼搏、他们在努力，想要摆脱“月光”，不容易。

那么，80后有多少人有存款呢?谈不上养家糊口的负担，工作几年手头总要有些积蓄吧!奔三的80后已经逐渐成了社会上的生力军了，为什么却攒不了钱呢?他们可不同于上一代人呀，虽然没有上有老下有小的压力，但是工作多年，就是存不了钱，许多年轻人还在月光的大军中徘徊!那他们的钱都花在哪了呢?是不是他们都太败家了呢?

让我们一起看看吧。

一位女中学老师，参加工作六七年了。

“是月光吗?”

“不是，一个月花费三四千。”

“一直就说给孩子攒点钱什么的。但是一看见好东西还是管不住自己，结果总是想买。”

另外一位博物馆讲解员，参加工作四年了。

“也是月光?手里有一点存款吗?”

“两千。全花了，还不够啊!”

那么一个月辛辛苦苦挣的工资都哪里去啦?

“就是买衣服、吃饭这些。”

“我也想存呀，但是我就是存不下来。”

“因为我挣的少，花钱的地方比较多，所以每个月几乎就没有富余的钱。”

北京电视台记者还分别在商场、电影院、CBD和社区有针对性地采访了40位上班族，不同的行业、不同的工作，当然他们手中的存款各不相同，调查显示有存款的人占40%（1至3万存款最多，占37%）没有存款的占60%也就是说超过一半工作几年都没存下钱，我们大家不禁要问，辛苦几年你的钱都花哪了呢?

记者还在40位月光族中调查了解到:收入与支出持平的月光族，占到月光总数的60%。另外30%月光的理由是把钱花在了自己的兴趣爱好上。剩下10%月光的理由是没有压力，一人吃饱全家不饿型。

刚毕业的小李在一家公司财务部实习。她说:“我觉得挺正常的，现在一般就是刚毕业，不花家里的钱了，但是自己的钱也开得不是很多，我觉得太正常了，现在的钱太不扛花了。”一个外省来京的小女孩在外企做文员，家里条件不是很好，来北京挺不容易的，就一直很努力。她说:“我犒劳自己的方式就是吃顿好的，就是每个星期的周六周日时吃顿好的。花七八十块钱吧。”她把工资一点点地攒起来，挺不容易的，就是想给妈妈在老家买个房子。

马小姐的月薪就刚好够她自己花的。马小姐毕业一年多，是一家广告公司的职员。马小姐的账本支出是这样的:吃穿用1500元占收入60%;人情交往500元占收入20%;其他开销500元占收入20%。看着挺风光的工作，可这一年多的薪水到头来分文不剩，是传说中的穷忙一族!谁都想攒钱，而对于马小姐来说，攒钱的意义并不大。“比如一个月攒500块钱，一年就是6千，哪怕再多点也到不了1万，在北京来说1万能干得了什么呢，1平方米的房子还两万多呢。所以我觉得这1万块钱干不了什么。”

永远不知道自己的钱花到哪儿去了。其实没买什么、其实没吃什么，但钱就是不见了。这就是80后普遍的心理，钱比父母们挣的多了，工资也高了，可是花钱的地儿也多了。日常开支、房租水电、吃穿用，这都是看得见的开销，人情交往、请客应酬，交朋友嘛，包装打扮，面子工程，一个名牌包仿佛就能代表你收入的高低，不管挣多挣少，身在职场，谁都逃不了。总之现在奔三的80后，有多少人不是月光呢！

80后对于自己月光的现实，表示出“自己”有理！

80后有这样一群人：没有富裕的家庭，又没有很高的工资，别人有的是背景，他们只有背影，但是他们在奋斗……

让我们来算一笔账，在北京不算房租，基本开销在2000多元左右。也就是说你要是月薪在这上下，不月光很难！说“80后”心宽也好，没规划也好，作为女人年轻就应该对自己好一点。

其实也不是不想省，是根本省不下，因为我们觉得女人买化妆品、新衣服都是必要的。现在在大中城市，不管是80后还是70后，这是必不可少的一部分消费。她们认为即使你攒了这部分钱以后再想去消费的话，可能那个时候花同样的钱你已经打扮不出来同样的效果了。何况每个月都会有同事结婚生小孩，有一些聚餐，都是人际正常交往，不能避免。而且时不时还会出来一个，也许不是你计划内的，但是你必须应付的支出。

从北京电视台记者的调查可以看出，收入与开销持平是80后月光族的主要原因。客观存在的！记者在调查中发现月收入3000至4000元的人占大多数。

在对北京、上海、广州三地调查中显示，月收入3000元以下，实在不值一提，刨掉交通、吃住、通讯等基本花销，几乎所剩无几。对于生活在这些城市的“80后”，生活压力相当明显。

调查显示：29.1%的“80后”是“月光族”——每月收入基本当月花光，是名副其实的“零存款一族”。

现在大部分人的观念是，钱是挣出来的不是攒出来的，我们可以看到以前、现在的成功人士，他们都是自己闯出来的，很少是省吃俭用出来的，都是奋斗出来的，这个观点对吗？

记者在调查中还发现一个问题，收入与开支平进平出的月光有60%，剩下的40%可就不是因为收入的原因了，让我们来看看她们为什么月光，她们的消费观对不对呢？

跟很多女孩一样，徐小姐把钱都花在自己身上了，逛街一出手就是狠招。像她这么能花钱的80后，着实让人开了眼了。您瞧这些香水、化妆品，商场的专柜可能也没这么全的现货。这些都是徐小姐的收藏。就这些化妆用品就得多少钱啊？春节前有朋友去香港，买了一瓶香水，是一样的，1000多块钱。这个盒子里面是同一款的不同毫升的包装，还都没拆封呢。化妆品的开销只是徐小姐花销的一小部分。原来她喜欢LV的包，只会买一个，不停地背，现在可能也是同一个品牌，但是她可能买两三个，去换着背了，用来搭配不同款式的衣服。能挣多少钱啊，敢这么花？徐小姐算是位有钱人啦。在一家房产公司上班，月薪一万五到两万左右，这还不算年终奖金和提成，她不用担心没钱花，所以她敢花钱。她还是觉得挣多少钱都不够花。她每月的油钱就要2000块钱，美容院一个月去两次，不过分吧，1000块钱买衣服，一件CK的T恤就要600多。徐小姐的账本是这样的：吃穿住行是大头，每个月基本要花费一万元左右，占收入60%，人情交往1000元，占收入6%，投资理财基本没有，其他开销要2000元，占收入12%。当有人问到她跟电影《购物狂》里的女主角会不会有相似的经历时，徐小姐说，自己跟购物狂差远了。她说，自己花多少钱心里有数，虽然消费高，但都是自己辛苦赚来的钱，绝不会为了买东西去办信用卡。但是说到她消费高时，她会有一大堆的理由。不过她当着家里老人面还是不敢暴露自己买的这么多奢侈品。她有的时候回家戴的那些高档钻饰，父母问她多少钱，她就会说价格很便宜。因为她是怕父母去唠叨，也不愿意跟他们争执。当问到你买东西时会砍价吗？她说会的，但是人家每次给她的优惠力度都不是很大。她说，如果我想去逛华威的时候我都会穿的很朴素，也不会去背这些名牌包，还不拿钱包，钱就直接揣在兜里，否则的话砍价一般是砍不下来的，或者让别人帮着砍。像徐小姐这样，每年有稳定且不错的收入，名下有房产。还没有养老人的负担，所以现在没有攒钱的理由，可能以后有了小孩，才会慢慢考虑到更现实的问题吧。

对于月光，大家是怎么看的呢？许多月光族的背后，并没有像徐小姐那样高薪的支撑。敢花钱，挣多少钱都能花个干净，是80后消费人群的一个特点。比起父辈们，80后更舍得为自己花钱。虽说花的都是自己的钱，不干别人的事，但是对于这样的月光族，许多人表示担心。父母就觉得现在的孩子花钱简直是没法说他们。他们也不管家长挣多少，他们就花。不过有些孩子也不是那样，但一多半都是花钱像流水似的。父母们觉得他们对自己不是很负责任，应该存一点钱。存钱买房子，以备应急之需。大家都觉得这是一种消费观念吧，如果是年轻人的话我觉得可以根据自己平时的生活习惯，追求时尚，我觉得这不奇怪，但可能很多人以后有了孩子、有了房子需求，还是要有些积蓄吧，消费观不一样，可以理解。

有的人觉得年轻人自己活得开心就好。他们压力不大，并且他们没有什么负担。比如说他们年轻，刚工作，像中年人就有压力，上有老下有小，他们年轻人毕竟还没有什么压力。不同意月光的人群只占20%，虽然人数比例不多，但反对月光的理由却要比理解者说的头头是道。

不仅是80后这样大手大脚地花钱，有些老板也挺能花钱的，而且还能说出他为什么特能花钱。一件衣服就要花10万块钱，还是只要有他能穿的号的，他就买！吃饭、买车全是最高档的，有一位公司老板说，他当时为什么这么能花钱，那是因为他有种报复消费的心理，他自己挣钱特别不容易，几个亿的单子跑下来了，一年几千万的工资给员工发着，几乎每天都要辛苦地陪人喝酒谈生意，十回有五回是被司机搀回家的。他就说了我不这么花钱，我就觉得冤，凭什么我挣那么多钱就睡一张床啊，就开一辆车啊，就穿普通的衣服啊。像他的这种消费属于报复性消费。这钱应该这么花吗？我心里总觉得这样消费是不对的。可能我的思想很传统，李嘉诚也是这么花钱吗？

可见现在人们的压力很大，花钱消费不再只是为了简单的日常开销了，花钱就是为了让自己高兴……可以看出压力有多大。

有的人就觉得挺难理解的。因为每个月都用光了，他会觉得以后的生活没有保障了。自己心里没有底，万一明天生病了呢。或者会有个什么突发事情需要。他们觉得年轻人应该有些积蓄，比如每月拿出收入的1／3存银行。他要有能力再挣回来就有理，没这能力还是悠着点花好。他们自己挣，花自己的，但是即便是花自己的我认为也要有一定的结余。也要有自己的计划，不能没有准备，一些很突然的事情你要怎么应对呢！因为80后接下来面临的问题就是结婚生子，眼下还面临着房价的问题。如果说自己要想独立，就要有自己的房子、结婚的费用，以后要面临的这些问题，谁来给你承担。

人身体有亚健康之说，财富也有亚健康，不管是什么原因造成的月光，都是属于财富亚健康的人群了。表现为每月工资消费殆尽，毫无理财意识，不过，在调查中发现，现在越来越多的80后随着年纪的增长，理财意识也增强了。

附：北京电视台《天天理财》栏目专题之二

——挣俩花仨，到底是谁动了你的钱包？

如何告别月光族，做到消费理财两不误！理财有妙招，小钱也能钱生钱？现在就告诉您，钱照花，财照理，小钱如何钱生钱。都说女人天生就会理财，不过现在能把钱打理好的女生是越来越少了。就拿我们办公室来说吧，工作几年下来，10个女孩子，一半手头没存款，随着年龄的增长，手里没钱那怎么成啊，不少人嚷嚷着要攒钱理财。其实说到理财也没有必要一定要省吃俭用苦着自己。

谁动了你的钱包？以前传统女性给大家的印象可都是管钱的好手。现在女生个个都是花钱的高手。她们振振有词地说，反正我就是月光族……趁年轻就赶紧花吧，年轻就这几年。

还有的女孩子，家里压力没那么大，就是有想花男孩钱的意识。就是看见什么买什么吧，逛街买也好，网上买也罢……没有那么多生活压力，没想那么多。

家长们都说现在的孩子好多都是恨不得挣一分花三分的，都是这样子的。年轻人花钱没有计划，想买什么就买什么，没有为以后房子、车啦做打算。

调查发现，22到25岁的单身女生开销比例较大，随着年龄增长，理财的意识越来越强。具体开支调查表明：22到25岁，开支占收入的80%；25岁到28岁，开支占收入的60%；28岁以上，开支占收入的30%。

越是年轻的没成家的女性就越敢花钱。过惯了“一人吃饱、全家不饿”的生活，“自产自销”地掌握着自己的财政大权。没有房子的压力，多数女性还抱着干的好不如嫁的好的观念，将来找一个有经济基础的老公万事大吉，总想着理财离自己还远着呢。工资都花在自己身上。对于“血拼”这种行动，基本上是大购三六九，小购天天有。

王小姐一个月四五千的收入，这钱根本不够花一个月的，还得先用信用卡预支下月的钱。简直就是传说中的购物狂。经常逛大悦城，看见这件衣服觉得比较好看，看见那个鞋子比较漂亮，然后就刷卡买下来，当时基本上没有感觉，因为花的不是自己的钱，等到下月还信用卡的时候，一看五六千可怎么还啊?就那种感觉……虽然每月还款的时候，王小姐总是会很头疼，但是在消费的时候，她却依然没有节制。王小姐认为，钱不是用来存的，是用来花的，你只有花的多了才能赚的多。这说得轻松，要万一遇到什么急事，那该怎么办啊?那就是找爸妈啦。月光的主要原因，其实跟收入、年龄没有太大的关系。主要是在于目前有没有经济压力。就是因为现在生活也没有太大的压力，房子也不用供，每月还有固定收入，父母也都在身边，可能也没有考虑太多。

李小姐已经工作九年了，每月收入近4000元，家里给买的房和车，绝对是众多女性羡慕的一族，但是唯一一点就是没有多少存款。到目前为止，李小姐手里头能用的钱也不超过5000元，更谈不上如何理财了。有时候稍有结余，但是这种时候比较少，基本上都是月光。李小姐说不出来自己把钱花哪儿了，最后就稀里糊涂地成了月光。不过我们发现，她攒不下钱的原因就是管不住自己花钱。比如说她买衣服的时候，冲动消费的比较多。打折打的比较狠的时候，比如说穿L号的合适，但是因为打折太狠，低价诱惑，所以会买件比它大一号，比它小一号，不同颜色的各买一件。安慰自己的话就是我稍微再胖一点儿就可以穿大一号，如果我万一瘦了可以穿小一号，反正是便宜的衣服，我三个号都占全了。前两天逛街，李小姐又买了两条同款的裙子，颜色和尺寸不同。号码不同，两条都能穿的着吗?目前只穿过一条，那条颜色还是不太喜欢，但是万一胖了我就可以穿另外一条嘛。还是有理由的嘛，胖了穿大的，瘦了穿小的。这是自我安慰嘛!对，买东西总得给自己一个比较坚定的理由。

在李小姐的生活中，这种不太理智的消费情况还真不少。平时薯片都是三块多钱一袋，她还是觉得挺贵的，另外吃了也很不健康。但是等薯片打折，基本上是两块五到两块六，于是，她就给自己一个特别大的理由，反正每天晚上要看球，正好现在又打折，她就一下买了二十袋，然后在两周之内，她就把这二十袋薯片全部吃掉。最近国家不是提倡和流行低碳嘛，李小姐就在网上买了一辆自行车，花了一千块钱，但是只骑了两三次，就被搁置在家了。还有她的大富翁游戏，因为第一次跟朋友一块儿玩，特别喜欢，之后就在网上买了六套，现在还有七套大富翁，但实际用到的可能只有其中的两套，其他的没开过封。这些加起来得有两千块钱吧。说到李小姐冲动消费的例子，那是举不胜举。她还说自己现在也想少花点钱理理财，但是遇到喜欢或者是打折的东西，她就是管不住自己。其实她也希望能够钱生钱，所以也去银行看了看，他们那种理财产品基本上都得三五万起，就觉得很不适合自己，一方面她没有那么多钱，另一方面还是希望能够随挣随花，每个月就算有少量余额，少了有三五百，多了有一两千，这种钱到底应该怎么去理？

花钱大手大脚的李小姐，既不想降低生活质量，还想找到适合自己的理财方式。这样的好事真能办到吗？

抑制冲动消费的最佳办法：前面讲到的两位单身女性特别热衷于消费，而且是冲动消费，其实是她们自己动了自己的钱包。有没有不降低生活质量而轻松理财的方法呢？有，每月留出100、200块钱也能理财。月薪5000元的单身女性消费账单，没有房贷和车贷，咱们看看哪些钱是没必要花的。

现在很多人理财观念是不对的。收入—支出＝存款，这是不对的，应该是收入—存款＝支出。也就是先把存的钱拿出来，然后剩下的钱再去消费。对于月光族每月可以先拿几百块钱存起来，这样慢慢地养成存款的习惯。

一项消费者行为调查显示：80%以上的年轻女性属于冲动型消费者，年轻男性的冲动型比例为50%左右。中老年人的消费趋向理智，但仍然有高达40%左右的人属于冲动消费。而商家现在促销的各种手段都是为了让你容易冲动消费。女人是感性动物，一看到低价就容易头脑发晕，而且现在的低价诱惑很多。如何摆脱冲动消费？记账，强制自己每月定存。即使没有经济压力的单身女性，理财也是必要的。因为谁也不知道将来的生活会是什么样的，养成一个良好的理财习惯，就可以永远不会缺钱。小钱也能钱生钱！俗话说，“大丈夫不可一日无权，小女子不可一日无钱”，“吃不穷穿不穷，算计不到就受穷”。对于挣俩花三的单身女生来讲，不少家长表示担心。

一位妈妈说，现在的孩子好多都是恨不得挣一分花三分的，都是这样子的，还是呼吁一下现在的孩子还是多少存一点钱。不能花的精光。万一有个病啊，灾的，怎么办？不能光靠父母，得靠自己啊！不能光靠父母供养，也要独立啊，万一父母要有个事那怎么办？多少都有点儿担心，孩子将来还得生活啊，都花光了将来怎么过啊！每个月都有收入啊。现在这个社会，谁能保证今后一直有收入呢？年轻人总是光看眼前，不看今后。怎么着也得攒点儿钱过日子吧。不过也有不少家长也能理解现在的年轻人。毕竟生活好了，花钱的地儿是越来越多，时代不同了，理财观消费观肯定也不一样。理解还是能理解，毕竟还年轻嘛，现在可供消费的东西又很丰富。父母就觉得只要买到喜欢的东西不就行了吗。反正总不能委屈了自己，该花也得花。

理财是自己的选择，老年人和年轻人的理财观没有对错之分，但是手里没有活钱还是不行。屈小姐是一位东北女孩，来北京工作三年了。一开始屈小姐也是月月光。不过去年发生的两件事，让屈小姐觉得手里没有点活钱真不行。有一次她生病了，发高烧还挺严重的，住了七天院，花了8000多块钱，但是当时她身上只有2000块。无奈之下，屈小姐只好向远在东北的父母要钱。她妈当时说了一句，你工作了这么长时间，怎么手里都没有存款呢。还有一件事让她为钱犯了难。自己去租房，本来看上的房子，结果人家要求半年付，自己的存款根本就不够，这更让屈小姐意识到理财的重要性，决心告别以往稀里糊涂的月光生活。现在她基本上每个月把三分之一的工资存下来，问题是现在不太知道怎么去做理财，毕竟每个月存款也不是特别多，所以她想着用一个什么方式做一个理财规划。

为了更好地帮助我们制定一个理财计划。那就要先了解我们手头有多少钱?尤其针对单身女性做了一个调查，工作三年，能有多少存款?

单身女孩没有依靠，她必须给自己留点存款，万一生病啊，失业啊，这些都得自己负担啊。记者曾经调查了40多名单身女性，多数人的存款在1到5万之间。看来多数单身女性手头上还是有些存款的，只不过数额不多，不过对于这些钱该如何拿去理财，她们的第一选择就是存款。理财，她们从来没有这方面的意念，从来不理财。有兴趣搞搞投资，比如做个基金啊，股票的，但是总觉得那个还得进一步了解。这方面的经验欠缺，现在主要是存款这种原始的方式。因为现在赚的钱也不多，以后赚的多了可能会考虑理财。

那么对于每月有节余，也有小额存款的单身女性来讲，这笔钱如何让它钱生钱呢?也就是小钱如何钱生钱。如果我有不到5万块钱我应该怎么打理。超过存款利率的投资都有哪些?

上面我们说了大多数女生不太会打理好自己的钱，但是下面这位张小姐就能让钱生钱，看看是不是这样?可以说能折腾的女人会赚钱。这话还真不假。两年的时间，通过理财，张小姐净收益就有三万多块钱。她是怎么做到的呢?从她毕业之后就开始了，她当时炒股的资金只有几千块钱。现在资金也就几万，这几万块钱就是她每个月的滚存，投进股市，还有投资所得。收益大概就一倍吧。张小姐炒股账单:两年共投入3万元，目前收益3万元，平均收益100%。张小姐每月的收入有5000元左右，每月的房租和其他吃穿用就要用去2000多块钱，工作的第一年里，张小姐每月都要拿出工资的一半来炒股。当时觉得风险是有一些大，但是收益和风险成正比。一是进去的本金不多，一方面是如果亏损的话，等到了下个月工资就补上了。之所以选择炒股这种理财方式，一是因为炒股的起点比较低。另一个是因为张小姐有足够的时间盯着股市。一般这样一个投资方法，还是适用于每天有时间看盘的人，像张小姐，每天看盘的时间比较多，可能开市的前四个小时都在盯着盘面。大家都知道股市有风险，张小姐炒股的时候也遇到过赔钱。以前我就炒过一个股票，前一秒钟它还涨停呢，后一秒钟就出货了，就那种断崖似的跳水，等到收盘的时候就翻绿了，基本上一天损失的利润就是百分之十几。现在股市行情不好，张小姐也暂时不再往里面投钱了，而且她打算改变投资的策略。将来她可能会分散投资，买一些债券，或者投资一些理财产品，毕竟其他几种方式起点比较高一些。不过像张小姐这样炒股理财的，在女性中并不多。而且炒股需要专业知识，并不适合所有人。

第十一章

把握一生中的第二次理财机遇

——家庭形成期(结婚到孩子出生前1～5年)

理财概要:家庭消费高峰期。经济收入增加,生活趋于稳定,但需要支付较大的家庭建设费用,如购买一些较高档的生活用品、还购房贷款等。理财重点应放在合理安排家庭建设的费用支出上,稍有积累后,可选择一些较激进的理财工具,如偏股型基金及股票等,为构筑幸福家庭的基石。

专家支招:可将积累资金的50%投资于股票或成长型基金;35%投资于债券和保险;15%留作活期储蓄。

理财优先顺序:购置住房——购置硬件——节财计划——应急基金

教你进行家庭式组合投资理财

对于结婚初期的年轻夫妇来讲,有许多目标需要去实现,如养育子女、购买住房、添置家用设备等,同时还有可能出现预料之外的事情,也需要花费钱财。因此,夫妻双方要对未来进行周密的考虑,及早做出长远规划,制订具体的收支安排,做到有计划地消费。也只有这样,才能抵御一些家庭风险,使生活过得有滋有味。

【专家支招】

首先,新婚家庭可以设立一本记账本,通过记账的方法,使夫妻双方掌握每月的财务收支情况,对家庭的经济收支做到心中有数。同时,还可以通过这些记录进行经济分析，不断提高自身的投资理财水平，使家庭有限的资金发挥出更大的效益，为建设一个美满幸福的家庭共同努力。

其次，新婚家庭的经济基础一般都比较薄弱，双方消费不要超越家庭的经济承受能力。讲排场、比阔气、盲目消费、激情消费常会产生一些不必要的花费，日常购物要避免因冲动或受亲朋好友的影响买些不必要的物品，要能够抵制所有的诱惑，在遇到对方提出不必要的购物提议或要求时，不妨友好拒绝。

再次，夫妻二人最好是集中资金投资理财。夫妻双方的收支要公开，不要设“小金库”。在相同的生活质量下，两个人合起来要比每个人单独生活能省下很多，除去日常的生活开支，将双方节余的资金进行银行储蓄，购买债券、保险，有条件的还可投资证券基金或股票等，通过精心运作，使家庭资金达到满意的增值。

最后，结婚初期的夫妻要尊重对方的消费习惯。夫妻双方来自不同的家庭，经济背景、消费习惯都不尽相同，花钱消费的观念也难免存有差异。因此，应充分尊重对方的消费习惯，即使对方过于节俭或无度消费，也不要过分干预，而只能在今后的共同生活中循序渐进地进行改造或适应。对于较大的财务收支，要做到未雨绸缪，共同商定，免得日后发生问题时双方争执，影响夫妻和睦。

面对各式各样的投资，要想使自己的资产既安全又能得到较高的回报，理财专家建议人们实行组合投资，即将诸项投资按一定比例进行搭配组合，扬长避短，减少投资风险，以期获得最大的投资收益。目前，这种新型的家庭理财方式越来越受到百姓的青睐。

组合式投资方式给现代家庭的投资理财观念带来了新的变革，人们越来越认识到单项投资具有风险性与局限性，开始由单项型向组合型转变。目前，国内各商业银行纷纷调整市场定位，把理财服务作为开拓金融业务的重点，像中信实业银行开发的“理财宝”功能，使收入不高、但相对比较稳定的人群大大受益。又如，招商银行的“一卡通”，中国工商银行、中国银行、中国建设银行相继开发的“一本通”理财品牌，也具有上述理财功能，大大顺应了百姓理财的多元化和差异化。

另外，除了将储蓄进行组合式理财外，不少城乡百姓还将积蓄按比例分成几大块进行组合投资，一部分用来炒股或购买债券。股票市场风云变幻、起伏不定，虽说炒股收益大，但风险也大，可以以长期投资的心态少量购买，即使“套牢”也不会损失太大。投资国债，不仅利率高于同期储蓄，而且还有提前支取按实际持有天数的利率计息的好处。一部分用于银行储蓄，收益虽然低，但作为保本收益，普通家庭仍可选择，况且储蓄种类很多，可根据自己的用钱结构进行选择。另一部分则用来购买人寿保险。投保未出“险情”时如同储蓄，出了“险情”受益匪浅。(虽说保险好处多，但现在它仍不能与银行储蓄相比，储蓄可以随时支取，而保险不能。因此，保险不能不保，也不能过量。)这几种投资组合方式使你既有可能通过股票或债券获取可观收益，使资金具有长期增值潜力，又能依靠银行存款取得稳定的利息收入。即使炒股失败，由于还有银行储蓄和人寿保险，也能维持正常的生活。

生儿育女家庭的理财规划。由于生活成本的增加，增加一个人不再是增加一双筷子那么简单，对于一个普通家庭来说，生育孩子和养育孩子早已不是一件小事。孩子的出生不仅要增加孩子本人的一系列抚育、教育费用，还会影响到孩子母亲的收入。况且，孩子是社会未来的希望，也是一个家庭未来梦想的寄托者，所以，对于计划生孩子的家庭来说，做一个详细的理财规划是非常有必要的。

米先生的老婆小芳怀孕了，这对米先生一家来说可不是一般的好消息。由于先天身体的条件，医生曾断言小芳的怀孕成功率不到5%，也许他们永远不会拥有自己的孩子，这在两人结婚前就已经有了共识。所以结婚两年来，两人从没有在财政上为孩子刻意做过打算，而是把重点放在如何提高生活质量、充分享受二人世界上。直到小芳在一系列不正常反应后去医院做了检查、一家人狂喜之余才意识到要在经济生活上重新进行战略部署了。

米先生的月工资1万元，小芳每月收入5000元，考虑到孩子的成长问题，全家人都建议小芳办病休，在家里休养一年，病休期间的月工资是2000元。米先生和小芳每月消费在4500元左右。有人民币存款4万元。他们住在父母的房子里，已经买了一套140平方米的房子，还未入住，总款85万元，首付45万元，公积金贷款40万元，20年还清，月供2500元，已还了1年。在银行有10万元的理财基金，计划一年后取出，作为新房的装修款。两人除单位上的基本保险以外，没有上其他保险。

有了孩子一切都不一样了，两个人制定了下述的理财目标:

1.保险保障

第一，万一有不幸事情发生，例如疾病或意外，家人仍然能够维持目前的生活水平，不需为日后生活担忧。第二，要根据自己的退休年龄及理想的退休生活预计所需退休养老费用。第三，要有确保孩子能够完成大学学业的教育费用。

2.生活质量

首先要还清住房贷款，其次想买一辆20万元左右的家庭轿车。

米先生的家庭现处在一个特殊的时期，理财应稳步有效地完成过渡期的转变。

第一，从小芳怀孕到孩子出生后、恢复正常工作前，属于转型过渡期。由于家庭收入减少，小芳怀孕又会增加一些额外的开支，建议这个时期采用保守的理财方式，在资产保值的基础上，采用风险极低的理财产品适当增值，同时注意资产的流动性，以备不时之需，还应该重视的是节约支出和保险保障。

第二，把目前4万元存款中的3万元用于投资开放式基金，50%投资于货币型基金，50%用于投资债券型基金。这是因为这种投资组合风险很低，可以保证本金的安全，同时流动性高，方便赎回，收益比银行存款高，且收益免交利息税。

第三，银行的理财基金到期后，建议10万元不要完全用于装修新房，留出5万元装修，其余用于提前还贷，一方面减轻还贷压力，另一方面也减少总体的利息支出，可以采用部分提前还贷，还贷期限不变，减少每期还贷额度的方法。

第四，由于米先生是家庭的主要经济支柱，所以应该给自己买一些商业保险。建议给自己和妻子买消费型的定期寿险、健康险和意外险，其中要注意保险额度，自己的身故赔偿金应该至少大于余下的房贷金额。

第五，孩子生下来之后，孩子的学前教育应把重点放在注重身心健康、素质锻炼、亲情培养三个方面，而不应只重视物质上的给予，更重要的是应在忙碌中给孩子精神上充分的关爱，尽量多陪陪孩子，这比进口奶粉、名牌衣物对孩子来说更重要，更有利于孩子茁壮成长。

另外，添丁家庭还可以单独为孩子编制一个养育计划书，计划书的内容可以参考以下几条：

1.先制定一个养育孩子的目标

制定出目标无疑是为家庭理财提供更好的条件。有了目标，在抚育孩子的过程中，就会克制乱花钱的冲动和行为，可以为孩子节约一些开支。

当然，可以把目标定为长期的和短期的。短期目标包括孩子每月的基本生活费、衣服、教育等开支，这些都是你目前所必需的花费。长期目标指的是，准备在几年或未来的十年时间内，将要让自己的孩子生活在什么样的环境中，并享受什么样的教育。

制定了目标后，你每个月花在孩子身上的钱就会有一个度；否则，你会在抚养孩子的过程中让钱慢慢从手中流走而不自知。毕竟，花钱比节约更容易。

2.为孩子购买保险

为孩子购买保险也是抚养孩子的一种方法。如果你在生活中白白把钱浪费了，还不如给他买保险。现在的保险有很多种，有健康保险、人寿保险等，你可以根据自己的实际情况为孩子选择。

3.长期的教育投资计划

孩子在成长的过程中离不开教育，若想要自己的孩子成长为出类拔萃的人才，就更离不开长期的教育投资。所以，我们也有必要在养育孩子的计划书中再单列出一个长期的教育投资计划书，让孩子的成长和教育从开始就进入一种理性和理智的计划之中。

4. 制作孩子日常生活开支的小账簿

制作孩子日常生活开支的小账簿不要烦琐、复杂，最好简单明了，便于好看易算。建议您采用这种样式:标明时间、收入、支出的项目及金额，还有一个总计、余额、备注。你可以随便买个小巧的本子，也可以自己动手做，自己做可以有很大的乐趣。

专家点金

在进行组合式投资时，理财专家还特别强调，要使资产结构合理，还必须注意所投资商品的持有期限和目标的完成期限相契合，绝不能以短期的投资工具(如短期债券)来完成长期的理财目标(如养老)，也不要以长期的投资工具(如股票)来完成短期的目标(如购买电器)。

婚后夫妻家庭理财法则

通常来讲，由于价值观和消费习惯上存在着差异，在生活中，每一对夫妻都会发现在“我的就是你的”和保持个人的私人空间之间会存在一些矛盾和摩擦。如果夫妻中的一个非常节约，而另一个却大手大脚、挥金如土，那么，要做到“我的就是你的”就非常困难，相互间的矛盾也就可想而知了。要使你们的婚姻关系向前发展，使财务情况好转，其他的事情也井井有条，那么小夫妻共同学习理财这门学问，就显得非常必要了。

虽然有很多的新婚夫妻因为财务问题处理不善，闹得吵吵嚷嚷、麻烦不断;但也有的小两口在面对这个问题时保持了必要的冷静，经过磨合，掌握了一些很好的法则，从而使自己的婚后生活达到一种完美的和谐。这些法则包括下面几个方面。

1.建立一个家庭基金

任何夫妻都应该意识到建立家庭就会有一些日常支出，例如每月的房租、水电、煤气、保险单、食品杂货账单和任何与孩子们或宠物有关的开销等，这些应该由公共的存款账号支付。根据夫妻俩收入的多少，每个人都应该拿出一个公正的份额存入这个公共的账户。为了使这个公共基金良好运行，还必须有一些固定的安排，这样夫妻俩就可能有规律的充实基金并合理使用它。你对这个共同的账户的敬意反映出你对自己婚姻关系的敬意。

2.监控家庭财政支出

买一个比如由微软公司制作的财务管理软件；它将使你们很容易就可以了解你们的钱的去向。通常，夫妻中的一人将作为家中的财务主管，掌管家里的开销，因为她或他相对有更多的空余时间或更愿意承担这项工作。但是，这并不意味着，另一个人对家里的财务状况一无所知，也不能过问。理财专家黛博拉博士建议可以由一个人付账单，而另一个人每月一次核对家庭的账目，平衡家庭的收支，这样做能使两个人有在家里处于平等经济地位的感觉。另外，那些有经验的夫妻往往会每月能坐下来谈一谈，进行一次小结，商量一些消费的调整情况，比如消减额外开支或者制订省钱购买大件物品的计划等。

3.保持独立

现在是21世纪，独立是游戏的规则。许多理财顾问同意所有个人都应该有属于自己的私人账户，由个人独立支配，我们可以把它看作成年人的需要。这种安排可以让人们做他们自己想做的事，比如你可以每个星期打高尔夫球，他则可以摆弄他喜欢的工具。这是避免纷争的最好办法，在花你自己可以任意支配的收入时不会有仰人鼻息或受人牵制的感觉。然而，要注意的是，你仍应如实记录你的消费情况，就像对其他的事情一样，相互坦诚布公。你要把你的爱人看做是你的朋友，而不是敌人；要看作是想帮你的财政顾问，而不是想打你屁股的纪律检察官。

4.进行人寿保险

每个人都应该进行人寿保险，这样，一旦有一方发生不幸，另一方就可以有一些保障，至少在财政方面是如此。你可以投保一个易于理解的险种，并对保险计划的详细情况进行详细了解。如果在与你的爱人结婚前，你已经进行了保险，要记着使你的爱人成为你的保险的受益人，因为这种指定胜过任何遗嘱的效力。

5.建立退休基金

你将活很长很长的时间，但是也许你的配偶没有与你同样长的寿命。基于这个原因，你们俩应该有自己的退休计划，可以通过个人退休账户或退休金计划的形式，使你的配偶(或孩子)成为你的退休基金的受益人。

6.攒私房钱

许多理财专家建议女人尤其应该储存一笔钱以便用它度过你一生中最糟糕的时期。根据你的承受能力，你可以选择告诉或者不告诉你的配偶这笔用于防身的资金；如果你告诉你的配偶，你应将它描述为使你感到安全的应急基金，而并不是在“压榨你丈夫”的钱。

现年25岁的赵静精通外语，3年前大学毕业后曾在一些单位从事过翻译等工作，目前在家自接一些翻译的业务，成为自由的SOHO一族。收入水平还算稳定，每个月在4000~5000元。先生是做销售工作的，每个月工资加上各种补贴有5000元左右，不过因为到这个单位不久，每个季度1500元的奖金还未拿到过。

目前，他们是住在父母提供的老公房里，房产产权在父母手中，没有还房屋款的压力，每年只需要缴纳100元左右的物业管理费而已。每个月衣、食、行的费用基本在1600元左右，水电煤、上网、自付电话费等在500元左右，日用品差不多要300元，也就是说基本生活开销大约2400元。同时，先生特别喜欢拍照片又经常得冲印出来，还喜欢DVD、VCD碟片等小东西，这些消耗品每个月要花上400元。两人都喜欢买书买报纸，《国家地理》、《SHOW》等精装杂志都是他们的常购对象，每个月要花400元在这些精神食粮上。另外，不论冬夏，他们都会每周一起出去游泳一两次，加上来回打车费用大概需要500元。赵静偶尔会有些小毛病，每个月医疗费用大约要100元。还有就是平常给父母买些礼品，碰上朋友过生日买些礼物等，这类费用每月大概在300元左右。总计下来，他们每个月的生活开支超过了4000元，成了名副其实的“月光”一族。

【专家支招】

“月光族”薪水节流8大妙招：

1.计划经济

对每月的薪水应该好好计划，哪些地方需要支出，哪些地方需要节省，每月做到把工资的1/3或1/4固定纳入个人储蓄计划，最好办理零存整取。储额虽占工资的小部分，但从长远来算，一年下来就有不小的一笔资金。储金不但可以用来添置一些大件物品如电脑等，也可作为个人“充电”学习及旅游等支出。另外每月可给自己做一份“个人财务明细表”，对于大额支出，超支的部分看看是否合理，如不合理，在下月的支出中可作调整。

2.尝试投资

在消费的同时，也要形成良好的投资意识，因为投资才是增值的最佳途径。不妨根据个人的特点和具体情况做出相应的投资计划，如股票、基金、收藏等。这样的资金“分流”可以帮助你克制大手大脚的消费习惯。当然要提醒的是，不妨在开始经验不足时进行小额投资，以防止投资风险。

3.择友而交

你的交际圈在很大程度上影响着你的消费。多交些平时不乱花钱，有良好消费习惯的朋友，不要只交那些以消费为时尚，以追逐名牌为面子的朋友。不顾自己的实际消费能力而盲目攀比只会导致“财政赤字”，应根据自己的收入和实际需要进行合理消费。

同朋友交往时，不要为面子在朋友中一味树立“大方”的形象，如在请客吃饭、娱乐活动中争着买单，这样往往会使自己陷入窘迫之中。最好的方式还是大家轮流坐庄，或者实行“AA”制。

4.自我克制

年轻人大都喜欢逛街购物，往往一逛街便很难控制自己的消费欲望。因此在逛街前要先想好这次主要购买什么和大概的花费，现金不要多带，也不要随意用卡消费。做到心中有数，不要盲目购物，买些不实用或暂时用不上的东西，造成闲置。

5.提高购物技巧

购物时，要学会讨价还价，货比三家，做到尽量以最低的价格买到所需物品。这并非“小气”，而是一种成熟的消费经验。商家换季打折时是不错的购物良机，但要注意一点，应选购些大方、易搭配的服装，千万别造成虚置。

6.少参与抽奖活动

有奖促销、彩票、抽奖等活动容易刺激人的侥幸心理，使人产生“赌博”心态，从而难以控制自己的花钱欲望。

7.务实恋爱

在青春期中，恋爱是很大的一笔开支。处于热恋中的男女总想以鲜花、礼物或出入酒店、咖啡厅等场所来进一步稳固情感，尤其是男性，在女友面前特别在意“面子”，即使囊中羞涩也不惜“打肿脸充胖子”。但不要认为钱花得越多越能代表对恋人的感情，把恋情建立在金钱基础上，长远下去会令自己经济紧张，同时也会令对方无形中感到压力，影响对爱情的判断。倘若一旦分手，即便没产生经济方面的纠葛，也会使“投资”多的一方蒙受较大经济损失。送恋人的礼物不求名贵，应考虑对方的喜好、需要与自己的经济承受能力相称。

8.不贪玩乐

年轻的朋友大都爱玩，爱交际，适当地玩和交际是必要的，但一定要有度，工作之余不要在麻将桌上、电影院、歌舞厅里虚度时光。玩乐不但丧志，而且易耗金钱。应该培养和发掘自己多方面的特长、情趣，努力创业，在消费的同时更多地积累赚钱的能力与资本。

专家点金

财务问题成为纠缠许多人婚后生活的一个重大的问题。夫妻双方都有保证双方财务状况的义务。学习理财相关知识，科学分配自己的财富，让婚后的生活更惬意。对财务的合理规划是婚姻走向成熟的第一步。

适合一般中国家庭的投资方式

建立家庭资产档案，将便于我们设定目标。如果对现在或者今后的资产不能做到心中有数，我们极有可能会错过许多应该得到的东西。对家庭资产有了整体的了解和把握，我们就可以设定一些目标并努力实现，这样也便于我们督促自己掌握好财政开支。

我国百姓历来都非常重视家庭理财，这里将为大家推荐家庭理财第一招：建立家庭资产档案。

家庭资产档案可以分为以下五类：

1.贵重资产

譬如房屋、金银首饰、车辆、高档电器设备等，价值在1000元以上的都可以明细列出，可以按购买价格计算，也可以按照重置价或折旧后的价进行净值统计。

2.生意资产

工具、产业、存货等都是资产，借贷以及应付款是负债。

3.有价证券

包括股票、债券等，我们可以按照市价进行计算，净值即资产减去借贷。

4.古玩字画

名人真迹字画，可以说是家庭财富中颇具潜力的增值品。家庭收藏的古董字画等，可以请相关的专家为我们估值。

5.日常用品

凡价格在1000元以下的物品都可以归为此类，譬如电灯、电话、餐具等。这些物品繁多而且杂乱，且低值易耗，我们难以逐一罗列，可以进行大致的估算。

建立了详细的家庭资产档案，便于我们随时统计家庭财务的净值。我们可以根据需要每半年或者一年结算一次，这样的统计可以告诉我们，万一有需要时，可能筹集到的资金有多少，这对增强投资理念，加强今后资产管理以及挖掘盘活家庭资产均有较大帮助。并可以根据资产净值来制订家庭财务计划，并设定净值的增长目标，譬如计划每年增长多少等。也可以修正各类保险，净值越大，我们的寿险、意外险保障的绝对金额也相应加大。

建立理财档案便于让家庭的女主人花钱有度，不会再频繁地用自己的信用卡透支来购买名贵的衣服、到高级餐厅就餐或者无计划地出国旅行。因为家庭资产档案在纸上排列着，自己浪费一点儿少一点儿，省下一点儿是一点儿，非常的直观、明了。我们将每个月的支出尽量保持得比较低，或者每个月按时还清全额信用卡欠款，以后的日子就不用为付利息而吃苦了。

建立好家庭资产档案，我们一点儿一点儿地省钱，随着时间的流逝，就会看到一个大数目的节余。每个星期省一百来块，一年可以省下五六千元，十年的话就有五六万，还有利息。有了资产档案并经常更新，我们也可以为每个月的开支做出预算。没有实际的行动，长远的目标只能是空想。每个月有计划地花钱可以帮助我们清楚自己究竟花了多少，剩下多少。这样的花费规划合理还是浪费，都一目了然。

随着我国金融产品的增加，家庭投资理财方式越来越多，但并不是所有的投资方式都适合于工薪家庭。

一般来说，适合工薪家庭的投资形式有以下几种：

1.购买保险，保了平安又赚钱

多年以前，保险的功能只是对人身或财产进行保障。随着保险业的发展，保险产品已越来越丰富，分红险目前已成为保险公司的“宠儿”，原因就在，分红险不仅购买简单、保障全面，而且还能每年给保单持有人带来不定额的红利收益。

分红险主要包括养老、教育、保障和综合等几种类型。分红险有两种交费方式，一种是一次性将所有保费交完的趸交式;另一种是分期交纳保费的期交式。前者适合当时手中资金宽裕的客户，后者交费压力相对较小，但总的保费要比前者高一些。至于保障金的领取，有的是交费完成后一次性领取，有的是交费完成后分期领取，还有的是一边交纳保费，一边从公司领取现金返还。分红险保单还可以质押给银行。购买分红险更多考虑的是保障，对收益应该低要求。分红险风险低、有保障、能分红、可流通，适合保守的投资者投入。

2.投资国债，利息稳定很安全

国债是国家发行的，安全性很高，有记账式国债和凭证式国债两种形式。凭证式国债主要通过银行柜台发行，有债券凭证，而记账式国债主要通过证券公司进行买卖，债权通过股东账户记录。

凭证式国债收益率基本与银行存款相当，但没有5%的利息税。记账式国债的最大特点就是可以像股票一样买卖，而票面利率往往比凭证式国债要高。由于此类国债受到供求关系和政策面的影响较大，因此价格会有所波动，如果投资者能够低买高卖操作得当，就可在国债利息之外，获得一笔额外的收入。目前我国的记账式国债有22个品种可供选择，利率有固定和浮动两种。债券的收益不仅比银行利息高，而且安全性也不差，是稳健投资者的重要选择。

3.购买基金，委托理财收益稳健

基金就是由基金管理公司发起的，将投资者的闲散资金集中起来由理财专家进行统一管理运作，然后分配收益的投资方式。我国的基金市场兴起于上世纪末期，当时以封闭式基金(即投资者在基金存续期内不能赎回投资，只能转让)为主，近年来，开放式基金(即投资者在基金存续期内可以赎回投资)已经成为基金业的主流发展方向。开放式基金通过证券公司和银行发行，投资者申购赎回手续相对简单。

开放式基金的投资收益主要来源于基金的分红和基金净值增长，这两方面均取决于基金管理公司的运作能力。

以工薪家庭为例，如果追求的是低风险、收益稳定，那么比银行储蓄更优化的替代品就是基金。我国股市波动较大，“炒股”既需要投入大量资金，又要投入相当的时间和精力，不适合中小投资者；而基金既是百姓委托专家理财的产品，又可以灵活、及时地调整投资产品的比例，是规避经济周期性波动风险的一大法宝，因此颇受大众青睐。

4.投资房产，通行但不适合大众

投资股票和房产是国际上通行的做法。但在房价已处高位的城市，房产升值还有多大的空间，这笔账必须精打细算。举例说，深圳经历1993年房产高潮后，房价开始下跌，许多房子未能实现在流通中增值。如果央行升息，房贷成本将随之上升，那么贷款炒房者就会增加风险成本，因此投资房产要根据自身资产实力慎重行事。

介于房地产的流动性最差，投资变现时间较长，交易手续多，过程耗时损力，因此不适合大多数人。

5.投资外汇，并非规避风险好品种

外汇投资对硬件的要求很高，且要求投资者能够洞悉国际金融形势，其所耗的时间和精力都超过了工薪阶层可以承受的范围，因而这种投资活动对于大多数工薪阶层来说不现实。

6.投资股市

股票是投资收益和投资风险都较高的投资工具，因此投资者一定要控制投资风险。在有充分准备和成熟心态下才可介入。

7.买卖期货

由于期货交易是对商品合约的买卖，因此交易规则的以小搏大性，加上商品价格不可预知性非常高，因此也就决定了期货市场的风险非常大。不过，承受高风险的同时，由于放大了资金使用量，因此收益非常可观。期货市场上，巨大收益伴随着巨大的风险，因此投资者介入期货市场一定需要有足够的心理承受能力，同时确定好获利目标和最大亏损限度。

如果一个年轻的家庭，承受风险的能力相对较强，在家庭财务的安排上应采取一些积极进取的策略进行理财，使家庭财产实现快速增加；如果是一个上有老下有小的中等收入的家庭，那么投资应该采取相对稳健的投资方式，而一些家庭属于成长期，是积累财富的阶段，很多人生目标需要去创造和实现，最好选择保守投资方式。

当然上述的几种投资方式都是在增加抵御家庭的收入风险和通货膨胀风险的能力。

因为风险和收益永远是成正比的，所以，风险越高的投资方式也越会给财富带来更多的增值。

专家点金

将自己的财产进行分类，建立一个详尽的理财档案，对于我们摸清家底、正确理财、合理投资，都具有十分重要的作用。家庭是社会的组成细胞，家庭理财也是社会财富规划的重要组成部分，无论对于个人还是家庭甚至整个社会来说都是至关重要的。

夫妻理财能手的经验之谈

夫妻理财能手都能很好地处理婚后的财产。听听夫妻理财能手的经验，从中吸取能帮助我们改善目前财务状况的经验。

1.与配偶分享你的金钱观

把金钱问题公开化，了解对方的梦想、恐惧、风险承受度以及对储蓄、投资、贷款的偏好。人们对于金钱的观念，不是一朝一夕形成的，这些观念受到家庭因素、教育因素、个性特点和生活经验的长期影响而形成。因此，要想融会两种不同的金钱观，并不像人们想象的那样简单，值得注意的是，夫妻之间在理财方面意见的分歧，常常是婚姻危机的先兆。

2.共享财产

把工资合在一起可使你们的境况变好，但假定你想有一些私房钱，或许你想在你丈夫不知道你花了多少钱的情况下给他买一份生日礼物，可以维持小额的存款在自己独立的银行账户中，并各自建立自己的信用，各自保有某一限度的金额，不用向配偶报告每一分钱的用途。

这种方法是这样运作的:开一个“他的”、“她的”、“我们的”账户，把你们大多数的工资存入“我们的账户”，以支付每月支付的款项;余下的部分存入个人的小账户以应付个人的花费。

3.明智地对待意外收入

因中奖得到一笔奖金，你们不应该把所有的钱都用于让你们感兴趣的事情上，而应该当成正常的收入来合理使用。对自己的消费习惯要学会妥协与调整。绝大多数夫妇对待他们关于金钱的困惑的办法是什么也不做，而这是所犯的最严重的错误。这意味着你既没有让你的钱尽量为你服务也没有对未来有所计划。没有对或错的理财方式，只有适合不适合的问题。

4.夫妇一起规划理财目标

邀请一位家庭财务权威，拿出你所有的报表，熟悉你所处的状况和你想达到的目标，然后开始对话。如果夫妇两人都能为共同的财务目标而努力，则较有可能成功。

比例分担法。夫妻双方按各自的收入，如70%提交生活支出，余下的供本人自由支配，这样做能够根据各人的收入状况来分担家庭开支。

另外，在家庭理财中，下面是你最应该做的几件事情。

与配偶分享你对金钱的看法。了解对方的梦想、恐惧、风险承受度以及对储蓄、投资、贷款的偏好。

对自己的消费习惯要学会妥协与调整。没有对或错的理财方式，只有适合不适合的问题。

夫妇一起规划理财目标，如果夫妇两人都能为共同的财务目标而努力，则较有可能成功。

至少维持小额的存款在自己独立的银行账户中，并各自建立自己的信用。各自保有某一限度的金额，不用向配偶报告每一分钱的用途。

审查夫妻双方健康保险或其他保险的内容，看是否需要加以修改或退保。

将争论转变为讨论价值和目标的机会，进而研究制定未来处理财务问题的策略。

利用规定时间来讨论一些理财的话题，特别是在只有一个人记录，而另一个人随时报告开销的时候。

在外企工作的杜小姐今年28岁，她丈夫今年也28岁，在一家私营企业工作，两人年固定收入在15万元以上。由于工作繁忙且处于创业时期，各种条件尚未具备，所以两人近期不准备要小孩儿。两人刚购买了80平方米首付4万元的按揭房一套，贷款35万元，每月供房款2000元，家庭其他开支每月2000元；现有银行存款15万元，无其他投资。杜小姐本人单位买了社保(失业和医疗)一份，每月由单位代交200元。丈夫没有购买任何保险。他们准备在一年内买一辆13万~15万元的小车，想一次性付款，不知是否妥当；另外，为了在5年后能轻松养育小孩儿，也想积累足够的资金，却不知从何着手进行理财。

【专家支招】

理财专家建议杜小姐夫妇俩在进行家庭理财时，重点关注以下几个方面：

1.确保按照近期消费规律进行基本储备。

应重视储蓄习惯，维持足够的现金流动，建议保持5万元最基本的存款储备，其余可作进一步安排以提高消费品质或投资收益水平。

2.谨慎考虑近期买车。

是否买车要看几个方面：是否属于必备的交通工具，养车费用是否可以轻松支付，是否能够带来一定的经济效益。由于车价仍有较大的下调空间，因此很难确定何时才是买入最佳时机，可根据实际需要再作决定。

3.调整家庭投资结构。

在购买汽车之后，每年的基本资金积累为8万元，建议按照2：4：4的比例将资金安排在银行存款、委托理财产品、股票基金或信托产品的投资，避免通货膨胀造成资金贬值，并在分散风险的前提下达到保值增值的目的。

胡氏夫妇均为外企白领，在买了房和车后，年结余15万元。两人就希望找到一套稳妥的理财方案，来安排自己的这些资金。

【专家支招】

理财分析师针对他们的情况提出以下理财建议：首先要调整小家庭的金融资产比例，通过开放式基金的投资来间接投资证券市场。投资储蓄、基金的资金可以按2：8进行控制，除留20000元作为家庭应急资金投资储蓄外，其余可投资开放式基金。在基金投资上可以按70％投入股票式基金，10％投入债券型基金，20％投入货币基金。

在有小孩儿后，考虑到其将来的教育，须积蓄教育基金。可通过定期定额申购基金每月2000元的方式，来积蓄教育费用。

如要考虑换房子，这对小家庭的财务压力是比较大的。建议不要盲目购房；假定男方收入稳定，保持在现有的水平，可以考虑换房。在准备了大额资金用于购房、装修时，可将资金投入货币型基金，一方面可以保证年收益2％～3％，另一方面变现方便。

每个人都应该结合自己的实际情况，制定一套适合自己的理财方案。下面提供一套年收入15万元的家庭理财方案，仅供参考：

1.建立家庭紧急预备金，以备不时之需。

紧急预备金一般以3~6个月的固定支出总额为准。

2.合理进行资产配置，增加投资品种。

别把流动资产全都投资在股市里，这样投资渠道单一，投资风险也大。

3.加强保障，完善家庭保险规划。

可考虑增加重大疾病保险和养老保险，以弥补单位医疗保险的不足，保费以不超过整个家庭收入的10％为宜。

4.筹备养老准备金。

提早作好退休计划，准备养老金，这是个人财务规划不可或缺的部分。

理财投资要注意的问题：

1.要了解自己的财务状况。

2.了解自己承受风险的能力。确定自己承受风险的能力可能需要专业理财人士的协助，他们通常能根据投资者的个人经历、调查问卷的结果提供专业的意见。

3.理想中的投资收益目标。这是一个理财计划非常重要的组成部分。需要注意的是，在这个世界上，没有免费的午餐，也几乎不存在高收益、低风险的投资项目。

4.确定投资期限的长短。投资期限的长短对理财计划包含的资产流动性会产生很大影响。

专家点金

年收入15万元的高等收入群体，大多会在工作几年后考虑车、房的问题。这些都是庞大的支出，需要精心地去策划调配自己的资金。在没有理财方案的情况下，盲目地下手，很可能弄得自己的资金状况如散沙一盘，使财富大量流失。

低收入家庭投资理财方略

张先生在一家小公司任职员，每月有2000元收入。张太太在超市从事收银工作，一个月下来能有1000元的工资。由于平时张先生和张太太都比较节俭，他们已经有6万元的存款。现在他们住在家里留下来的房子里，近期没有购房计划。但将来孩子上学和赡养父母都是一笔不小的费用。所以他们选择收益还不错，但是比较保险的投资方式。

此类家庭理财属于求稳型，由于承受风险的能力较差，所以最好采用储蓄占40%，国债占 30%、银行理财产品占 20%、保险 10%这种投资组合，也就是俗称的“四三二一”法则。

储蓄特有的稳定性支持着家庭资产的稳妥增值；国债和银行理财产品的稳定性相对来说比较好，收益也比储蓄高，放在中间比较合适；保险的比率虽然只占到 10%，但它所起的保障作用对于收入低的家庭来说却是非同一般。由于这类家庭的抗风险能力较低，万一遇到意外，10%的保险所起的作用是相当大的，它可以帮家庭渡过难关。

玲玲今年 24 岁，参加工作只有两年，在事业单位工作，月收入大概在 1800 元左右，为了改变职业，准备辞职专门学两年外语。由于刚结婚，花费了不少钱办婚礼，所以父母已经答应赞助她学习费用。她的丈夫在部队工作，开销比较小，但是收入也不高，1500 元左右。他们现有资产都是银行存款，约有 5 万元钱。他们的计划是买一套小户型住房，想先租出去几年，等收入提高了可以要孩子的时候再简单装修一下自用。她的问题是：什么时候买房子，贷款利息和收回来的租金相比哪个更合算一些。另外，像他们这样中低收入的年轻人，什么样的投资会有比较保险一些的收益。玲玲的希望是“不求利润最大化，只是希望能安全一些”。

【专家支招】

1.逃避风险不如适当承担风险

家庭理财可依据自身风险承担能力，适当主动承担风险，以取得较高收益。例如医疗等项费用的涨价速度远高于存款的增值速度。要想将来获得完备的医疗服务，现在就必须追求更高的投资收益，因而也必须承担更大的投资风险。一味地回避风险，将使自己的资产大大贬值，根本实现不了稳健保值的初衷。一段时间以来，借股市行情不好的机会，很多债券基金都热炒自己的“安全”概念。可近期债市和债券基金的大跌，说明了安全的投资其实是不存在的。相反，重点通过股票基金长期系统投资中国股市，将是普通百姓积累财富的好机会。

2.房宜暂缓，二手房是首选

从玲玲实际情况看也是这样，一方面积蓄不多，又要辞职读书，虽然租金很有可能弥补月供款，但打光了弹药，实在是风险太大。“财不入急门”，投资的机会今后还很多。如欲购房，对于玲玲这类积蓄不多的新白领，小户型二手房是惠而不贵的好选择。买二手房建议玲玲使用最高成数和最长期限，即二十年七成组合贷款。留下资金可以消费以提高生活品质，或投资以赚取更多利润。

3.多种投资都可尝试

如果想几年后买房，可转换债券是个好的投资方向。这种债券平时有利息收入，在有差价的时候还可以通过转换为股票来赚大钱。投资于这种债券，既不会因为损失本金而影响家庭购房的重大安排，又有赚取高额回报的可能，是一种进可攻，退可守的投资方式。另外，玲玲不妨也在股市中投些钱。虽然短期炒作股票的风险很大，但各国百姓投资的历史却证明，股市长期科学投资是积累财富的最好方式，是普通人分享国民经济增长的方便渠道。特别是股市行情不好的时候，正是“人弃我取”捡便宜货的好机会。当然，像玲玲这样的非专业投资者最宜通过基金来参与股票市场了。

4.青年人也需要保障类保险

考虑到玲玲的老公在部队工作，保障很好，故只建议玲玲自己买些意外伤害和健康保险。“人有旦夕祸福”，保险既是幸福生活的保障，又是一切理财的基础。

如果手头只有10000元钱，如何理财?能不能理财?回答是肯定的。那么，具体应该如何操作?

1.瞄准基金

与股票相比，基金价位低，10000元钱就能吃进10000股。何况，炒基金成本低，如果在0.90元的价位吃进，那么，在0.92元的价位就可以抛出。这样除去交易成本，每股就能赚1分多。以10000股计，就有一百多元的收入，一个月进出二三次，也就有三四百元的收入。

2.投资股市，瞄准低价股

如果觉得基金价位上下波幅不大，不想炒基金的话，那么，就可以挑价位低的股票来炒。10000元钱也可以吃进2000股5元以下的低价股。如今，沪深两市经过三年的持续熊市，在一千多只股票中有的是5元以下的低价股，手头有10000元钱完全可以从容选择。如果有0.20~0.30元的差价，每进出一次也能赚上三四百元钱。当然，炒基金也好，炒低价股也好，要有被套的心理准备。一旦被套，须耐心持股待涨，不要理会旁人的七嘴八舌，而动摇自己的信心。在通常的情况下都有解套和获利的机会。本小，钱就显得越发宝贵，故万不可斩仓割肉。再说如今中国股市的基本面已发生了根本性的变化，国务院已充分肯定了证券市场的作用、地位。

3.小市经营，不贪为好

拿10000元钱来炒股，无疑是小本经营。既然是小本经营，当力戒贪心，涨了还想涨。而应该把握薄利为上的原则。唯有多炒几把，方能积少成多。如果每次都能赚上一二百元，已属极佳成绩。这样一年积累下来，也就有30%~40%的收益，变薄利为厚利。

4.买低不买高

小本经营，尤当注意风险，避免风险。因为，在每一次进货时，都应该避免追高。而应该伺机在每一次下调时建仓。当然，买低不买高的尺度很难把握。那么，不妨采取一个笨办法，即在通常的情况下，看准一只股票在其下调10%时建仓，上升10%时就出局。这样，风险就会小一些。当然，有时候，个别股票会连续下调30%~40%，甚至更多。但这毕竟是个别现象，属"矣诏股"。小本经营，还是避免接触这类股票为妙。

专家点金

对于一般人而言，收入都要有自己的理财方法。不能因为钱少而忽视理财，或是家庭事务繁忙而没有理财规划，而是更应该找到适合自己的理财方法，选择最佳的投资人生理财方略，让自己手中的资本发挥最大化的效应，从而为自己以后的生活提供充足的保障。

新婚夫妇的理财规划

晶晶准备跨出人生重要一步，结婚。然而，二人世界和单身贵族的生活是完全不同的，婚后该怎么处理有关财务的种种问题呢？

晶晶是位标准的办公室白领，在一家外贸公司做行政助理，收入还算不错，大概每月6000元左右。晶晶的男朋友大华也在同一家公司工作，任职部门经理，月薪大概万元左右。晶晶是女孩子，花钱比较注意节省，目前有10万左右的存款；而男朋友虽然收入要多一些，但从不算计，所以目前只有一辆车，存款不到5万。两人都没有买房子，准备婚后再买。

两人相恋5年，准备在今年结婚。但一方面，两人都当了长时间的“单身贵族”，对婚后生活或多或少都感到有些心里没底;另一方面，两人都没什么理财经验。那么，婚后晶晶该如何打理小家庭的财产，怎样根据双方经济收入的实际情况，建立起合理的家庭理财制度呢?

【专家支招】

1.婚前个人财产公证

这种方式在西方早已盛行，在我国，随着市场经济的深入，正逐步被一些人接受。实行婚前个人财产公证者，通常有固定的职业和稳定的收入，操作办法是先建立个人收支账目表，对个人拥有的金银首饰、房产、字画、古玩、债券、股票等较大的自有财产进行登记，记录购买时的价格。到结婚时，把这些个人财产进行公证，同时约定，婚后谁出钱购买(带有固定资产性质)的财物归谁。有人指责婚前财产公证“冷酷”，实际上，现代社会崇尚法制化、规范化，作为具有独立意识的现代人，此举很可能是相互尊重、予人予己两方便的好办法。

2.量入为出，掌握资金状况

作为家庭主妇的晶晶首先应建立理财档案，对一个月的家庭收入和支出情况进行记录，然后对开销情况进行分析，哪些是必不可少的开支，哪些是可有可无的开支，哪些是不该有的开支，特别要注意减少盲目购物、下馆子等消费。另外，晶晶也可以用两人的工资存折开通网上银行，随时查询余额，对家庭资金了如指掌，并根据存折余额随时调整自己的消费行为。

3.强制储蓄，逐渐积累

建议晶晶先到银行开立一个零存整取账户，每月发了工资，首先要考虑去银行存钱;如果存储金额较大，也可以每月存入一张一年期的定期存单，这样既便于资金的使用，又能确保相对较好的利息收益。另外，现在许多银行开办了“一本通”业务，可以授权给银行，只要工资存折的金额达到一定数额，银行便可自动将一定数额转为定期存款，这种“强制储蓄”的办法，可以使晶晶及大华改掉乱花钱的不良习惯，从而不断积累个人资产。

4.尽快买房，主动投资

大概计划了一下，经过一段时间的储蓄，他们夫妻应该可以达到购房的首付目标，这时就应尽快办理按揭购房。作为一个白领，居者有其屋是一个起码的生活标准。同时，近年来房产呈现了稳定增值的趋势，他们夫妻俩可以买一套30万元以上的商品房，这样每月发了薪水首先要偿还贷款本息，减少了可支配资金，从源头上扼制了过度消费，同时还能享受房产升值带来的收益，可谓一举三得。

5.建立投资资金

为保证家庭应急和发展所需，家庭财力往往需要滚动增值。因此建议，结婚后，夫妻二人可共同出资建立一笔投资基金，然后由一方掌管，进行债券、基金、股票、储蓄组合投资，期间，最好把稳健投资和风险投资相结合、长线投资与短线投资相结合，收益目标可定在10%到20%左右。为使投资基金运作透明化、合理化、直观化，不妨在季度、年度编制投资收益一览表，列明债券投资多少、收益多少;股票投资多少、收益多少;依此做类推，以便让双方心中有数，随时纠正投资中的失误，计算已取得的收益，规划以后的投资目标。

6.开立三个账户

美国的家庭，理财时都遵守这样一个原则:夫妻两人各立账户，泾渭分明，互不牵扯，同时，家中的一切生活开支由双方等量负担。既体现了夫妻对家庭的共同责任，又不失去个人的经济独立和人格独立。根据中国人的传统心理和理财方面的实际问题，建议他们不妨借鉴一下美国人的做法:在一个家庭开三个账户，即夫妻双方在每月领到薪水后，自觉把等量或按比例的款项存入共同的账户，供家庭生活日常开支用，剩下的各自存入自己户头。如此做，既顾家庭，又使个人手头活络。有些夫妻不愿开立众多账户，虽然集中有集中的好处，但原则上，还是应保留一定的“私房钱”。现代生活，有些事情必不可少，如朋友聚会、修车、买书等，事事“伸手”，项项要“讨”，无论夫妻哪一方，长久下去都会觉得不便。在固定的薪水用于家庭开支后，一些奖金、稿费等干脆让其自己支配。

工薪家庭如何通过货币市场基金理财?

对于工薪家庭而言，每月可支配资产并不很多，投资中长期金融工具的可能性也不会很大，所以更应该重视现金管理效率。

假设一个家庭月收入为5000元，那么在发薪的时候，将这5000元买成货币市场基金，然后就用信用卡消费。到还款的时候，只需要提前两天赎回转账偿还欠款就可以了。一般使用信用卡消费都可以享受最长55天的免息期，而在借记卡内的资金是按活期利率计算的。按照活期存款年利率0.72%。去掉利息税后，实际的税后利率只有0.576%，而现在市场上的货币市场基金普遍的7日年收益率都在2%～3%，而且不扣利息税。这样一来，等于消费者在享受最长55天的免息期内，等待还款的资金享受的却是远高于活期存款的收益，而遇到扣款时，却能像活期存款一样可随时使用，一点都不影响收益。

按照家庭月收入5000元，月消费3000元，节余2000元来大致计算一下，如果不使用货币市场基金来代替活期储蓄管理头寸的话，每月的2000元节余按活期利息计算，年底可获得税后收益14.4元。如果借货币市场基金来管理，按照目前的市场行情，一年的收益率为2%，每月2000元的节余部分一年产生的效益是260元。而消费3000元，情况也不一样，由于有免息期，用贷记卡消费比用借记卡或现金消费可以多获得一些利息收益。为方便计算，将平均每月的免息期定为30天，也就是说，每个月有3000元可用于投资货币市场基金30天，收益大约为6元，12个月计算下来，可以多获得72元的收益。除此之外，这3000元在消费之前也是有收益的，存活期与买货币市场基金的差异大约为每年60元。这样算下来两种不同的消费形式所产生的差异一年就要达到270元以上。而且采用这种消费模式，并不会影响到个人的生活品质和消费水准。

专家点金

新婚夫妇在婚后要合理分配自己的财产，合理投资，给自己以后的生活有一个好的开端。在理财过程中夫妻双方要多交流，勤沟通，找到夫妻双方都能认可的理财方略。

丁克家庭如何进行理财规划

“丁克家庭”的成员一般都是工薪阶层，有稳定的收入，消费水平也很高，他们是社会上的中产阶层，这与美国20世纪60年代的那些青年颇为相似。他们并非不具备生育能力，而是其中有很多人认为养育孩子是一件非常麻烦的事，会妨碍他们的夫妻生活。自20世纪80年代起，它悄悄地在我国出现，丁克家庭过去曾被别人议论，甚至还被别人怀疑有"生理问题"。而现在，这种家庭已经开始被大家理解和接受。越来越多的中国女性开始拒绝生育，于是不要小孩的丁克家庭数量日渐庞大。据统计，中国大中型城市已出现60万个"丁克家庭"。"养儿防老"的传统观念的突破，使得提前储备养老金、在收入高峰期为自己制定一份充足完善的养老规划，对于丁克家庭来说显得尤为重要。

今年36岁的成先生和33岁的妻子就是典型的"丁克家庭"。成先生是南京一家外贸公司的部门主管，妻子在一公司从事营销工作。结婚已有9年还没要小孩。成先生家庭处于家庭形成期至成熟期阶段，家庭收入不断增加且生活稳定。该家庭年收入11.7万元。其家庭的收入中，主动性(工资收入)为9.6万元，占家庭总收入的80%以上。其中房产和金融资产各占一半，该比例是合理的。其债务占家庭总资产的比例不到7%，债务支出占家庭稳定收入的17%左右，完全处于安全线内。鉴于老年后除了日常生活开销，医疗费用的支出将占较大的比例。

成先生的理财目标是:股票、基金和外汇统统涉足，希望投资回报率能在10%以上。另外，作为"丁克家庭"将来养老的钱是必备的，除了通过不断地投资让家庭的资产保值与增值外，成先生一直在盘算着如何通过保险保障来抵御未来身患疾病的风险。希望专家能推荐一些养老和重疾保险方面的品种供他们选择。

从成先生夫妇的收入情况来看，他们家属于小康之上的幸福家庭;从成先生夫妇的生活需求来说，他们属比较时尚的享受型生活。因此，基于小康、平衡风险、确保晚年舒心是这类家庭理财所要考虑的核心。

一般金融资产组合分为三大类:第一类是现金及现金等价物;第二类是固定收益投资，包括债券和定期存款等;第三类是非固定收益投资，主要是证券投资和证券投资基金。成先生的投资主要集中在金融投资方面，预期的投资收益率为10%，应该说是合理的。不过家庭金融资产的组合需要做一些调整。

【专家支招】

遵照常规，银行的理财专家为丁克家庭的白领夫妇制订了这样的理财计划。

1.家庭资产配置建议

一个家庭的应急准备金不低于可投资资产的10%。成先生只要留1万元银行存款即可，因为5万元的货币基金也属于应急准备金。20万元股票资金可以不动，不过，切忌盲目追涨，多关注理想的蓝筹股。5万元的货币基金、2万元的博时基金和1万元招商先锋基金可继续持有。其余的资金应当及时转为投资基金，如债券型基金、股票型基金。购买基金可以采取定期定额的方式投资。同债券基金的“看似安全，实则危险”相比，系统化投资于股票基金可以说是“看似危险，实则安全”的。但基金一定要长期持有，如果投资一二十年，投资报酬率远远比储蓄赚钱快，也有助于更快达到理财目标，同时也为成先生夫妇养老作打算。

外汇投资，是一种全球通用的投资技能，一般晚上的行情波动比白天更剧烈。成先生夫妇工作比较忙，把2万美元的“外汇宝”，购买各大银行推出的短期限、高回报率的外汇理财产品，从目前理财市场品种来看，保本型投资风险低，但收益相对偏高，具有投资性。

2.家庭保险保障建议

虽然成先生和妻子分别拥有了10万元和5万元的意外保险，保险意识有了。但工作压力太大，漫长岁月中，无法保证身体永无大恙，将来又要面对昂贵的医疗费用支出、养老等计划还是不够的。尤其对于丁克家庭，提前储备养老金显得尤为重要。在夫妻两人收入高峰期就制定一份充足完善的养老规划，是使丁克家族快乐地度过晚年生活不可缺少的前提。

因此，鉴于家庭的整体收入水平，成先生每年将家庭15%左右的收入给两人各投保一份重大疾病保险、年金型年金保险和两全保险，同时附加一些含有医疗赔偿的相关险种，这样可以确保晚年老有所养。(正常保费支出 = 年收入的15% ~ 20%)

1.健康险

面对突发意外事件，意外保险具有了基本的抗风险能力，而健康保险却能抵御疾病侵袭。作为一家公司部门主管的成先生，买一份重大疾病保险很重要，该险种保额为10万元。因为，这种重疾保险诊断后即可获得一笔保险金，以保证渡过生命难关。能让家庭在面对巨额治疗费时，不必手足无措地抛出股票和基金，最大限度地保存收益。目前中国人寿的“国寿康恒重大疾病保险”的健康保险，该险种能提供包括29种疾病的特别保障，是目前可保重大疾病种类、数量最多最齐全的产品。

而成太太则需要购买女性疾病保险，以方便给予特别关护，如太平人寿推出的太平怡康女性长期健康保险涵盖了25种重大疾病保障及终末期疾病保障。这个保险产品首次将“经输血导致的人类免疫缺陷病毒感染(HIV或AIDS)”列入保障范围，还有额外的特种疾病津贴，为常见的心血管手术提供保险金。除此之外，成太太还需要购买一些传统的每日住院补贴和医疗费用的补偿性保险，因为这种津贴既可以弥补部分误工的损失，也可购买营养品，以便尽快地恢复健康。满足上述保障，成先生和妻子每年在健康方面的保费支出约为2000元。

2.养老险

最好由两份年金保险和两份分红两全保险组成。如太平人寿的福满堂养老年金保险，是一种集合养老保险和投资分红的“双全”保险，除获得每年固定的年金之外，养老金保证领取终生，还可获得红利。可根据自身具体情况，选择年领、月领，或延迟领取，灵活安排退休计划，可根据自身需要选择领取。

成先生夫妇可以双双购买投保15年的年金保险，选择与分红型产品组合，每年总共交1万元。这样夫妻两人预计从60~64周岁开始每年领取养老金3756元;65~100周岁每年领取7524元;60周岁时候领取28470元的红利;65周岁时候领取26248元的红利;若生存至100周岁，获得15048元的祝寿金，合同即告终止。

两份分红两全保险，成先生选择20年的交费期满后，即每三年可领取一次9000元生存保险金，生存时期越长，领取总额越多，直至身故还可领取10元身故金。如平安人寿的永利两全保险还附送7级34项意外残疾保障。成太太即购买一份4万元分红两全保险，在10年满期时可一并领取保额和红利，随心安排退休后的生活，充分满足自身养老需求。虽然分红具有不确定性，但是长期来看，其复利累积额还是不少。

除此之外，对于日常发生的意外医疗，则可以选择中国人寿经济实惠的吉祥卡和全家福卡等卡式保险。上述这样的养老规划，每年两人共需保费约2万元，为丁克家庭提供了全面有利的未来保障。完善风险保障，尽享幸福生活。有了这些安排，夫妇俩的晚年生活才有充分保障。

专家点金

对工薪丁克家庭来说，夫妻双方一生的总收入基本上是可以估算出来的。要做到“少有所依，老有所养”，不仅须规划好双方各自的财务收支，还得规划好家庭的财务收支，提早进行财富的累积。

双薪高收入家庭的理财形式

陶先生是研究院的研究员，每月收入在5000元左右。他的妻子是一名公务员，每月能有4000元的工资。他们住在以前单位分的房子里，今年才新买的私家车。由于陶先生和陶太太单位的待遇比较好，所以他们没有太大的开销，家里的存款有20万元。因为现在工作比较忙，陶太太希望退休以后可以好好享受生活。他们面临的最大问题是储备退休金，所以要加大投资力度，提高资产的投资回报率。

这样的家庭属于高收入家庭，由于他们抵抗风险的能力较强，所以可以采取开放式的基金占50%、房产投资占50%的投资组合。这种组合虽然比较单一，但它是以实现家庭资产的快速增值为目的。而且开放式基金相对于比较稳妥，会使资产稳中有升，房产投资虽然波动性大，但如果善于经营，收益将非常可观。

在现代都市中，双薪家庭为绝大多数。夫妻共同来负担家庭的开销，其理财形式也由双薪来决定。总的说来，如今常见的双薪家庭理财形式可以分为如下三种。

1.全部汇总型

夫妻将双方收入汇总，用来支付家庭以及个人的支出。这个方式好在双方不论收入高低，一律平等，收入较低的一方不会因此减低其可支配收入；而缺点是，容易使双方因支出的意见各异造成分歧甚至争论。

2.按比率进行分担

双方按收入的比率提取生活必须费用支出。若一方收入占家庭总收入的60%，则提供其收入的6成为家庭开支，剩余部分自由支配。优点是夫妻基于个人的收入能力一起分担家庭生计；缺点是随着收入或者支出的变化，其中一方可能会不满。

3.平均分担型

双方各自从收入中提取等额的钱存入家庭账户，以支付日常各项费用。剩下的收入可以自行处理使用。此方式优点在于夫妻共同负担生活支出后，有完全供个人支配的部分；缺点是其中一方的收入若高于另一方，收入较少的一方可能会为了较少的可支配收入而感到不满。

综合分析，双薪家庭具有两份收入，先前可能会造成一些假象，即总觉得一人的薪水花完后还有另一人的，却不知组成家庭不仅多了一个人的支出，还有家庭的集体支出。遇到这种情况，夫妻双方都要注意控制不良的消费习惯。最好开立两个银行账户来处理收支。一个是家庭账户，即夫妻两人协商提领的账户；二是夫妻各自的独立账户，由开户者自己使用。开立独立账户可以使自己的账务更清楚，若有特殊财务负担，譬如赡养费或者父母生活费等，独立账户也较为方便。

【专家支招】

如下的理财四步希望能给大家提供帮助。

1.独立家庭支出

我们这里所说的“家庭支出独立”是指消除家庭的“偶然支出”，控制家庭良性支出。家庭“偶然支出”是指人力不能控制的支出，譬如生病、意外伤害等，这些事件引起的支出都属于“偶然支出”。而家庭良性支出就是指我们自己可控制的支出，譬如生活支出、房屋及汽车贷款等。

2.学习理财知识

专家理财，只能根据我们的收支情况、资产负债状况、风险偏好等，提出相应投资规划，真正的整体规划还得由我们自己来定。所以，我们有必要学点理财方面的专业知识，来保证自己决策的合理性。

3.端正理财理念

投资不一定都能赚钱，着手投资前必须树立理财的理念：不要负债投资；用于投资的钱短期内不去动用；投资要明确方向，切勿盲目跟风，对已选定的投资产品组合要有相宜的心理预期。

4.设定理财目标

结合家庭的收入和个人不同生命阶段来拟定恰当的理财目标。设定理财目标应注意：目标必须切合实际，投资回报要与自己的风险承受能力相匹配；达到目标所需的时间不能过长，一步一个脚印实现目标；投资的工具要考虑到产品的组合、货币的配置、期限的结构以及地域范围等因素，从而达到分散投资，降低风险的目的。

经济是基础，合理的家庭理财就是家庭幸福的基石，家庭理财不管使用什么形式，最重要的一点是夫妻双方保持意见一致，对钱的问题有分歧时，夫妻双方一定要坦诚且实事求是地好好分析讨论，共同协商，来制订长远的理财计划，迈出建造幸福家园的第一步。

年轻人分步投资自己，实现理财目标。

随着年轻人在家庭理财中所扮演的角色越来越重要，因此，现代年轻人对于投资理财也应该有独立的方式与见解。

年轻人如何投资理财呢?首先，应该了解自己的投资属性是什么、希望达到什么样的目标、可承担多大的风险。待这些问题有答案后，再根据自己的需求去寻找适合的理财工具。

年轻人最重要的投资是投资自己。投资自己的关键是量身定制，首先根据自身不同的生存背景进行全面分析，弄清楚自己缺什么，然后就去补什么。明确目标后，根据自己承担风险的能力来制订理财计划，才能做到有的放矢，得偿所愿。

投资自己的项目众多，我们最重要的是学习投资的知识。是投资股票、基金，还是投资住房、商铺;投资古玩字画，还是邮币卡票;购买理财产品，还是做外汇宝;都要求我们有相当丰富的专业知识，否则，就非是赚钱而是玩钱了。

理财是理性地进行投资和消费，是分散风险、实现目标收益率的一种手段。它是对财富的长远规划，而不是暴富的途径。货比三家是我们投资理财的基本功。建议年轻朋友在进行理财全盘考虑的时候，尽量分散投资于相关性不大的产品中。譬如，美元与黄金往往呈反向变动，同时持有这两种产品，就可对冲美元贬值的风险。随着更多理财产品的面世，我们可以选择不同回报方式、不同风险档次的产品进行投资。首先设计好自己的投资组合，最好不要集中投资高收益或者低收益产品，应该两者兼顾，最大限度地分散风险。

年轻人理财要关注自己的继续教育方面。大学毕业刚参加工作，正处于人生积累“知本”和“资本”的初始阶段，也可以说是打基础的阶段。在这阶段中，理想和现实常常会脱节。譬如，想拥有一套属于自己的房子，结束居无定所的生活，给自己开辟一片温馨的小天地，然而，按揭贷款购房是有条件的，无论住房公积金贷款，还是商业贷款，都有一定的门槛。刚入社会的年轻人，实现资本原始积累的途径很窄。因此，一段时期内，资本的原始积累，只能如同蜗牛爬坡。

年轻人理财既要关注微观的、战术的东西，更应关注宏观的、战略的东西。在我们的人生选择中，可能面临两种抉择:一种是自小白领拾级而上，到大白领，到高级主管;另一种是自白领到老板，自奴隶到将军。两种人生选择中，有一点是相通的，即应通过加大对继续教育的投入，不断提升自己的赚钱能力。

不同的是，若将职业目标锁定在高级白领，我们可以努力赚钱，轻松消费，也可通过信贷途径，提前购车、买房，过上节俭、安稳的日子。若将目标锁定在创业投资，则可以在打工的过程中，努力实现资本、管理经验以及社会公共关系资源的原始积累，最终达成所愿：自己当老板、别人来打工。

如今，知识经济时代到来，想当白领也罢，想当老板也罢，提升自己的赚钱能力，首先就应提升自己的学习能力。从某种意义上来说，年轻人进入社会最紧要的投资，就是接受继续教育的投资。

专家点金

经济是基础，合理的家庭理财就是家庭幸福的基石，家庭理财不管使用什么形式，最重要的一点是夫妻双方保持意见一致，对钱的问题有分歧时，夫妻双方一定要坦诚且实事求是地好好分析讨论，共同协商，来制订长远的理财计划，迈出建造幸福家园的第一步。

附：北京电视台《天天理财》栏目专题之三

——楼市跌宕起伏，股市震荡，“钱”途在何方？

最近房产跌宕起伏，股市又在震荡，很多人心里又没底了。钱放哪里安稳又能钱生钱呢?我们为您精挑细选了一些现在正在热销的银行理财产品，利率比存款高，有的还是保本的。现在基本不想投资了。既要稳健投资，又要追求高收益，毕竟钱放在里面需要保险，首先是保本，利率又要比银行高才行。

现在有一部分积蓄，这半年暂时不用，想投资，但是不知道该投资什么比较好，有人说投资房市，可总觉得现在房价不稳定怕太贵，怕万一落价。

李女士是在中关村上班的白领，月收入1万块钱左右，手里有些存款，可投资房产。觉得现在价高，前两天李女士看到一组数据:8月底，北京房价环比下跌了24.52%。而二手房成交量，也环比7月同期下降了4.39%。这下李女士更不敢轻易在这个时候买房了。

有人说买股票，可她觉得风险太高，搞不好10万块钱最后剩1万。李女士觉得从八月到现在这个反弹都没敢买股票，现在就更不敢买了。钱只能放在手里。

现在家里每天因为这事吵吵嚷嚷的。存银行利率太少了，也想做点投资，但是不知道做什么投资好。其实像李女士这样，把钱存银行不甘心，想找个本金安全，还能比银行利息高的理财产品的人挺多的。所以很多人就瞧上了银行理财产品。比如招商银行新发行的一款20多天年化收益率在2%左右的理财产品，十几分钟时间就售罄了。而建行8月19日发行的两款纯信托贷款型理财产品，卖了10亿元，也是不到一天时间就被抢购一空。但是我们采访了30个人，对于银行理财产品，60%的人没有买过，20%的人考虑过，但不了解理财产品，不知道要怎么买，收益怎么样，该买什么类型的。要达到预期收益还不错，比银行利息高，不了解，是不会购买。所以一些追求低风险，又想有些收益的人比较适合买理财产品。

杨晨说购买理财产品要知道自己的钱能用多久，要拿出来多少钱。比如有些短期的，适合什么人群。有哪些保本的理财产品适合年轻人。那现在有什么既能保本，还能比银行利息高的银行人民币理财产品呢?预期收益高于活期存款的银行保本理财产品的特点:当天买卖，预期收益高于活期储蓄。像招商银行的日日金。它的预期年化收益是1.31%，它最大的好处是保本，收益比银行活期利息高，而且可以随时买，随时卖。(招商银行）日日金最主要的优点就是流动性可以媲美活期，就是周一到周五的9点到3点10分，随时买入，随时卖出，及时到账。

我们给您算笔账。比如您买了10万元的“日日金”，年化预期收益率是1.31%，如果一个月后取出，收益也在0.11%，也就是110块钱，而如果活期储蓄，利率是0.36%，一个月取出，收益就是0.03%，30块钱，这样算来，购买“日日金”这种理财产品的收益要比活期储蓄高大概4倍。但是这款产品您要打算放个半年一年的，那这种理财产品的收益就不划算了。肯定没有银行的定期存款利息高。其实收益跟银行存款差不多，差不了多少钱。比如您购买了10万块钱的招商银行日日金，一年都没动，预期收益是1310元，按照现在银行一年定期利率2.25%算，利息是2250元，一年利息相差940元。像日日金会明确地写出投资于货币市场，还有包括银行间的债券这种产品。投资银行理财产品没有太大的风险，基本上应该是零风险的，就是说收益可能没有预期那么高，但是起码本金是不会亏损的，所以很安全。就是银行理财基金的起步比较高，最低的也是5万块钱吧，所以到目前为止可能你还没有这个余钱。从2007年该产品开始发售到现在均达到了预期收益。接下来介绍一种预期收益高于活期存款的银行非保本理财产品。相比于招行的“日日金”产品，招行的“日日盈”则属于非保本的理财产品，但是收益要高一些，预期年化收益在1.5%。如果有短期的、比较大额的资金暂时不使用的情况下，那么购买灵通快线理财产品的收益能提高1.04个百分点，还是比较合适的。同时，类似于活期储蓄的理财产品还有工商银行的“灵通快线”，但是也不保本的，预期年收益1.4%，起点金额都是5万。

如果说我们在某一个时期之内，可能有一些钱闲置不用的话，可以考虑做一些定期或者是国债这种长时间的固定投资，平时的一些闲钱可能随时要用的那些，就投资到灵通快线，因为它申赎比较方便，随时可以拿回来使用。

比如银行发售的一些类似日日金这样的产品，那么这种产品每天都去做，比如说我有100万，我今天去买一个这样的产品，明天不就到期了嘛，到期之后我接着买，那么这样的话就能够产生这种（复利）的效果，比你一年期的定期存款还划算。刘先生说，我有一部分钱，明年春天打算装修，但是现在想投资，也不知道该买什么好。我们发现，像这种短期的理财产品并不适合刘先生和李女士，那他们到底应该选择什么样的理财产品呢？我们又找了一款适合刘先生和李女士这种情况的，既保本而且预期收益比银行定期存款高的理财产品。预期收益高于定期存款的银行保本理财产品。同时介绍期限短一些的适合白领的可以和定期存款比较的理财产品。但是此类产品多不保本。

人大经济学教授赵锡军提醒大家买理财产品一定要看好合同，要认清风险。理财产品适合存款不是很多的人，或者是投资房产比较困难，钱不够，或者是比较谨慎，追求低风险的。您10万块钱现在存活期，一年收益360块钱，那么存一年定期是2250块钱，倘若买一年期的理财产品，按照预期年化收益率3.7%来测算，那10万块钱一年的理财收益是3700元，那比活期可能要高10倍，比定期还是要高将近百分之七八十吧。那么这些期限较长的所谓高收益的理财产品风险大吗？投资什么方向的理财产品宜买？什么不宜买？

实际上银行理财产品的风险主要是看它投资什么，如果是投资国债、货币市场，银行间债券什么的，那风险就小多了，当银行拿您的钱去贷款给大型国有企业，预期收益达到的可能性也比较大，不过，要是投资股票、基金什么的，预期收益确实诱人，有的时候一年能达到30、50%，同时这类银行人民币理财产品风险也很大的，购买的时候一定要慎重、慎重、再慎重。因为此前说的银行亏本的、没收益的，主要是这类理财产品。

中央财经大学教授郭田勇说，现在的金融环境下，对于银行的理财产品今后还有一个大的发展环境。对于保守型的人，追求零风险的，比较适合这种理财产品。但是买银行的理财产品时一定要注意，如果是收益比较高的一般是结构类的，但是这种产品通常也是风险比较大的。买银行人民币理财产品一定要注意三点：

1.清楚地认识您的钱多久要用。

2.看不懂、听不明白的理财产品不买。

3.清楚地认识您的风险承受能力。

如果是中老年人，您一定要选择保本的银行理财产品。据了解，10万元起购的银行理财产品一般比5万元起购的收益要高，但是风险也会相应大一些。所以要看自己的投资心态，选择适合自己的理财产品，并注意以下几个问题：

1.各项投资应在资产配置中怎么分配。

2.买理财产品需要注意什么?很多人都是不太明白理财产品究竟是怎么回事,甚至不知道投资方向,随便听人介绍就买了。到后来一旦出现零收益翻看合同,可能根本就没承诺保本甚至保收益。

3.股市震荡是否促进理财产品热销?

以上介绍了多款理财产品和探讨了关于理财产品的一些问题。希望在资本市场大势未卜的时候能给您一些帮助。让您看好腰包赚好钱。

附:北京电视台《天天理财》栏目专题之四

——偏门投资,一夜暴富还是倾家荡产

1000万天价成交是炒作还是物有所值?1000万元买条狗?这是真事!就发生在今年7月份,买家是山东淄博人,当然了,身价千万也不是寻常狗,正是有神犬之称的藏獒,这条号称史上最贵的藏獒名叫大帝,是去年的红獒冠军。消息一传出,就有人质疑,“天价藏獒”难道又是炒作?买主高价买来做何用?投资人群少,回报率奇高,偏门投资风险几何?

带着这些问题,我们展开了追踪调查,这位贾先生是唐山红利獒园的经营者,而他正是“天价藏獒”交易的参与者。唐山红利獒园经营者贾树民从业6年,今年贾树民介绍山东魏氏獒园买走天价大帝,一千万还加配八条狗,折合1200多万。贾先生也不简单,今年六月初刚刚以300万的价格卖掉一对藏獒幼崽,比现在的行情贵了整整十倍,而这对藏獒幼崽的父亲正是大帝。贾先生从2004年开始投资藏獒,在他看来,养藏獒一本万利。而这位刘先生,是去年涉足这个行业的,境况却是大不相同。刘先生是平谷獒园经营者,经营藏獒2年,去年他投了一百多万,可以说是血本无归。他说,我这辈子都忘不了,真是一个终身教训。

刘先生是怎么赔的呢?原来他买回来的藏獒母本,是已经过时的品种,培育出的狗崽,市场根本不认可。今年北京市场,以红毛为主,并不是说铁包金不好,但是以红

毛为贵，所有的红毛不管说你这品相再次，它都有人买。

目前市场上的藏獒，便宜的千儿八百，贵的上千万，价格的巨大差异就是差在狗的品相上。哈尔滨一位獒园经营者，从业8年，他讲现在追求獒的品相要求有五项，分别是头版、毛量、颜色、骨量、体躯，脸要求是要方、短、粗。

李先生是房山一家獒园经营者，他从业2年，他说值钱的藏獒前腿得直，后腿得略有角度，走起步调得轻盈，前胸得宽，胸骨得靠前。藏獒的审美标准，是腿粗、嘴短、大方脸的藏獒为美，今年更是流行红毛，一般情况下，能符合其中的一两项就能卖上价了，而“大帝”则是样样符合要求，难怪价值千万。李先生也比较幸运，养獒第二年，就在一窝幼崽中发现一个美人坯子。它的头、嘴就特别大，它生出来以后身子跟头、脖子一样粗，跟别的狗不一样，当十七八天时就能看出这是特别优秀的狗。出生不到一个月，这条狗就被相中，出价是普通狗崽的五倍。东北的两口子要买，还没满月，那条狗就给50万的价格，但是我没卖。最后在獒展上还有一家，就给我出到了300万要这条狗，我还是没有卖，因为从内心里不想卖这条狗，也没准这一生当中繁育的狗，再也不会超过这条狗。好狗我不卖，真正最好的我自己留着了。

通州一位从业5年的獒园经营者说，一万两万、三千五千，不好的小的时候都卖了，好的都自己留下了，都值个百八十万，三十万，五十万的。

炒藏獒已经成为一种投资，那花高价买藏獒的肯定不是普通百姓。藏獒好像不是在平常家庭就能养的。它的卫生也不太好搞，它不像咱们平时的宠物狗，你可以自己在家给它洗个澡，即使这种狗到美容院人家也不一定会为它美容一次，这也太奢侈了吧，像老百姓承受能力在三五百块钱左右，稍微好一点的一千块钱，这个他能承受得了，上百万的，或者说三十万、五十万的，肯定都是些知名人士去买，老百姓肯定不会买。据了解，除了一些有经济实力的玩家，大部分买家是各地獒园的经营者，他们高价买入的藏獒，要么当作母本繁育幼崽，要么当作种公赚交配费用，比如天价藏獒大帝，交配一次的价格为30万，保守估计，一年半就能收回成本。而李先生花56万引进的母獒，每只幼崽卖10万，第一次产崽就把成本收了回来。丁女士讲，当时我听说一般人就是喜欢大型犬，像阿拉斯加雪橇犬、藏獒这种大型犬，因为它看着比较凶猛，感觉特别神勇。当时在狗市上，销量最大的宠物狗是泰迪，价格在2000到2500不等，而经营金毛的店家最多，通州梨园一个市场就有十多家。丁女士2003年开始投资培育金毛，当时北京能进到种犬的就两家，金毛本应该是杏核眼，腿长适中，可这两家的狗一个是大圆眼，一个是大长腿，血统都不纯。丁女士夫妇下决心花10万块钱从香港买了三条母狗，又花4万2从澳大利亚进了一条公狗，再加上兴建狗厂，花光了20万。

当时我爸说，这俩孩子疯了，那20万是准备给我跟我老公办婚事的，结果还挺争气的，一窝宝宝卖了11万。自此我们一直是这个狗市规模最大的金毛专卖店家，最多时一年挣了上百万。随着投资金毛的人越来越多，这些纯种金毛幼崽从当初的2万块钱，一路降到现在的四五千元。去年的时候有一个天津的大姐，在我这儿买了一个它的宝宝，她喂得特别好，没到一岁，跟它个子一样大，毛比它还要厚，还要长。她买的时候是8000元，她养了没到一年，还没到一周岁呢，带过来的时候好多人给她3万块钱，她没卖，吓坏了。金毛种公种母的市场价是5万块钱，如果饲养得当，品相尤其好，还可能更贵，丁女士家的这条种公名叫哈利，去年有人开出了20万，到现在还有人追着要买。那个男孩是张家口的，跟我说了好多次了，我说不卖，拿它当儿子养的，没法卖，他也知道去年给20万了，前几天给我老公打电话问这个宝贝给你25万成不，能卖这会儿我带着钱过去取。

一只好的种狗价值要看长远利益，像这些小狗都是哈利的孩子，这一窝都卖出去的话就是6万块钱，大约四年就能收回成本，以后五六年都是纯利，所以商家一般不会卖。

一只藏獒一年的饲养成本平均1万块钱，藏獒的饲料：牛肉、鸡架、鸭架、鸡蛋、蔬菜，每只藏獒每天20元到50元。所以如果是品相不好的幼崽，商家就要尽快处理掉，1万以内能买到。但是市场上的藏獒迅速扩张良莠不齐。据不全面统计，截止到2008年10月，全国仅獒园约有2000多家，拥有的藏獒数量达10万只以上，但是纯种藏獒全世界不足300只，我国不足百只。

另外，可以投资观赏鱼：观赏鱼投资技术含量高。

北京姓寿的两兄弟，他们跟鱼打了四十年的交道，十来岁的时候，他们养的燕儿鱼已经在北京鱼友里小有名气了，1975年，哥哥认识了一家有热带鱼的，便用五对燕儿鱼换来了五对红绿灯。大寿回忆说，那时候没人提钱，就是关系不错拿我的跟你的换，玩儿鱼的最高境界不是养鱼，而是繁殖鱼，如果你能把它繁殖出来，把它养大了，那种喜悦是不一样的，那会儿业余时间就想繁殖繁殖红绿灯，红绿灯当时算是比较高端的、稀有的品种。那会儿热带鱼还是新鲜玩意儿，北京人对它的了解不多，寿先生觉得勤换水，保持干净就行了，可谁知鱼甩的籽都坏掉了，一条小鱼也没孵出来，这可愁坏了哥儿俩。大寿回忆说，通过一些从国外回来的朋友那里才知道，它需要软水。软水怎么解决呢，那时不像现在什么设备都有，那会儿就是到澡堂子去买蒸馏水。当时20升蒸馏水要8块钱，对于一个月挣40块钱的寿先生来说，真不是一笔小钱，但是为了兴趣，他连价都没还。俗话说，养鱼关键在养水，这水一换，果然鱼就繁殖成功了，这一变百，百变万，家里顿时到处都是红绿灯。到70年代末80年代初，改革开放了，就有自由市场了，那会儿我还上班，就偷偷摸摸地卖，不敢明目张胆的，看见熟人同事我还得赶紧躲起来，那时候在哪儿呀，那会儿就在官园，就是现在的梅兰芳大剧院附近。

当时的寿先生，还是北京一所中学的教师，业余时间偷偷卖鱼，竟然歪打正着挣了大钱。大寿讲好多物品都很奇缺，鱼的品种需求量大了，老百姓开始有钱了，开始想变换自己的生活了，那真是拿多少都能卖出去，那会儿小红绿灯也就是一公分吧，批发价五毛。小寿也跟着说那时候我们在单位上班，中午吃个饭，也就是两毛来钱，坐公共汽车才几分钱，四五站内才四分钱、五分钱。当时寿家兄弟的鱼主要批发给东北和内蒙古，每周都能卖几千条，最多的一次，一下批出去六千条，这就是三千块钱呀！小寿说当时没见过这么多钱，那时候一年才挣多少工资呀，每月工资四十多块钱，一年大概六七百块钱。80年代末，经过几年的考虑，两兄弟决定打破铁饭碗专心干个体，做什么呢，最后寿先生决定，做当时刚刚引进的品种——龙鱼。大寿说那是在西直门，当时拿价七八千吧，养了有十个月，那条龙的颜色相当相当好，最后翻了好几倍，卖了五万多块钱。十个月，一条红龙就挣了四万多，这在九十年代初可是笔巨款，但兄弟俩并没被胜利冲昏头脑，看到了这里边的风险。小寿也说红龙确实有很多级别，高档的确实很贵，为什么呢，因为繁殖一批鱼，出不来几条好的，大部分都被台湾、日本客户拿走了。

二十几年下来，他们不断尝试培育新品种，什么南美异型、西非蟹、澳洲小丑鱼，每次都是见好就收，不盲目扩大投资，现如今官园老寿家鱼店在养鱼爱好者中，知名度非常高。寿先生形容他们那个年代，下海干什么都能挣到钱，他只不过是从小喜欢鱼，干上了这一行，而对于80后同样好养鱼的周先生来说，生意就没那么好做了。周先生举例说，比如说大家同时都进了100条鱼，我只养活了50条，而别人养活了80条，那人家一定比我挣钱。2006年上半年，周先生跟父母和同学借了7万块钱，在海淀大森林花卉市场租了一个10平米的摊位，租金、设备都买齐了，还剩2万块钱，他从中拿出一半进了2000条宝莲灯，结果一夜之间，鱼全死了。周先生说当时站在那个屋子里的时候都傻了，真的傻了，因为那批鱼对我来讲是很重要的一批鱼，正是在市场上这个品种最紧缺的时候，我想尽了一切办法找朋友进的这批鱼，结果第二天全部都死了。那批宝莲灯质量本来就不高，太瘦弱了，但因为经验不足，周先生在验货时没发现这点，把两千条放在了仅有的四个水族箱里，结果鱼密度太大，因缺氧而死。有了这次教训，周先生决定还是做大众鱼，而且专拣容易活的品种。周先生说像紫色的那个鱼，紫色海金鱼，市场零售价格在80到100元一条，像这个蓝色的黄尾蓝魔也是在30到20元一条，海水鱼采购的成本相对来说比较低，它最值钱的一部分就是它的运费。像一些小型鱼，或者是鹦鹉那些鱼，比较容易让大众接受，做起来很简单，而且养起来也很好打理。薄利多销的策略很成功，他店里的这些鹦鹉，最小的15元一对，大的40元一对，一个礼拜几缸鱼都能卖完，两年下来，他在莱太花卉租了20平米的店面，兼做网上批发，生意越来越红火。

白酒放在家里，谁能想到价值几十万。白酒拍卖是最近两年新兴起的领域，目前的成绩出乎了许人的预料，白酒投资是小众化，专业性强。今年春天在歌德拍卖行，随着拍卖师的落锤，一瓶1959年产的茅台酒最终拍出了92万元，加手续费达到了103.04万元，荣宝拍卖行最近一场拍卖会中，32瓶茅台酒全部拍出，一瓶同样1959年产的茅台，挥发得只剩4两酒，也拍出了25万的高价，但普通老百姓，对白酒拍卖的领域还是不太了解。走偏门呀，你看好的就挣不着钱了。好的茅台，你看搁几年，十年二十年，它都是一个投资。别说普通百姓，就连家里有茅台老酒的人，也根本没意识到它能这么值钱。荣宝拍卖行的总经理刘先生讲了这样一个故事，鲁迅先生的儿子周海婴家里一直珍藏着一瓶1959年的茅台酒，当年买回家准备将来女儿出嫁的时候喝，后来由于种种原因，这瓶酒并没喝掉，于是就一直在酒柜里放了五十年。直到我们到他家去，我看到这瓶酒，我说你拿出来，我动员他拍卖，他一开始舍不得，那周先生是怎么被说动的呢？因为我前边有一瓶1959年的酒，卖过25万，我一跟他说，他也吓一跳，他说你拿去吧。那么一卖，果真，又举到25万。这瓶酒当初到底几块钱买的，周先生早就忘了，现如今一下升值了不下几万倍，如果说，周先生这次投资算是无心插柳，而这瓶酒的神秘买家却更是眼光独到，因为一倒手，就有人出70万求购。因为这个酒太稀有了，有这种红飘带的酒在1959年的时候是送给国宾用的，国家本来这种酒就特别少，而且基本上都在海外，在国内很少能见到这种酒，他说他收藏了十几年了，第一次见到。咱们普通百姓家里藏的酒，能不能参加拍卖呢?一般地我们1986年以后的酒就不要了，因为86年以后就不是原厂的窖藏酒，它都是跟别的茅台酒厂以外的酒勾兑的，叫勾兑酒，勾兑酒现在产量比较大。而这瓶酒是最符合我们上拍标准的，是典型的70年代的酒，八角盖，紫皮，保存得非常完整。

业内人士透露，上拍白酒的年代要求比较高，90年代以后的酒出拍可能性不大，品牌上除了茅台、五粮液、剑南春，目前汾酒也有一定的收藏潜力。我们在歌德拍卖行仓库里看到的上百瓶茅台酒，只是征集量的十分之一，随后工作人员还会经过严格筛选，最后选出几十瓶参加拍卖。茅台酒能参加拍卖的都是金字塔尖上的那部分，而普通老百姓家，即便有存货，也不一定能有渠道兑现。但是，总之这些酒喝完了就没有了，是稀缺资源，所以长远来看，它一定是升值的，不失为一种投资途径。观赏鱼投资可大可小，金鱼最便宜，5万块钱就能做一个成规模的鱼场。热带鱼比较贵，要室内环境，专业的照明、给氧设备，最少也要二三十万。而龙鱼之所以价格昂贵，跟藏獒一个道理，几百条鱼苗中，最后能成长为没有瑕疵的精品鱼的只有一两条，所以物以稀为贵了。

老话说得好:家财万贯，长毛的不算。养动物玩和养动物挣钱完全是两回事，贸然进入一个行当，尤其是饲养行当还是要慎重再慎重，我们跟您说的这些另类投资有的起点较高，有的风险大，还有的需要专业知识，并不适合所有人，我们的初衷就是让您了解到投资渠道的多样化，为您的理财开拓思路，增长见识。

第十二章

把握一生中的第三次理财机遇

——家庭成长期(孩子出生到上大学9~12年)

理财概要:最大开支是子女教育费用和保健医疗费等。随着子女自理能力增强,父母可根据经验在投资方面适当进行创业,如进行风险投资等。购买保险应偏重于教育基金、父母自身保障等。

专家支招:可将资本的30%投资于房产;40%投资股票、外汇或期货;20%投资银行定期存款或债券及保险;10%活期储蓄,以备家庭急用。

理财优先顺序:子女教育规划——资产增值管理——应急基金——特殊目标规划

做好教育理财的规划

朱先生和太太都是普通的公司职员,夫妇两人的月收入为8000元,除去日常生活开支和偿还住房贷款,每月结余2000元左右,有一女儿正在上初二。他和太太的理财观念都比较保守,他们希望通过稳健的理财方式进行投资,对于风险较高的产品他们一般不予考虑。当想到为孩子积攒教育费用时,朱先生首先想到的就是教育储蓄,因此今年年初他到银行开立了一个六年期的教育储蓄账户,每月存270元,预计孩子高中毕业时可以取回本息21089元。

王女士是保险公司的售后服务人员,由于从事保险行业时间比较长。因为王女士有一些固定的客户资源，所以每月她都能有3000元左右的收入。王女士的老公是一名工厂的技工，虽然每天工作比较辛苦，但每月收入也有3000元左右。王女士夫妻二人的银行存款有8万元，他们的女儿今年已经上初三了，他们面临的最大的问题就是孩子的教育经费。

【专家支招】

对于这样的家庭而言，尽量实现财产增值是关键。由于他们两家夫妻双方工作都较为稳定，同时也有一定的储蓄，能够承受一定风险。所以可以采用储蓄占40％、债券占20％、人民币理财产品占20％、基金或股票投资占20％的投资组合。这样的投资组合储蓄比例较大，而其他投资的比例相同，在结构上呈现一把锤子的形状。40％的储蓄就是“锤头”，债券、人民币理财、开放式基金或股票加起来就是一个“锤柄”，“锤头”是最有力量的部分，而“锤柄”又可以通过三四种产品的组合，来增加整个锤子的力量。特别是这个组合中有20％的开放式基金或股票，这部分投资如果收益高了，会增加整个组合的投资收益，万一出现了风险，对家庭整体投资的影响也不是太大。

我们下面将结合三个家庭的实际状况，就做好教育理财规划提出一些比较合理的建议。

1.理财从教育储蓄开始

李芳和丈夫都是教师，他们的家庭月收入5000元，除去日常开支和偿还住房贷款，每月结余1500元左右，儿子正上小学五年级。她和先生的理财观念都属于保守型，理财的要求是绝对稳健，有风险的坚决不碰。所以，为了积攒孩子的教育费用，李芳首先看好了教育储蓄，年初她就到银行开立了一个五年期的教育储蓄账户，每月存入500元，预计孩子上高中时可以取回本息38775元。这样存了一段时间之后，李芳说教育储蓄太麻烦，她觉得现代人最重要的是时间，可这样月月跑银行将浪费大量的时间和精力，便想办理销户，选择其他存款方式。另外，为了追求稳妥，李芳其他收入的打理也均以定期储蓄为主。

【专家支招】

首先，建议李芳将教育储蓄继续下去。李芳之所以要退出教育储蓄，其实是对教育储蓄的规定缺乏了解。教育储蓄存款的次数多少可以由我们自己掌握，储户根据自己的情况和确定的存款总额，可与银行约定两次(即每次1万元)或数次就可存足约定的额度。另外，根据李芳追求稳健的理财要求，也可以选择五年期国债，如此国债到期时，儿子上高中，这笔资金正好派上用场。

2.以实现收益最大化为目标

曾月从事医院工作，她的老公在外企上班，家庭月收入1万元，每月结余5000元，女儿正在上初中二年级。他们因为女儿就读的是费用较高的“校中校”，入校时一次就缴了3万元择校费。曾月和先生打算等孩子上高中时，让孩子报考北京、上海等地的高中。到大城市上高中，预计每年开支为2万元，三年则为6万元。因此，曾月的理财目标是在稳健的前提下，积极涉足高收益投资领域。

【专家支招】

开放式基金可以作为曾月的首选。曾月从事金融保险工作，对新的理财方式接受较快。开放式基金的净值一般会随股市下跌出现一些回调，但它的特点是持有时间越长，理财效应越明显;同时，一些绩优基金的净值是比较坚挺的，这就要求曾月在选择基金时着眼中长期投资以及学会综合衡量，注重基金的既往业绩以及其净值的稳定性，可以适当申购业绩较好的基金。

曾月的女儿两年之后上高中，高中三年之后上大学，花钱的日子跟着来。这就要求曾月从长计议，提前谋划好孩子上高中以及上大学的开支。集合理财产品是新近推出的一个新的理财品种，曾月可以综合衡量，优中选优。

曾月自己从事保险工作，可以为孩子购买适合14岁以下少年儿童的少儿两全保险(分红型)，也可以适量追加教育年金保险，这样，孩子上高中和大学时都会取得相应的教育金，并可享受保险公司每年分派的红利。曾月还有必要为自己和先生购买意外伤害险，这样万一在孩子学习期间家庭发生不测，孩子的教育经费也可以得到保障。加之她自己是保险营销员，把保险卖给自己，提成自然装进自己的腰包，省钱赚钱两相宜。

3.提前谋划大学教育费用以及创业资金

江婷与先生共同经营一家服装店，江婷当“掌柜”，先生负责跑外。两人的经营思路比较灵活，店铺每月纯利润达到1.5万元。江女士的儿子今年上高二，受父母的影响，儿子虽然学习成绩不好，但却非常具有生意头脑，但江婷还是希望儿子好好学习，考上大学，将来无论是去找工作还是做生意，没有文化就没有竞争力。因此，为儿子两年后上大学的资金开支也提上了家庭议事日程，还要考虑儿子大学毕业后的就业或创业基金。

【专家支招】

江婷应该从生意赢利中定期积攒教育基金。将赢利投入生意，这种再投资的收益将高于普通的理财方式，但投资毕竟是有风险的，若经营中遇到一些市场变化、经营失误等情况，很可能变成一穷二白，甚而因资不抵债破产。所以，江婷应未雨绸缪，定期从经营赢利中拿出部分教育基金，专款专用，将这些资金投入到开放式基金、人民币理财以及正规的信托产品等理财渠道中，以稳妥为前提，实现保值增值，以增强孩子教育的保障力。

面对孩子未来就业、创业的生存竞争，现在很多经济条件较好的父母开始提前为孩子积攒一定的创业基金。江婷的儿子具有经商天赋，她可以和积攒教育基金一样，每年拿出部分经营利润，设立创业基金。如果将来儿子毕业后准备自己创业，这笔资金将派上大的用场。

总的来说，教育理财规划必须根据自己的具体情况进行合理制定，量体裁衣方可穿得舒适且不浪费。

专家点金

根据中国人民银行最新的调查显示，我国城乡居民储蓄的目的，子女的教育费用排在首位，列在养老储蓄和住房储蓄之前。随着民办学校以及公办学校出现“校中校”等新型教育模式的出现，教育费用渐呈水涨船高之势，家长积攒子女的教育经费压力陡增，如何科学地积攒教育基金成为许多家长关心的问题。

取不同家庭情况的经，定自己的理财方案

“超级负债族”是如何理财?“负债消费、享受生活”，单从理财理念来说这也无可厚非，但负债一定要根据自己目前的经济情况和未来偿债能力酌情承担，盲目负债不但不能提高生活质量，反而会使自己本来不富裕的生活雪上加霜。目前大多“超级负

债族”负债累累都是有超前的消费意识。

王先生和妻子二人都是工薪阶层，每人月收入2000元左右，有一个三岁的孩子。他和妻子按揭买了一套小两居的新房，刚开始搬入新房时一家人非常高兴。可后来，王先生却怎么也高兴不起来了，每月仅是还房贷就要2200元，家庭日常开支开始捉襟见肘，不得不节衣缩食。虽然他们的住房条件改善了，但总体生活质量却下降了。

像王先生这样的超级负债族，本身并无可非议。但是，以他们现有的经济水平，如果没有一个好的理财规划，也不容易走出负债的境地。针对像王先生一样的超级负债一族以下规划比较有效：

1.可以选择公积金贷款或借款来减轻债务负担

筹集买房资金首先要想到借款，如果找不到亲戚朋友借款，可以申请公积金贷款，公积金贷款是一种政策性贷款，其利率低于普通个人贷款利率。所以，如果单位有公积金，可以到当地住房公积金中心或指定银行申请公积金贷款，以最大限度地降低借款成本。

2.暂缓购买第二套房子

就算不吃不喝，把钱全攒起来，也要十多年才能攒够买房款，况且还有孩子，这时会存在一个自己收入减少与孩子相关的开支增大的问题。如果家庭收入没有太大提高，无论是靠自有资金还是贷款都不太现实。所以，建议暂不考虑购买大房子。

3.可以适当拿出5%左右的收入购买保险

许多人在保险上存在误区，认为有钱人才适合买保险，其实收入低的家庭抗风险的能力才比较低，万一遇到意外，这5%的保险可以帮家庭渡过难关。

4.应积极采取开源的方式来增加家庭收入

李女士除了保证家庭基本收入不变外，应考虑兼职、创业等增加家庭收入的办法，只有收入提高了，才能逐步实现自己换房等提高生活质量的目标。

5.有条件最好提前还贷

按有关规定，银行允许借款人提前偿还全部或部分贷款，提前全部归还本息的，按合同利率一次结清还本付息额；提前归还部分的，以后每月还本付息额按剩余本金和剩余还款期数重新计算。这样，如果办理消费贷款后，手中余钱积攒到了一定数额，可考虑提前偿还贷款或部分贷款，因为日常积蓄一般是存成银行储蓄，如果不及时偿还贷款的话，一方面存款年收益不足2%，另一方面要支付5%以上的高额贷款利息，

3%的差额就白白流失了。因此，提前还贷是减少利息支出的好办法。

再婚家庭需要怎样的理财方略。众多离婚者在经过心理调整之后又陆续组建了新的家庭。但再婚和第一次婚姻有很大不同，再婚者面临着心理、人际关系、家庭经济等方面的问题和压力。许多再婚者有婚姻失败的阴影，又战战兢兢组建新家庭，对另一方存有戒心，自然地会在感情和经济上有所保留，唯恐全部投入后，换来的是又一次的伤害。同时，由于涉及第一次婚姻所生的子女，再加上新婚后生育的子女，会使再婚者的家庭关系更为复杂，各种消费和理财也比普通家庭复杂一些。

张先生在一家IT公司担任部门经理，三年前离异，女儿三岁，由他抚养。属于再婚家庭。他目前月收入约8000元，每年还有约5万元的年终奖，目前有银行存款10万元、现值8万元的股票、一套市值35万元的自用住房。除基本社保外，单位每年还为他购买有10万元的意外险。张先生的现任妻子月收入约3500元，家中雇了一个保姆，目前其家庭月支出约5000元。因夫妻俩都没时间进行理财投资，余钱都存在银行。为方便妻子上下班和接送女儿，张先生计划三年内购置一辆10余万元的汽车；考虑到女儿三年后要上小学，还要准备3万元赞助费。虽然张先生知道自已家庭的收入呈上升趋势，但随着女儿的长大等一系列问题，家庭的支出也会增加，所以张先生认为自已还是有必要做一个理财规划。张先生的近期财务目标是为女儿上学和买车准备资金，根据其现有的收入状况，该目标很容易实现。但考虑到张先生已人到中年，因此建议他将个人养老计划、家庭保障计划、生活品质的提高计划列入理财目标，再考虑到是再婚家庭，在理财的过程中还要注意一些问题。

1.进行财产公证再婚夫妇可能经历过离婚过程中的财产分配问题，在处理好前次婚姻遗留下来的财产问题的同时，再婚前最好进行财产公证或婚前协议，明确财产所有权，预防日后财产权属纠纷。

2.完善家庭保障

除了单位提供的社保、医保和意外保险，张先生没有购买任何商业保险，因此，建议他和妻子增加部分商业保险，如重疾险、住院医疗附加险以及寿险、养老险等，来完善对家庭的保障。张先生可根据现在的收支情况决定两人购买的保险额度，建议每年的保费总额控制在1万元左右。随着家庭收入情况的变化，再择时进行调整。

3.要有金融投资

证券市场是比较具有魅力的投资场所。但基于张先生夫妇没有时间又缺乏股票投资经验，不适宜直接炒股，但他可以通过购买开放式基金的方式间接投资股市，让专家来帮助理财。张先生可以选择50%用于投资股票基金，30%用于投资国债、黄金，20%用于投资货币基金的组合投资方式。这种组合投资方式既考虑了投资的收益性又兼顾了流动性和风险性，即使出现投资损失，也可以控制在一定的范围内。

4.留足家庭现金储备

保留2万元家庭现金储备，以备不时之需，可在确保流动性的前提下增加现金储备的收益。

5.适量贷款

张先生目前的家庭资产负债率为零，因此，完全可以通过贷款方式添置固定资产。因为，如果按照上述投资方案实施，他的收益必将大幅提高，只要长期维持在6%以上，就可以通过银行贷款来买家庭轿车。

6.妥善处理房产问题

再婚家庭往往一方或双方都有婚前房产，房产问题成为再婚家庭最容易产生纠纷的问题之一。无论婚前财产是否公证，不要轻易在婚前房产的房产证上添加对方名字。

7.多交流沟通

两个经历失败婚姻的人重新结合在一起，一定要倍加珍惜，特别要注重加强家庭财务上的沟通。一般来说，夫妻双方在家庭理财上可能会有一方注重稳健，一方注重收益，两人存在很好的互补性，可以相互学习和交流。单从理财技能上说，再婚生活，也是一个再学习的过程。

8.实行AA制

在加强交流沟通的基础上，以及相对透明的状态下，夫妻两人可以实行AA制理财，因为再婚夫妇的双方不但要负担各自父母的养老等开支，还要对不跟随自己的子女尽到责任和义务，如果财务集中的话，容易因分配问题引发矛盾，所以，他们可以尝试各自财务独立的AA制管理。

一个民企员工家庭该如何做好自己的理财规划方案。赵静今年38岁，在一家国有企业做财务工作，每月收入3000元；丈夫在一家大的保险公司做营销总监，每月收入4000元，年终奖金约1万元。他们有一个四岁的儿子，儿子入托费每年5000元，基本生活开支每月2500元；全家已购买重大疾病及意外保险，每年要缴付5000元。现有存款15万元，4万元股票，家有两套房屋，自住一套，另一套以每月1500元出租。

由于赵静夫妻两个害怕工作不稳定，日后年收入下降。为了以后的生活质量不下降和孩子能受到良好的教育，赵静想做一个合理的理财规划。

对赵静家中的财务收支分析后可以得知：赵静家庭每月收入合计为8500元，基本生活开销为2500元。家庭年度收入为11.2万元，支出为4万元，年度结余7.2万元。从收支状况来看，赵静一家基本情况良好，目前的家庭成员结构、收入水平和资金积累情况，已属于城市中等生活水平。

【专家支招】

为了防止以后的收入不稳定，赵静可以采取以下办法：

1.留足备用金，可以解决临时之需

俗话说计划赶不上变化。在经济生活中，不留备用金不是件好事情。建议在有固定房租收入的情况下，赵静应保持3万元的定期储蓄存款。

2.适当增加金融方面投资，以获取更大收益

赵静每年都有一定的节余，应该适当增加投资以获取较高收益。从赵静的现状分析，她应该是一个相对稳健的投资者，在现在的证券市场情况下，建议将6万元现金转为投资货币市场基金。货币市场基金投资的对象均为一年期内的短期国库券、央行票据、AAA级企业债券等低风险品种，既安全又富有流动性，投资货币基金是不错的选择。

3.剩余资金为儿子买教育保险

教育保险既能保证孩子上学的学费，又可以防止夫妻二人有意外，影响孩子的教育问题。

4.提高个人素质全面防范风险

如果赵静及其丈夫的自身条件和基础(如学历、经验、能力、社会关系等)较好，可以着力于自身的增值，争取步入更高收入阶层或转入相对稳定的行业。若基础不够坚实，还可以通过进修、补习来全面提升自我价值。

专家点金

伴随着现代生活的时代色彩，不同家庭情况下就更需要根据自己的实际状况、合理、科学的规划出适合自己家庭的投资理财方案，以便实现不同的家庭财务规划目标。

“421”家庭积极理财规划养老扶幼

独生子女政策使很多夫妇上有四个老人需要照顾，下面还有一个独生子女需要抚养，这就是我国目前的“421 家庭”。“421 家庭”的养老扶幼负担相对来说比较重，更需要有一个好的理财规划。

王先生和太太均为独生子女，他们的家庭就是典型的“421”家庭，王先生 28 岁，在一家外企工作，税后月收入为 6000 元。结婚第一年两人还过着甜蜜的二人世界生活，整天无忧无虑。可是第二年王太太生下了一个儿子，孩子的开销比预想要大，王先生夫妇开始发愁了。

另外一个让王先生头疼的事是王先生的母亲年迈体衰，生病住院一年花了近 6 万元，除了医疗保险可以负担一部分，还有一部分需要自己承担。

王先生夫妇贷款买了一套价值 100 万元的房子。为了尽量节省利息，双方父母都倾囊而助，首付了 50 万元，其余 50 万元通过银行贷款支付。王先生和太太都有住房公积金，两人每月分别缴纳 1500 元和 1200 元，住房公积金账户上的余额分别为 5.5 万元和 3 万元。王先生利用公积金申请贷款，10 年等额本息还款，贷款利率是 4.41 %，每月还贷 5160 元。

夫妻二人由于工作的时间不长，加上结婚、买房和新房装修的大额支出，家里只有近 5 万元银行活期存款。另外，王先生见老同学炒股票赚了不少钱，也在股票市场上投入了 5 万元，但却一直被套着。

王先生和王太太的公司都上了四险一金，但两人及父母子女均未投保任何商业保险。平时王先生喜欢打网球，每个月与朋友往来需支出 500 元；太太每月美容健身费用为 500 元；而全家三口的日常开支杂费需 1000 元，生活食品饮料杂费约 1000 元，外出就餐约 1000 元，家庭交通费每年大约 1 万元。此外，由于夫妇俩的父母均不在北京，因此每年要给双方父母赡养费共 1 万元。儿子一年的开支在 1 万元左右。

王先生家庭属于中等收入家庭，两人讲究生活质量，花销比较大，年节余比率为 11%，家庭积累财富的速度不快。投资与净资产的比率偏低，负债比率和流动性比率都还比较适当。但随着王先生夫妇父母的年龄增加和儿子的长大，家庭负担将会逐渐增加。儿子刚出生不久，不管将来发生什么事情，王先生和太太都希望儿子能有足够的生活费和学习费用。此外，王先生还是希望能够在近几年内购置一辆价格为15万元左右的小轿车。

王先生和太太已经感觉到收入不够，但是面对日益激烈的竞争，在目前的职位上要想提高工资收入非常困难，在这种情况下，他们应该开辟其他渠道增加家庭的收入，并对现金等流动资产进行有效管理。另外，对于王先生这样的“421”家庭来说，必须现实起来，尽量在不降低生活质量的前提下节省开支。

【专家支招】

针对王先生家庭的具体情况，可以做出如下理财规划：

1.现金规划

王先生和太太的收入都比较稳定，身边的现金留够一个月开支就行，另外留两个月的开支备用，可以以货币型基金的形式存在。考虑到王先生和太太一直都在缴纳住房公积金，目前住房公积金账户余额为8.5万元，因此王先生应将此款提取出来，其中61920元用于归还下年的住房贷款，剩下部分用于投资。另外，王先生申请的是住房公积金贷款，其贷款利率相对较低，没有必要提前还贷，以后每年年底时王先生和太太的住房公积金账户都有余额3.24万元，每年都可以节省还贷支出3.24万元。

2.消费规划

王先生家庭每月的生活食品饮料杂费约1000元，外出就餐约1000元，这两项开支完全可以压缩1000元，这样每年可以节省1.2万元。

建议夫妇俩的买车计划推迟两年执行。因为通过住房公积金归还贷款将使家庭的还贷支出减少14.98万元，这笔钱经过两年的稳健投资、升值，王先生可以比较轻松地买上自己喜欢的汽车。

3.子女教育规划

建议每月定投500元于一只成长型基金上，为儿子以后的学费作积累。假设成长型基金在未来15年内的平均收益为8%，积少成多，这笔资金在儿子读大学的时候就可以达到17.3万元，足够儿子4年的大学费用。

4.保险规划

王先生家庭保障明显不足，这意味着家庭抗意外风险的能力很弱，一旦出现意外开支，将使整个家庭陷入财务危机，甚至危及孩子的成长经费。因此有必要给夫妇俩及孩子补充购买一些商业保险，主要是寿险、重大疾病险和意外险。特别是王先生在IT领域从业，容易造成身体透支，而他又是家庭的经济支柱，因此重疾险和寿险对王先生来说尤其重要，建议购买保额10万元的寿险和保额10万元的重疾险。

儿子年龄还小，暂时还没必要投保意外险，主要购买健康险。而王先生的父母身体不是很好，单位退休福利也不太好，可以给其父母购买一些医疗保险，王太太的父母享有的单位福利较好，应重点考虑意外险和重疾险。建议赵先生家庭保费每年支出约为1.7万元，当年的保费由现有的活期存款支付。

5.投资规划

王先生家庭的投资与净资产比率偏低，通过前面的规划，增加了家庭保障，可以有更多资金进行投资。而且王先生和太太都属于风险喜好型的投资者，可以考虑选择风险大、收益较高的投资品种。但投资股票需要时间和精力，不适合工作忙碌且无投资经验的王先生夫妇，建议将其置换成偏股型基金。此外，王先生家每年的结余可以投资于混合型基金，这笔钱可作为家庭意外医疗费用支出或其他的大型支出备用，同时也可以获取较高的投资收益。以后买车时如果这笔资金没有动用，也可部分用作购车款。

专家点金

“421家庭”与“五口之家”的相同之处是都上有老人下有孩子，需要重点考虑赡养老人和抚育孩子的问题；不同之处是“421家庭”比“五口之家”在赡养老人方面有双倍的负担，更应该做好家庭理财规划。

“五口之家”的家庭的理财规划

赵刚夫妇就是一个“五口之家”的家庭。赵刚在一外企工作，39岁，妻子35岁，女儿上小学，由爷爷奶奶照顾。赵刚夫妇月收入合计1.35万元，两人所在单位均为他们购买了重大疾病住院保险，妻子还有社保，夫妇两人4年前各购入10份20年缴款期的投资连接保险，年缴保险费合计2.45万元；夫妻二人有一旧房现值9万元，出租租金600元。现住5年前购买的商品房价值40万元，30年按揭贷款24万元，月供1450

元。另有股票价值约5万元、银行存款10万元。每月供养女方老人约支出600元，每月家用约3000元。

赵刚的理财计划是：一是以妻子月收入维持日常开支；二是因为妻子公司有大病保险，此10份保险之功能效用不大，想停供妻子10份投资连带保险，但停供会损失两年已缴保金2.42万元，不作退回；三是保留赵刚的10份投资连带险（保额23万元）及小孩意外伤险（保额2万元），年供款1.25万元；四是原已投资股票的总收益为15%，现股值5万元，现金15万元，准备不增加股票投资，赵刚想等一年股票加现金增至30万元左右时，离现职自创业；五是小孩高年级及大学所需教育金可由经营收入或者出售旧房获得；六是有意在两年内将供楼年限缩短为20年，需缴银行现金5万元。

从赵刚家的详细信息分析，其家庭财务安排总体上属于较合理的状况，经济基础处于相对较高的水平。收入方面，夫妻工资收入超过1.35万元/月，房屋出租租金收入600元/月，收入总计约17万元/年；支出费用，家庭日常开支3000元/月，赡养老人600元/月，供楼款1300元/月，保险费用2.45万元/年，支出总计约每年8.33万元，收支比例为46%，属于一般水平；在投资渠道方面，股票投资5万元、银行存款15万元，偏于两个极端，缺乏中间风险和收益度的产品。

赵刚的家庭是我国传统的个体家庭，一般包括一对成年夫妇、他们的子女和已丧失了劳动力的年迈父母，因为家中共有五口人，所以称为“五口之家”。这种家庭因上有老人需要赡养、下有孩子需要抚育，相对来说是结构比较复杂的家庭。

【专家支招】

“五口之家”的消费和后续资金需求比较复杂，应谨慎分配，同时要充分利用现有资源，具体规划为：

1.谨慎选择辞职创业

个人创业必须慎重考虑几个因素，即是否有明确的行业目标和客户市场（孙先生所处的年龄阶段已不适于太过盲目地选择目标）；是否有足够的可投资资金（为长幼家庭成员预留5万～10万元基本储备之后的可支配资金只有5万元）；机会成本（离开现职必然放弃每年10万元的收入，这是家庭最大的收入来源）。资金方面不是最重要的问题，假若对个人创业成功的综合把握性很大，可考虑将旧房出售取得足够的启动资金。

2.适当降低保费额度

孙先生用于家庭保险的支出占家庭年收入水平的16%，属于偏高的水平。从长远来讲，应该减少那些实际收益与实际需求差距较大的投资，具体可采取两种途径减轻保险费用负担，一是停止妻子购买的投资连接保险，二是夫妻双方同时向保险公司申请减额(各减一半)。

3.尽量实现以租养房

以现有旧房出租所得每月600元的收入，再加600元基本可以满足新房月供款所需，而且贷款利率与房租水平一般都是正向关系、同升同降，可以长期维持下去;妻子每月5500元的固定收入可保障家庭及老人日常生活所需。

4.适当缩短按揭期限

在教育投资方面，随着小孩的成长，真正的高投入时期还在后头，目前正常的资金积累基本可以满足日后的需求。在住房按揭方面，20年和30年的月供款额并无多大的差别，一般而言15～20年是最佳选择，经济上既可承受又可节省利息支出。

最后需要注意的是，"五口之家"理财规划的前提是留出赡养父母和抚育孩子的资金。对于资产并不富裕的家庭来说，这两项资金的安排可能会占据家庭开销的主要地位;对于资产较为富裕的家庭来说，应该把这两项资金的安排作为刚性支出，给予充分的重视。

基金理财是"五口之家"的好选择。金飞宇先生是一名中学高级老师，由于较早接触理财理念，所以自2004年就开始投资基金，下面是他的投资回顾和感想。

2004年3月，我在招商银行认购了6000元中信经典基金，当时中信经典创造了销售达百亿元的新纪录，我也算凑了一次热闹。不久我收到了信函。发现净值缩水了，不过我也不在乎，反正才一点小钱。2005年年初，我将80平方米的房子换成了130平方米的房子，尽管我手头缺钱，可我也没有将中信经典赎回来。搬家后，我有一段时间没有关注基金的情况，基金的缩水情况怎样不得而知。根据当时的宣传资料说，基金投资是长线，我信，可到底何为长线型投资，那时我还不懂。不过还是因为买房，在房价高企的情况下我只得将2004年4月买的嘉实服务基金赎回了，1.2万元的基金只值1万元。后来，因为还房贷没有闲钱，所以也不再关注基金之类的投资了。

2006年7月，股市已热，我便去证券公司开了一个户头尝试着上网炒股。按照通用的理财原则。即不将鸡蛋放在一个篮子里，我用1.5万元买了富国天益基金，其时富国天益正在拆分，我上网查了有关资料，知道富国天益被晨星网评为五星级基金，而且正巧股市有一波调整，我以0.9元多的价格买入，现在看来是非常合算。半年时间内，我又陆续买了富国天合稳健、上投阿尔法基金。买上投阿尔法的时候，其净值已是2.5元，我看好它的潜力，照样买入，虽然折算下来份额才一点点。这样我篮子里装着投资风格不同的多种基金。看到网上买卖基金很方便，我又尝试着将中信经典的一半份额转换成中信精选这样属于同一家基金公司但投资风格属股票型的基金，比比两者投资风格不同，但净值增长率谁快，结果发现中信经典稳健，中信精选波动稍大，但总体净值增长率基本无差异。通过观察我发现，在牛市中，同类型基金的净值表现在较长时间内是无显著差异的。收益都不错。今年2月初，股市急剧调整，我的五种基金都大幅缩水，但我不为所动，坚定持有，到春节前，基金的净值又回到甚至超过了前期的高点。一盘点，我发现基金的收益率远高于菜鸟股民的股票收益。我深深地感到：投资于基金，是忙碌的工薪阶层投资理财的一个好选择。

专家点金

我国目前的个体家庭主体，一般包括一对成年夫妇、他们的子女和已丧失了劳动力的年迈父母，因为家中共有五口人，所以称为“五口之家”。这种家庭因上有老人需要赡养、下有孩子需要抚育，相对来说是结构比较复杂的家庭。消费和后续资金需求比较复杂，应谨慎分配，同时要充分利用现有资金。

“蜗牛”家庭与年收入百万家庭的理财规划方案

新婚“蜗牛”家庭的理财悲喜。

小林新婚一年，双方家庭条件尚可，都事先为子女付了首付款购买了房产，但是由于自住的和新购的两套都是按揭房，目前小林夫妇深受房贷压力之苦；另外结婚时他们还按揭购买了一辆11万元左右的轿车。小两口就像两只蜗牛背着重重的壳在艰难前行。

小林的理财目标是：早日摆脱当前财务紧张局面，提高生活消费水平；计划近期生个宝宝，为小孩准备一定的养育和教育费用；增强家庭抗风险能力。

小林家庭财务状况分析：小林有房产2套，一套在市区，100平方米左右，市价80

万元，房贷余额20万元，贷款剩余期限5年，月供3821元，已入住做新房；另外一套在市郊，150平方米左右，市价75万元，房贷余额35万元，贷款剩余期限15年，月供2861元，交房半年，还在空置；自用车一辆，折旧后市值10万元，车贷余额3万元，贷款剩余期限2年，月供1326元；另有活期存款1万元左右。小林从事通信行业，月收入5000元，年终奖2万元；太太从事金融行业，月收入4000元，年终奖1万元左右。

小林每月家庭支出概况为：贷款月供8000元左右，养车费用1000元，月生活支出在省吃俭用的情况下控制在1000元左右，但这种过于节俭的生活让两人很难长期忍受。

小林和太太凭借着自己的努力和双方家庭的鼎力相助初步建立起了自己温馨幸福的小家庭，但在家庭的形成期，小两口承担了较大的压力和责任。因此，合理的配置家庭的资产负债，充分做好家庭主要成员的风险保障成了小林夫妇理财的重点。

双方虽然工作和收入相对稳定，但是月度收支处于入不敷出的状态，家庭财务每年的赤字总数达到1.2万元，几乎抵消了一年的年度收支盈余，这对于家庭的资产净值的提升十分不利。

从家庭的资产负债结构来看，小林家的负债比率为35%，小于安全负债率50%的底线；净值比率为65%，家庭的财务安全状况尚可。但是，家庭的绝大部分资产都在房地产上；银行存款仅为1万元，整个家庭的资产流动性很差，抗风险能力较弱。

在小林家庭的资产中，房地产占据了总资产的93%，而且目前有一套闲置，一套自住，不产生任何收益。市郊房产因交通和地段原因，租金较低，不能以租养贷。总体来看，资产的投资回报率低。

另外，小林家庭风险保障力度也不足。小林夫妇两人收入相差不多，具有同等重要的经济地位，因此，风险保障额度应该基本相同。但除了双方单位投保了基本的养老和医疗险外，无任何补充保险。在房贷的重压和未来子女抚养、父母赡养的责任方面和风险保障方面明显不足。

针对这种情况，小林夫妇首先可以出售市区房产。小林家庭主要存在着以下一些问题：月度收支赤字、资产流动性差、资产投资回报太低等，若出售其中一套房产，这些问题就可以在很大程度上得以解决。出售市区房产的理由是：第一，市郊房产出租租金过低，租不能养贷。第二，税收负担高。

根据房地产税收政策，从2006年6月1日起，对购买住房不足5年转手交易的，销售时按其取得的售房收入全额征收营业税。市郊房产交房不到2年，郊区房产价格未有明显上升，而且面积有150平方米，再转让需要另缴税费，税收负担偏高。所以，处置市区房产相对更合理些，一方面因为已交房满5年可免去一大笔税费，另一方面小林已购有自用车，市郊虽然偏远些，但有了车上下班还是方便的。

因此，可将市区房产通过转按揭出售，家庭资金得到有效盘活。归还剩余20万元贷款后剩余60万元左右流动资金，用15万元左右对郊区房产装修。因汽车贷款利率相对较高，建议提前归还3万元汽车贷款。

另外，可提前部分归还15万元左右的市郊房产贷款，剩余贷款20万元，15年还清，每月贷款归还1635元，压力大大减轻。在其他收支不变的情况下，月可结余5365元，彻底告别赤字状态。

另外，小林夫妻两人属于稳健型的投资者。可将1万元继续存银行活期做备用金，其余资金的40%投资于稳健型的人民币理财产品、债券等，60%投资于股票型基金等风险性投资，月结余资金还可定期定额投资于开放式基金。通过合理的资产配置，不但可抵抗通货膨胀，实现资产的保值增值，还可累积将来孩子的养育费用和小林夫妇二人的退休养老费用。

还有，小林应选择一些合适险种，加强风险保障力度。购买保险的主要目的应为获得保障，投资收益的最大化不应成为考虑的主要因素。因此，小林首要应考虑双方的身体健康保障和意外保障，以保证房贷和正常的生活开支不会因为一些意外而受到影响。

小林夫妇除了基本的养老和医疗保险外，无任何补充保险，作为家庭支柱的双方在重疾医疗和意外险方面则是空白。应考虑重大疾病险和意外险，这两类保险花费较少但保障高，随着贷款压力的逐步减轻，理财资金的逐步宽裕，对于短期内不用的资金也可适当投保万能寿险，除了保障功能外，还可达到投资、储蓄的理财效果。

年收入百万元家庭的理财规划方案。

周先生46岁，从事通信产品方面的生意，每月税前收入8.3万元；周太太45岁，是一家大型国有企业的部门经理；周先生夫妇有一个14岁的孩子，在初中读书。

周先生年收入百万元，周太太月税前收入8000元，另有季度奖5000元(税后)和年终奖1.5万元(税后)，单位每年还提供3000元旅游费和6000元交通费报销。家庭停车费每月每车150元，月基本生活费3000元，商务应酬2500元，休闲娱乐1500元，交通费3000元，儿子家教费1000元，雇用营业人员工资支出约5000元，商铺管理费约2000元。周先生有一商铺(市价100万元)、两辆运输车(15万元/辆)和一辆私家车(30万元/辆)，通信产品存货月均250件(1000元/件)，银行活期存款余额月均100万元(含日常经营周转资金50万元)，一年期定期存款和5年期国债各20万元。

周先生商铺的经营增长率为5%，但是净利润逐年下降，周先生的家庭理财目标是:创业规划，改变和弥补现有的经营利润率逐步下降的局面;制订退休计划，保证退休后的生活水准保持目前状态;子女教育计划，为孩子准备以后的学费。

【专家支招】

针对周先生的家庭情况可以做出以下理财规划:

1.创业规划

若周先生保持目前的状况，经营增长率每年5%，但净利润逐年下降，假定抵扣净利润的下降年收入增长为3%，由此产生的净现金为1286.8万元。

若投资朋友的产业，初始投资100万元，占总股份的10%，年预期收益为10%，同时保留自己的通信产业，经营增长率每年5%，由此产生的净现金为1421.5万元。对于初始投资的100万元可由活期存款支取50万元，定期存款支取20万元，债券支取20万元，从当年盈余中支出10万元即可满足，对于入股项目投资，最主要的优点就是可以不用花很多的心思去管理，可以继续发展自己原有的通信产业，同时在收入上会有所增长。即使年收益达不到预期的10%也不会对家庭收入造成很大的影响。

若扩大经营规模，即开办通信产品连锁店，200万元初始投入。这一投资的优点在于，由于规模增加、进入产品价格下降，在净利润上会有优势，不必在众多流转环节中支付过多的成本，但同时也增加了相应的经营费用和管理费用，考虑各项因素的影响，经计算可得净现金1085.2万元。对于初始投资的200万元，分两年支付，不足部分可以用房产抵押向银行贷款，经营成本同时也会增加。

综合考虑以上方案，建议周先生选择投资朋友的项目。周先生46岁，扩大经营规模在精力上可能会有所不及，更何况还要顾及家人，而且经营规模扩大后，一旦管理不善很可能还会亏损。选择朋友的投资项目，一方面在管理上不用花费过多的精力，只需平时抽些时间关注即可，且即使没有产生预期的经营收入对家庭经济的影响也不会很大。

2.保障规划

考虑身患疾病对家庭支出的影响，周先生及其妻子应各增加大病险20万元。另外，周先生的事业投资对家庭财务的影响较大，建议可以增加两全险50万元，同时也可作为退休金的积累，如无意外发生，退休时可一次返还50万元，作为养老用。

3.退休规划

到周先生60岁退休时，家庭养老金缺口为224.4万元，除去退休时将一次返还给周先生的保险50万元养老金外，还缺少174.4万元。如果现在就开始准备，投资报酬率按8%计算，每年只需投资6.2万元就可以满足退休后的生活所需。

4.子女教育规划

孩子上中学之前的相关费用可以在日常生活中开支，而大学及研究生的学费则要及早准备，因为相对来说这两个阶段的时间跨度大，费用支出较高。按大学每年2万元，研究生出国费用每年15万元的学费计算，周先生需按每年3.78万元进行投资可以满足孩子未来求学的需求。

专家点金

"蜗牛"家庭与年收入百万元家庭相比，"蜗牛"家庭借着自己的努力和双方家庭的鼎力相助初步建立起了自己幸福的小家庭，但在家庭的形成期，小两口承担了较大的压力和责任。因此，合理的配置家庭的资产负债，充分做好家庭主要成员的风险保障成了小林夫妇理财的重点。双方虽然工作和收入相对稳定，但是月度收支处于入不敷出的状态，更应该做好家庭理财。

取高收入家庭的经，定自家的理财方案

目前有很多处于家庭成长期的中青年人，由于夫妻收入稳定、家有幼童，都有强烈的投资理财欲望和谋划未来的需求。张先生今年30岁，有一个刚刚两岁的儿子，家庭年收入10万元，支出6万元，现有存款20万元，无购房计划。理财专家认为其家庭的规划重点应集中在以下几点：

1.规划职业生涯

张先生的职业生涯阶段属于建立期，事业上已有几年的工作经验，应在职进修充实自己，同时拟定职业生涯规划，确定今后的工作方向，目标是使家庭收入稳定地增长。

2．控制年支出

张先生家庭每年收入10万元，而支出达到6万元，支出过高，为此建议张先生每年应减少不必要支出一两成，每年支出控制在4万元。

3．合理处置资金

张先生家20万元资产均为银行存款，目前存款利率较低，可留3万元存款当做紧急备用金，其余可投资收益率较高的股票、基金与记账式国债，通常以股票及基金定投为主。保险方面，此时夫妻应该互以对方为受益人买保险，以被保险人五年的收入额为保额。

【专家支招】

对于年收入10万元的年轻一族，以下的理财攻略可供参考：

1.30％的股票配置

可将3万元投入股票，选择的股票种类可以确定在大盘蓝筹一类的领跑股票，分别进行一定比例的配置。

2.70％的基金配置

剩余的7万元中，可以全部进行基金的配置，毕竟基金的风险比较小，再加上投资多为长期，比较适合广大白领的要求。

专家理财建议，一般的投资者最好先加强对那些有一定收益保证而稳健的品种的了解和操作。在摸索中得到一些投资心得之后，再逐步选择风险较高品种的投资来追求更高的收益率。通过长期的投资实践，投资者将会有机会在获得较高的投资回报的同时，逐步成为理财高手。

在投资组合策略上，要注重长短期品种的结合，以及适时对基金进行调整、组合，因为基金的业绩会受管理人变动、投资理念更替、操作策略变化等因素的影响。

同时，基金投资是长期投资行为，要培养长期的理财习惯。基金注重的是长期的稳定回报，不要急功近利。

根据国内外权威机构的普遍预测，我国未来二三十年的时间里，经济有望维持7%至8%的增长速度，对于白领来说，通过合理规划、组合投资，完全有把握通过分享国民经济的增长来实现较高的投资收益。

陈伟今年33岁，供职于一家寿险公司任营销部经理。妻子32岁，银行职员。他们有一女儿3岁。家庭年收入12万元左右，家庭金融资产50多万元。对于如何理财，陈伟颇为感慨。陈伟很惋惜错过了一些积累财富的良机，没有攒下多少财产。好在人过三十了，有了投资理财的紧迫感，开始注重管理和经营财富。

在经过了一番深思熟虑后，陈伟制订出一个颇为得意的理财计划。

1.合理消费

对于大多数人来说，30岁之前，也没想攒钱，反而是怕没那么多钱花。人过30岁，娶了老婆，生了孩子，既是丈夫，又是父亲，还有双方父母，情况就大不一样了。自己不仅需要钱，而且需要有一个稳定的收入来源。成家立业后虽然工作和收入渐趋稳定，积累明显增加，但花销却也多集中在一些较为昂贵的购房、家庭装修等项目上，这时你不算计都不行。

几年前，陈伟的生活，在消费上讲求品位、追求名牌，经常光顾大商场、西式快餐店、品牌专卖店，同时也注重精神消费，书店、音像店也是最喜欢去的地方。然而高消费带来的结果却是自己可支配的资产相对缩小，很长一段时间自己就是“新贫族”一员。

现在，陈伟认识到自己的行为和观念非常不可取。所以他开始注重合理科学消费。为了实现“零存整取”式的积累，陈伟很快接受了消费信贷，这样强迫自己按期还款付息，挤出了不少闲钱来用于投资。2000年陈伟以按揭的方式购买了一套价值28万元的商品房，除交付首期8万元外，以后20年内每月还款1275元。

2.勇于投资

有句话叫“吃不穷，穿不穷，算计不到才受穷”。“你不理财、财不理你”，只有善于投资才能增加家庭资金收入和保证生活支出。由于自己受时间、精力、专业、兴趣、信息等因素的限制，如果轻易涉足风险投资领域，无疑加大自身理财机会成本。所以十分需要专业人士来辅助个人理财。

陈伟总结出一套自己的投资理论，投资回报是一个非常明晰的概念。如果你把现金存入银行账户，你能够得到的回报只是按照一定利率计算的利息；如果你投资房地产，你得到的回报可能稍高一点，但你有可能在售出时亏本；如果你投资股票，你期望得到的回报会更高，可它的风险更大。作为个人理财，有效管理投资回报的方法是采取组合方式：把一部分资金放在回报率低、安全性高的投资目标，把一部分放在回报率高、安全性低的投资目标。

目前，各银行都推出了理财服务，有些还是针对白领的，这为个人投资提供了很好的条件。在接触了一些理财师后，通过“一对一”的客户经理，获得“量身定做”的理财建议。

3.**为老有所养做准备**

对于保险，陈伟也计划得很充分。

首先，陈伟购买了投资型保险。除了购买医疗、意外伤害类保险外，陈伟着重加大了投资连接险的投资。2000 年，夫妻二人各自购买了人寿保险的“99 鸿福”险 10 份，每三年就有 2 万元的收益，平均每年 6666 元，每月平均 555 元，而且人身保障还在增长。

同时陈伟还购买了10年期储蓄分红险种40份，共缴费4万元，10年后可领取45760元，外加若干红利。

三是用积累追加投资。为实现 20 年后养老目标。陈伟目前投入本金 10 万元，他计划以后每年再从结余中拿出 2 万元追加投资，按每年 5%收益率，退休时的本利总额将达到 100 万元，加上其他投资和保险收益，夫妻二人完全可以实现预期的养老目标。

专家点金

正处于家庭成长期的中青年人，由于夫妻收入稳定、家有幼童，都有强烈的投资理财欲望和谋划未来的需求。年收入10万元即便在大城市里，也算得上是中高等收入群体了。这样的群体尤其应该有一套完整详细的理财方案。没有一套完整清晰的理财方案，资产很容易在不知不觉中流失，即便是月薪一万，也有可能成为“月光族”。

学不同家庭情况的经，定自己教育理财方案

一般来说，孩子的父母都有社保、医保;但孩子上学后，学费以及补习班的费用会明显提高家庭的支出，于是加强投资和保障对于三口之家而言就显得非常重要了。

尽管三口之家中的父母一般都享有社会保险，但养老保险能够提供的社会平均退休金水平一般达不到全家目前的生活水平。所以，三口之家中的父母有必要考虑购买商业保险作为补充;此外，购买一些重大疾病或者是意外伤害保险也十分必要。

除了有基本保障外，在投资方面，工薪层的夫妇收入来源主要是工资和奖金，投

资时应该首先考虑保值。所以，建议以货币基金、国债和银行存款为主要的投资方式。同样，也可以投资股票，但要考虑到市场风险，需谨慎投资。

1.每月节余2000元，如何规划孩子教育金

林先生今年39岁，在私营企业工作，月收入2500元，没有投保；妻子月工资2000元，有保险。因买了房在还贷款，现在手里只有2万元现金，家庭每月大约有2000元节余。他的孩子现在九岁了，还有三年就要上初中，以后还要考高中上大学，需要用钱了。那么林先生应该如何规划教育金呢?

【专家支招】

先投保再投资

推荐林先生办理带有高额保障的纯消费意外险种，年投入500元左右，可获得10万元的意外保障；还应办理医疗保障，年投入3500元左右，可获得10万元的大病医疗保障。

林先生的孩子距离上大学还有9年时间，预计9年后的4年大学费用为12万元。在这段时间可以采取长期投资和定期定额投资的方式积攒这笔教育金。

首先，可将2万元现金中的8000元作为家庭的应急金。接着，将2万元现金中的6000元为林先生办理保险，其中800元用于意外险，5200元用于健康险。

然后，将家庭的每月节余2000－(4000÷12)(保险投资)＝1667元中的900元定期定额投资于稳健的基金组合，比如高折价率、运作较稳健的封闭基金，或者平衡型开放式基金，或者购买“基金中的基金”。按照7%的保守年收益率来计算，9年后投资可获得12万元左右。孩子就读国内大学绰绰有余。

最后，“世界上最懒的东西就是躺在银行睡大觉的钱”，所以每月节余中剩下的600元，也可进行适当投资，比如为家庭养老积累资金。

2.夫妻月节余3000元，如何实现孩子留学梦

有一对中年夫妇在孩子中学时已为孩子做教育规划。夫妻双方年龄在45岁左右，有个18岁的孩子在念高二。家庭现有存款约25万元，夫妻双方每月收入共6500元，可以存2500元。这对夫妻想从现在开始做理财规划，以使孩子可以到英国去念大学。为了达到这个目标，他们需在两年后储备至少大约35万元人民币。那么，怎么才能做到呢?如果我们将初始的25万元及每月2500元结余全部投入一个年收益率为6.817%的投资工具(假设每月投入的2500元可以每月复利)，则我们将在2年后收获35万元。

【专家支招】

虽然可以按以上的计算得到准确的收益，但中年家庭的收入可能正处于如日中天的状态。如一些中高层管理人员的家庭，但也往往只是稳定而已，未来增长潜力并不大，如我们这个例子中的家庭。在这样的情况下，面对未来的子女教育、自己养老方面的大额支出，加上有限的每月结余，风险承受能力并不高。而有些刚性需求是一定要照顾到的，不仅是子女教育，也包括自己的养老。上述这个家庭目前的理财目标如果完全偏向教育而不顾及其他，其实并不合适。

另一方面，市面上投资工具林林总总。6.81%的收益率虽然不高，但是以我们目前的一年期定期存款4.14%的收益率，各种风险较小的投资工具，如定期存款(两年4.68%)、人民币理财产品(6.2%多些)、国债(三年期约5.9%左右)、货币市场基金(约6%)等，均不能达到要求。如果想达到要求，还是要投资一些有市场风险的工具，如偏股型基金及股票等。但在这里又有了另一问题:两年的时间，股市表现有可能一直不好，也有可能无法保证一定能在两年后获得35万元的现金价值。

所以，考虑到家长已到中年、所余工作时间不长、工资增长机会不大、投资期限较短(尤其是子女教育)及对风险的承受能力并不高的情况下，适当调整理财目标，在子女教育之外，也兼顾一些养老。对于是否一定要倾尽家财送孩子去英国读书，值得再考虑一下。另外，这对夫妇投资时还应谨慎，尤其是在教育金的投资上。因为该教育金两年后就要使用，如果全投资在股市上，碰上一个熊市，则可能影响孩子教育计划的实现，所以大部分资金还是应该投资于债券类等风险较小的品种。

3.家庭月收入4000元的教育理财计划

邓女士和先生都是国有企业的员工，两人每月都收入2000元左右。家庭经济来源就是夫妻两人的工资和奖金。邓女士和先生的理财观念相对保守，除了一部分银行存款外，他们几乎没有进行其他的理财投资。邓女士在金钱方面非常谨慎，出于未雨绸缪的考虑，她在儿子10岁时就购买了一份教育保险。保险合同规定从儿子10岁起年缴保费3000元，到儿子上了初中就可每年获得1000元教育金，考上大学后每年的教育金增加到3000元，大学毕业后还可一次性获得一笔创业基金。邓女士的儿子今年13岁，初中二年级学生，就读于公立中学，学费为每学期1000元。这样，每年学费正好由保险教育金抵消。邓女士的儿子成绩不是太好，她为儿子报了一个每学期2000

元的补习班。

邓女士一家的财务状况分析：家庭年收入：7万元；固定年支出：3万元；金融资产：10万元定期存款；固定资产：自住房一套；福利保障：夫妻两人均有社保；家庭责任：养育孩子学习成才。

【专家支招】

邓女士夫妇同属工薪阶层，家庭财产积累一般，收入来源单一，家庭责任压力较大。邓女士家庭属于典型传统经济家庭，对单位依赖较大，创富增收意识不足。因而很需要接受一些理财理念的熏陶，所谓你不理财，财不理你，其应尽早建立多样化收入来源，资产合理配比，从而提高资产收益水平和风险抵御能力，合理安排日常各项开支。建议邓女士首先认知、接受货币市场基金，在为孩子准备了中学和大学教育金后，再为儿子买一份意外及医疗保险。

孩子的健康成长是每位家长最大的心愿。孩子成龙成凤既需要其自身有学习的兴趣和动力，也离不开家长坚定的鼓励和支持，因而尽早准备一笔成才专项基金非常重要。五年后上大学每年3000元是远远不够的，对于保守投资型的邓女士，除了定期存款和货币基金外，国债也是一个不错的投资品种，而且可以免税，可以留意银行何时有卖。

4.家庭月收入8000元的教育理财计划

曹先生是一名公务员，每月收入在4000元左右，单位逢年过节都有补贴，年实际收入约为5万元。曹太太在私营企业当会计，月薪3000元。曹先生两年前换房，目前房贷月供为1500元。新房首付为30万元，加上装修费用15万元，去掉这部分支出，曹先生家目前尚余5万元左右的存款。此外，高先生每月抽出2000元购买货币基金定投。

曹先生的女儿目前在一所寄宿制高中念高一，中考时发挥得不好，分数没有上线。当时曹先生刚买完房，手头正紧。但为了让女儿上一所好高中，还是向亲戚借了5万元作为女儿的赞助费。出了赞助费后，女儿属于学校的“自费生”，学费也比普通学生翻了一倍，每年3000元，再加住宿费一学期600元。女儿的生活费定在每月400元，每周回一次家，还要陪她买买东西逛逛街，估算下来每月仅花在女儿身上的日常开销就要六七百元。女儿从小学拉小提琴，曹先生一直督促她不能放弃。但学琴的费用水涨船高，如今已达到一小时100元，每周一次。

曹先生的财务状况分析：家庭年收入：8.5万元；固定年支出：5万元；金融资产：5万

元定期存款，每月2000元货币基金定投；固定资产：自住房一套；家庭负债：1500元月按揭，5万借债；福利保障：夫妻两人均有社保。

【专家支招】

曹先生家庭中等收入，收支稳定，未来教育费用有压力。两年前购置新房和女儿通过赞助上高中，将曹先生的家底几乎耗尽，说明曹先生在统筹家庭理财方面还有不足。虽然曹先生夫妇均有比较完备的福利保障，但还是建议应该购买一份长期寿险、重疾和意外险，女儿也应该购买一份简单的意外及健康医疗险，以此来平衡高先生家庭的潜在风险。

在现金管理方面，建议曹太太给家庭的财务做一个统计，梳理一下家庭的各项收支，提高资金的使用效率，降低一些随意性支出。未来三年应该是曹先生家庭休养生息、增加家庭储蓄、逐步储备女儿的高等教育准备金的时期，相信曹先生每月2000元的货币基金定投也有此意。只是货币基金作为短期的现金管理工具和低风险的金融产品，2.0%左右的预定收益不是很适合曹先生的更高增值需要，建议将此定期投资再提高一些转为市场优质股票基金，具体哪些基金合适和如何进行策略投资，曹先生可以找本地专家当面咨询学习一下。平时持续向教育基金里面投入资金，在未来女儿升学等需要大额支付时支取。

5.家庭月收入万元以上的教育理财计划

马先生经营一家自己的服装厂。近几年营业状况很稳定，每年到手的收入都在50万左右。马太太是外企的公关经理，年收入约10万元。马先生和太太在市区拥有一套复式自住楼房。由于房地产市场越来越好，一年前马先生又在开发区内贷款投资了一套商业店铺，用于出租，来偿还贷款。马先生和马太太各有一辆车，每年花在车上的开销达到5万元左右。此外，马太太热衷于给家里人购买各种保险，所以每年花在保险上的钱也要达到近2万元。由于马先生做生意的原因，手头的资金流动性很大，所以家中存款并不多，大约在10万元左右。马先生的女儿今年16岁，中考时因为几分之差，与理想的重点中学失之交臂。一番权衡之后，马先生和妻子决定提前实施女儿的留学计划，将她送到加拿大读高中。如今女儿一年的学费加日常生活开销共计约15万人民币，而且女儿将来要继续在加拿大读大学，到时开支还会有一定的上涨。

马先生的财务状况分析：家庭年收入：60万元；固定年支出：55万元；金融资产：10万

元定期存款;固定资产:复式房一套(自住),复式房一套(空置),私家车两辆;家庭负债:2万元月按揭;福利保障:夫妻两人均有社保。

【专家支招】

马先生家庭属于高收入高支出家庭,家庭资产稳健协调度不足,预支压力较大。

经过咨询加拿大的留学机构确认,按现在的费用水平,小孩到加拿大读书本科四年,每年约12万元。但该数据为现在的数据,以后的费用可能增长,可以按年均5%增长率计划将来的教育费用加以计算。

所以马先生还要为女儿准备50万元的本科费用,该笔资金要达到5%的年均收益率,按中国金融市场相关投资品种的历史表现,比较有效的投资安排为:银行存款60%、债券10%,基金25%,股票5%;即每年初将7.4万元、1.2万元、3.1万元和0.6万元分别投资到银行存款、债券、基金和股票。

考虑到资金的安全性,马先生应该将该笔资金分成五等份,在三年后全部转移到基本没有风险的储蓄或债券产品。

专家点金

每个家庭的收入情况不同,每个家庭对孩子都充满着无限的期望,每个家庭的经济情况都有不同,每个家庭对孩子的将来也有不同的认识,但是他们望子成龙的心切是相通的。钱是有限的,欲望和目标是无穷的。我们如何用有限的财富,去实现孩子的教育规划呢?其实没有固定的模式,只要适合家庭、适合孩子的发展,那就是最好的规划。

选适合自己的教育投资规划

经济发展,收入增多,很多家庭的财富都开始逐渐积少成多,达到几十万、甚至几百万的存款。房子、车子都买了,但是,需要钱的地方还很多,譬如储存子女教育金。每个家庭对孩子都充满着美好的期望,但每个家庭的经济情况都有差异,每个家长对孩子的将来也有不同的认识。钱是有限的,欲望和目标是无穷的。我们如何用有限的财富，去实现孩子的教育规划呢？其实没有固定的模式，只要适合家庭、适合孩子的发展，那就是最好的规划。以下不同的案例或许会给我们更好的启示吧！

如何理出低收入家庭孩子的教育费来？李女士夫妇家庭每月总收入只有3000元，有保险，家中老人均暂不需要负担。他们有一孩子，正在上小学五年级。在开支方面，李女士每月需要支出生活费1500左右。由于每月收入所剩无几，所以没做任何投资。如今，由于孩子即将上中学，为了给孩子准备充足的教育经费，李女士想要进行投资理财。

由于李女士的孩子现在已经小学五年级了，按照夫妇俩每月收入的5%提取教育经费的话，很难为孩子的教育提供坚实的保障。特别是当孩子上到大学后，家庭负担会更重。因此，李女士感到应该尽早进行教育经费的规划，在投资方面应以稳健为目标。

【专家支招】

1.保留必要的资产流动性

李女士必须保留一定的现金和现金等价物，以备应急。由于这部分资产的流动性强，但其收益很低，所以一般情况下保留日常月支出的3~6倍即可。

2.大胆投资增值

在保留必要的备用金之后，利用每月结余进行基金定投业务，将每月几百元的余款进行投资。如果这部分资金是为了孩子上中学时用，只有两年多时间，最好选择债权性基金（或偏债性基金）作为定投标的，充分发挥积少成多的优点，同时避免净值较大的波动，以帮助孩子将来完成学业。

单亲家庭孩子如何安排教育资金？

黄女士在上海一家外贸公司工作，离婚后自己带着6岁的儿子单独生活。黄女士拥有徐家汇附近一套近50平方米的产权房，目前市价为70万元左右，每月需支付住房贷款2000元，尚有8年才能还清贷款，由黄女士负责偿还。黄女士目前个人资产包括5万元的银行定期存款和2万元基金产品。

黄女士的收入较为稳定，月收入在5000元左右，每月孩子的父亲能支付抚养费1000元。她和儿子每个月的生活费大约为2000元左右。黄女士每个月不定期还有一些其他收入，平均每个月大概有600~1000元等。

像黄女士这样常见的单亲家庭一族，其家庭的财务风险承受能力为中庸型。防范风险、建立财务安全网是理财的基础和重中之重。这类家庭理财的目标为：一是保障子女教育；二是家庭的财务安全；三是让自己手中的资产实现稳妥增值。归纳起来就是：使资产保值并保持较好的流动性，以满足日常开支、突发事件及孩子教育的资金需要。

单亲家庭的保险额度至少应为子女成年前所需的生活费、学费的总和。若是经济能力充裕，可趁早为小孩规划独立的保单。因为附加在父母之下的儿童保障最高只保障到25岁，为免单亲家长因身故而保障中断，最好让子女有独立的保障。

黄女士希望家庭的财力能一直支持孩子的学业，并希望有能力送他出国念书。同时，黄女士还有其他生活目标，如：希望自己手中的流动资金和固定资产都能有所增加，在退休的时候能有60万左右的可支配款项安度晚年。这段时间内，家庭支出较为固定，并且黄女士的工资也将增长。家庭的主要理财支出包括：子女教育、供房、家庭医疗保障、应急基金、资产增值管理、特殊目标规划等。

【专家支招】

总体来说，考虑到黄女士总资产不多，且主要为房产，可用于投资的资产比例微乎其微。因此，投资规划并不是她目前理财的主要内容。当前主要应做好金融资产保值并保持其较好的流动性，以补贴日常开支及应对突发事件。黄女士本人的收入加上儿子的父亲支付的抚养费月度合计6000元，扣除本人和儿子生活费共计2000元，每月还节余约4000元，可以积累作为家庭生活费用以外的其他支出的储备。实现的手段主要是保险和备用金，将不少于1万元的人民币作为定期存款存入银行，以备不时之需。除此之外，将现有资产和今后收入节余按5:5分别进行权益类投资(如股票、基金等)和固定收益类投资(如存款、债券基金等)。

如果单亲家庭想要避免今后的家庭经济水平陷入窘迫，除了对单一的教育规划有计划外，还需要一个长期的投资计划和适合单亲家庭可操作的理财计划，这样才能保证教育规划的实现。

购买定期定额型基金。这类似于银行存款中的“零存整取”。定额定期投资计划实质上是一种“储蓄”兼“投资”的投资工具，是普通家庭实现长远理财目标的主要手段。这种购买方式，不需要自己每月操心购入基金，只要签订协议，后续操作全部自动完成扣款购买。如约定每月账户中扣出500元购买开放式基金。在价格高时所购份额较少，价格低时所购份额较多。长期下来，成本自然摊低。这种投资方式就和“滚雪球”一样，最大的优势在于聚沙成塔，可把其作为子女教育基金或自己的养老保障基金。

购买一定量的教育保险和教育储蓄。这是为单亲家庭孩子专门设立的。目前为孩子积累教育金有两种方式：一是教育储蓄。教育储蓄免征利息所得税，如果加上优惠利率的利差，其收益较其他同档次储种高25％以上。黄女士可以为孩子开立一个6年期的教育储蓄账户，月存260元，孩子上高中时凭接受非义务教育的证明，即可享受利率优惠和免税待遇，届时可取回本息19576.8元，比参加零存整取储蓄收入多。

教育保险也可以考虑。孩子从出生开始到十四五岁都有资格投保这类险种。在孩子上中学开始，获得保险公司分阶段的现金给付。黄女士可以根据自己的预期来安排现在的保险，用倒推法来选择险种和保额。它的优势在于：保险有强制储蓄的作用，投保人如在保险期内发生重大意外，可以免缴以后各期保费，被投保人到期仍可得到保险公司足额的保险利益。

此外，孩子上大学时，可以考虑让孩子申请助学贷款，同时可享受贷款利率一半免息、免担保待遇。这既可增加孩子对社会的责任感，体会生活的压力和动力，同时也减轻了家长的压力。

再婚2＋2家庭如何规划教育呢?

孙女士今年33岁，在山东烟台工作，税前月薪约5000元左右，医疗、社保、住房公积金齐全，房租及各项生活开支约1000元左右。她近期有再婚打算，男友是一家大型企业高管，税前月薪约8000元，医疗、社保、住房公积金也齐全。孙女士有一个读小学四年级10岁的儿子，在校寄宿，年开销2万元左右，教育费用和孩子今后的其他花费她与前夫各负担一半。离婚后，孙女士得一套住房，在山东青岛，总价约50万元左右，按揭20年，目前已供了8年，还有12年按揭，月供700元左右。该房已装修完毕，很少有时间回去住，也没有出租。现在的男朋友有个女儿在湖南和奶奶生活在一起，今年12岁，读初一，年开销1万元左右，全部由他负担。另外，他还要负担母亲生活费500元月，自己生活每月的开销大约是2000元。目前，老人和两个孩子都没买保险。

【专家支招】

孩子教育规划：两个孩子还有8年和6年就进入大学，初中、高中是费用相对较低，该期间可以很好地对孩子上大学教育费用作规划。家庭剩余资产28万元扣除2万元备用金，26万元可以为两孩子分别拿出10万元教育金一次性投资，选择产品以银行理财产品或基金最好。孙女士及男友两人工资收入月度结余6500元，少了原住房还贷支出700元，新增住房还贷支出4500元，结余为6500＋700－4500＝2700元，再从工资收入拿出2000元分别以1000元设计两份基金定投，作教育规划之用，按5年、15%收益(股票型)计算，到期积累18万元教育经费，在国内上大学期间费用足够。

10万家底如何供孩子上学?

36岁的吴女士做文秘工作，月薪1500元，先生是国企职工，月收入2000元，两人都有保险，家庭月支出2500元左右，基本没有结余，理财经验全无。

吴女士表示，目前收支基本平衡，但今年孩子马上要上小学，家中原有的10万元存款一次用去了4万，心理落差非常大。

吴女士说，希望对剩余的6万元存款进行打理，至少能节省出孩子每年的费用，另外在孩子小学毕业后，能否将上初中的3万元打理出来。

让我们来计算一下:目前有存款6万元，六年后孩子上中学需要3万元，由于家庭收支基本没有结余，全要靠6万元存款的投资收益来支付这些费用。

【专家支招】

建议吴女士夫妇将6万元分别购买外汇宝、股票、债券等多种产品，同时考虑到该家庭收入情况及抗风险能力，希望通过一些合理的投资手段避免投资风险，可以循序渐进，初期少投入，后期逐渐加大份额，但一年的收益率只要达到7%，就不多挣了，以免风险加大。

另外，如果两人属于风险厌恶型，对于投资不感兴趣，那么最好的办法就是投资各家银行推出的人民币理财产品，也基本可以满足要求，只不过不能赚出3万元的教育费用，在最后可能还是要动用一些本金。

中等收入家庭的教育规划。

曹先生35岁，家庭年收入15万元，小孩9岁，上私立学校。曹先生家庭开销不大，一年约可以有9万元节余，夫妻两人都有养老保险和小额医疗保险。曹先生想开始积累小孩的教育基金，还准备明年买房，同时，目前手头有资金10万元。那么，他应考虑每月为小孩教育资金定投多少金额，才不会影响家庭的正常生活和明年的买房计划?

【专家支招】

1.子女教育定投资金需求分析

曹先生的孩子目前9岁，在读私立小学，有一定学费负担。按6年每年小学教育投入1.5万元、6年初高中每年教育投入2万元、4年大学每年教育投入3万元计算，子女16年教育共需资金33万元。假设16年中教育费用增长率5%，投资银行理财产品及基金组合投资收益率5%，则每年需为小孩教育投资2.06万元。

2.综合分析

目前，曹先生每年生活节余9万元，购房后每年按揭付款3.01万元，为孩子教育投资2. 08万元，扣除该两项投资后客户每年节余3.91万元。考虑到买房后房租收入每年可节余约1.5万元，每年共可节余约5.41万元。

曹先生和太太虽然有养老保险，但目前单纯依靠社保的养老替代率只有30%，因此每年节余的资金部分可用于筹措两人的养老退休金。综上所述，曹先生的孩子教育完全可以实现。

专家点金

很多家庭对孩子的教育金都没有事先计划，而且教育费越来越高，如果没有计划，往往到时候就会捉襟见肘。对于孩子的教育金，建议一定要未雨绸缪，甚至孩子上大学的费用，都应该尽早进行筹划。

外国人怎么对孩子进行理财教育

教育理财的另一个方面在于对孩子的理财教育，譬如教育孩子应该怎么规划零花钱，也可以鼓励孩子在寒暑假去做一些力所能及的工作，获得收益来减轻家庭的负担。在一些发达国家和地区，人们也十分重视子女的理财教育，这种教育甚至渗透到了子女与钱财发生关系的一切环节中。这样使得父母的经济压力大为减小，我们不妨来探询一下这些国家和地区在儿童理财教育中的独特“菜肴”，借鉴他们的独到之处。

美国：让孩子早早就学会自立

作为移民国家的美国，其历史不到三百年，因此美国人的传统、保守思想较少，在生活习惯上不会墨守成规。在子女理财教育方面，习惯花未来钱的美国人也与其他国家大有不同。美国的教育体系与美国浓厚的商业社会氛围紧密相连，学生在中小学阶段就基本掌握了经济和商业常识。

美国人认为，身处市场经济和商品社会中，个人的理财能力直接关系其一生的成功和幸福。美国父母希望孩子自小就学会自立、勤奋与金钱的关系，他们称理财教育为“从3岁开始实现的人生幸福计划”，让孩子学会赚钱、花钱、储钱并与人分享钱财。美国人一般少有“铜钱臭”的思想，父母鼓励子女从小就工作挣钱，并教导他们通过正当的手段赚取收入。美国每年大约有300万中小学生在外打工，他们的口头禅是:“要钱花，打工去!”他们也常常将自己不再需要的东西拿出来进行拍卖，小孩子会将自己用不着的玩具摆在家门口出售，以获得收入。这样使孩子认识到:即使出生在富裕的家庭，也应有工作的热情和社会责任感。

通过多种切合实际的理财教育，美国的孩子具备了很强的独立性、经济意识及经济事务上的管理和操作的能力。若有必要，一个十五六岁的美国少年实现经济独立是不成问题的。

日本:勤俭持家、自力更生

日本人讲究家庭教育，他们鼓励孩子自力更生，不随便向他人借钱，主张让孩子自己管理零用钱。日本人用这样的名言教育孩子:“除了阳光和空气是大自然赐予的，其他一切都需通过劳动获得。”许多日本学生在课余时间都要外出打工挣钱。

近年来，由于日本经济持续不景气，勤俭持家的观念在日本备受推崇，家庭内部格外重视对孩子们的理财教育。很多家庭每月给孩子一定数量的零用钱，父母会教育他们合理使用零花钱以及储蓄压岁钱。在给孩子买玩具时，无论贫富，都会告诉孩子玩具只可买一个，如果想要另一个的话必须等到下个月。孩子渐渐长大后，很多家长会要求孩子准备一个记录每月零用钱收支情况的账本。

英国:“能省的钱不省很愚蠢”

英国人历来给人们的印象是相当保守，此作风体现在理财教育方面则表现为，他们更提倡精打细算，鼓励理性消费，他们尤其善于在各种规定里寻找最合适的生活方式。作为发达国家，英国人的精打细算并非为生活所迫。英国税率以及物价都非常高，但人们的生活水平并不低，英国人的平均工资折合人民币计算，每人每月能挣3万多元。但他们认为能省的钱不省是很愚蠢的。当然，英国人把他们这种理财观念潜移默化给了下一代。理财教育在英国中小学的不同阶段有不同的要求：5至7岁的儿童要懂得钱的不同来源，并懂得钱可以用于多种目的；7岁至11岁的儿童开始学习管理自己的钱，认识储蓄对于满足未来需求的重要作用；11岁至14岁的学生则需要懂得花费和储蓄受哪些因素影响，不断锻炼自己的理财能力；14岁至16岁的学生开始使用一些金融工具和服务，譬如如何进行预算和储蓄。在英国，儿童储蓄账户颇为流行，很多银行都为16岁以下的孩子开设了特别账户。大概有三分之一的英国儿童将他们的零用钱或者打工收入存到银行和储蓄借贷的金融机构。

我们平常觉得外国父母的经济压力似乎小得多，当然，一方面与他们国家的福利有很大关系，但由上面的例子我们也可以看出，外国许多父母寻找到了一种非常合理的教育理财方式，那就是从小就教育孩子理财。其实这是教育子女非常重要的一个方面，经济是基础，正如我们的古训：授人以鱼不如授人以渔。教育孩子理财是帮助孩子实现美好未来最重要的方面，中国近年培养出众多衣来伸手、饭来张口的“小皇帝”、“小公主”，事实证明，这不是真正的疼惜孩子，是毒害下一代。由此可见，我们对下一代的理财教育刻不容缓，教育理财从理财教育开始。

专家点金

天下为人父母者莫不望子成龙，教育是头等大事，自然要充分保障，但未来的花费也许不是一笔小金额，需要早日打下基础。中国有句俗话叫“书中自有黄金屋”，在这种思维的感染下，人们更加重视教育的力量，很多人都视读书为改变命运的重要途径，所以现在大部分家庭都格外重视孩子的教育。然而在教育投资上，大部分家长都比较盲目。其实规划子女教育和规划教育理财都是要根据家庭情况来定的。

附：北京电视台《天天理财》栏目专题之五

——巧用信用卡理财，妙招得来的实惠

5元看大片，百元买相机。这可是连一折都不到的超低价啊，刷卡网购，怎样省去上千元?比市场购买要省2000多块。拼价格比实惠，如何巧用信用卡?

当我们收到了信用卡的账单，一看怎么花这么多啊，相信这是大多数人都有过的经历。说到使用信用卡，曾经有记者对30人随机调查显示，43%的人不知道信用卡有打折功能。随便打开一家银行的网站，都会找到许多与信用卡合作的商户。美食、购物、旅游、酒店、汽车服务应有尽有。其中不乏有让人惊叹的优惠，几元钱就能看大片您信吗?

姗姗小姐讲，普通的一张电影票可能七八十块钱，我会以大家意想不到的价格买到一张超值的电影票，究竟有多超值呢，跟我走吧。

请问5块钱看电影还有吗?有，不多了。5块钱看电影，您没开玩笑吧?5块钱能看什么电影啊?除了3DVIP专场外都可以看，好吧，我想看《锦衣卫》还有哪个座位?几点的?中午11点10分完了就是一点一刻，稍等下帮您登记，您要的是《锦衣卫》，票不退不换。5块钱竟然能看最新上映的大片，原价70元的票价，这可是一折都不到的价格!如果要是两个人10块钱就能看原价140元的大片了。想做到这点其实特别简单，姗姗用中国银行的信用卡就搞定了。平时要注意掌握各种信用卡打折资讯，不带卡不出门，两张卡走天下。

其实作为信用卡达人没有必要准备很多张卡，平时姗姗包里只有2张信用卡，一个是中国银行的，一个是招商银行的，把这两张信用卡打折消费信息、送礼品信息充分掌握到了，无论到哪里消费，都能得到非常多的实惠。您肯定得问了，花5块钱真就能看上啊，别到时忽悠。您看这单子上密密麻麻记的都是，每天前100名幸运者。超值超值，就是不知道哪天能买的到。头一回来，就是中信那个9块钱看大片最值了，我们俩去看了《阿凡达》，3D的用9块钱看的。那肯定值啊，限一百名，上次12点来

的时候还有呢!

电影院的人说，很多人就冲这个过来的，中国银行专门在我们这设立了一个办卡的点。专门设立了一个点，有多少人?每天早上最少10多个人以上，早上。5块钱一张电影票，3D和VIP场次的通常不包括在内，用中国银行的信用卡每张限购两张电影票，时间是每周五六日这三天，名额限前100名，电影院周末8点30开门，一般到10点就卖完了，您要是来晚了可就看不上了。打算看《锦衣卫》，没有成功（刷卡)。中国银行有个活动，每天限100张，来的晚了点。不过刚才好险，我差一点点就买不到电影票了，希望大家早点来啊。信用卡打折看电影的活动是不定期举行的，目前只有中国银行的卡可以在世贸天街这家星美国际影城花5元看电影。

不过有人要问，商家就不怕赔了吗?这是一个三赢的活动，对商户、银行、持卡人三赢的，这是一个未来趋势，我们能看到这种活动会越来越普遍。银行会获得一部分返佣，但是这部分非常少的，其实银行想通过活动维系持卡人，别的地方消费获得利润，10元看电影刷一个很低的，它希望带来增值服务，客户对这个银行比较忠诚，你去香港购物还用这个银行卡，它是维系客户忠诚度的一个方法。另外，东四的长虹影院刷招行的卡可以打8折优惠，用百老汇电影院的联名卡可以打7折优惠，像这些活动因为持续的时间较长，所以打折的力度都不会很大，而像前一段时间中信的9元看大片和中银的5元看大片这种打折力度比较大的活动，都有比较多的限制条件，比如指定一家影院，或者是人数和场次上的限制，而且时间上也是短期的。

首先银行需要得到商户合作才能进行下去，这里面优惠持卡人，比如看电影，标准价格50元，持卡人花10元看的，20元电影院出的，另外20元银行出的，银行愿意投入推广的费用，银行出吧，有的商户愿意参与，那就大家共同出呗。其实大家都很想弄明白，现在一张电影票在60元左右，5块钱看电影，那55元是由谁来承担，银行还是电影院?银行和商家的合作来看，谁可能是更大的受益方?比如看电影，标准价格50元，持卡人10元看的，20元电影院出的，另外20元银行出的，这样消费者只要出10元，有可能是一方补，银行肯定出一部分，因为它是主动的，银行肯定要把这个服务推给它的持卡人，电影院的好处在于可以很快获得大量人流，北京地区的新电影院愿意参与，三里屯那家，相对比较新，通过和银行的合作，获得银行比较优质的客户群。有的电影院用联名卡可以打7折，但是这样算下来不如你半价去看值。在一项您享受过哪些优惠服务调查显示，用信用卡打折看电影占15%、餐饮占24%、购物占19%、旅游占8%。

可以看出餐饮是最受大家欢迎的，咱们看看哪些信用卡在“吃”的方面优惠最多。姗姗剩下的一张招行信用卡现在就派上用途了。看完了电影后，吃饭的时间也到了，有些人比较喜欢吃烤肉，但北京的烤肉店没有很便宜的，不过信用卡可以让大家吃到又经济又实惠又美味的烤肉啊，走吧。要说吃烤肉怎么也得人均五六十吧，姗姗有可以省钱的方法吗?

点餐时，她问你们这儿中国银行的卡可以打折吗?餐厅说，可以打八八折，招商银行的也可以打。姗姗点了3盘肉一盘菜，一共137元，打完88折123元，省了14元。虽然她只省了14元，但是在餐饮类打88折是一个非常低的折扣了。现在几乎所有银行都推出了和商户联名的信用卡餐饮打折活动，其中招商银行品奇固定套餐可享受5折优惠、中信银行9元可以喝到星巴克的咖啡、光大银行在麻辣诱惑可以享受7折优惠。这些优惠活动是最值的。但是也发现很多折扣力度大的活动，优惠时间就会相对比较短。

其实这种比较大的折扣，营销学上叫促销，一定是短期的，商户业务量低，短期内用一个大的折扣迅速获得一定的客户，但是要想迅速获得客户打折扣要有代价，很多费用，商户、银行没法打折扣，9、10元，一定是短期的，有条件，消费200、1000，有这么一个条件。打折也要注意相关的条件:比如说很多折扣都是有限制的，一定要看清楚条件再说，银行不能白便宜你，这些餐饮联名商户主要是针对中高端客户的，这是信用卡一个特点。银行与餐馆谁利益大，返点是多少?餐饮业银行刷卡的返点额很高，能够达到2%，这就是为什么很多银行希望和餐厅联合，既打了折扣，又刺激了消费，吸引了顾客。刚才说的这些都比较适合爱消费的女孩子，那男士用卡有什么优惠呢?咱们接着往下看。咱们再说说男士感兴趣的打折信息吧。郭先生在银行工作，自己手里就有招行一张信用卡，有了这张卡之后，他可省了不少钱呢。比如说招行有款汽车信用卡，就是在指定加油站加油可以享受1%的优惠，虽然1%你看着不是很多，其实积少成多。前一段时间广东发展银行信用卡，连续3个月刷卡加油都在199元以上，第4个月只要你加油费用不超过120元是可以全额报销加油费的。男士用信用卡，在商务和旅游方面需求量比较大，郭先生觉得旅游时使用信用卡也非常的方便。

前一段时间某家银行推出了香港自由行5天4晚，包往返机票，包四星级酒店4晚入住。比普通旅行社便宜了1000多块钱。您听听刷卡旅游可以便宜1000多呢，其实现在很多银行都和携程等一些旅游网站合作，旅游时享有一定的打折优惠。同时信用卡的结算方式也是旅游的一大优势。

一般有两个结算组织，一个是银联，一个是visa，银联是用货币结算，非常方便，没有任何费用，visa组织都是以美元来结算，对于出国旅游、海外结算很方便，出国旅游到任何地方都是需要消费的。比如说前一段时间我一个朋友去美国旅游，他在美国消费直接用美元结算人民币，没有任何费用，非常方便的一点是没有任何兑换费用，没有手续费。这里还告诉大家一个高招，不出国用信用卡就可以买到正宗的国外商品。前一段时间我要买张CD，这张CD是在中国大陆没有出版的，通过网站发现了一个海外网站有这张CD，他们认可visa国际组织支付，我用信用卡网上支付功能，购得了这张CD。有信用卡的话可以通过信用卡网上支付功能，很方便地得到国外的东西，这就避免了买飞机票直接飞到国外，而且很多东西比国内便宜很多。有了信用卡的双币支付功能，您出国旅游还能省大钱呢！怎么省呢？比如说你出国购物的时候，人民币和美元的汇率是在一个持续走高的状态，就是美元在持续贬值，人民币在升值的话，你出国就可以直接刷美元，假如你在国外刷美元，当天的汇率是1:7，你回国的时候，汇率走低，变成了1:6.8，你这时候再拿人民币换成美元还款就等于赚了。同样是花1万块钱人民币，你可以省将近2000块钱。反之，如果走高的话，你在国外花人民币就可以了。

同样，现在人民币对英镑、欧元兑换都是有优势的，都是在一个持续的下降的通道中，2005年时人民币对英镑是1:15，现在是1:9左右，所以说，现在是一个出国留学和旅游性价比最高的时期。

同时，家长可以考虑和留学的孩子绑定主副卡，这样孩子在国外花了多少钱家长都能得到短信通知，可以随时掌握孩子的动态。推荐一下近期的打折活动，银联可省1%～2%货币转换费。境外使用银联卡消费和取款，款项将根据当天汇率直接转成人民币从卡上扣除，可以免去境外兑换货币的繁琐以及外汇携带受限的不便。货币转换费用一般约占刷卡总金额的1%～2%。

据媒体网上调查显示：请问您网络购物吗？

A.频繁购买（几乎每周都有） 人数:17657 占比:31%

B.经常购买（一般每月会有） 人数:24434 占比:44%

C.偶尔购买 人数:10530 占比:19%

D.曾买过，但以后不再买了　　　人数:609　占比:1%

E.只逛不买　　　　　　　　　　人数:2054　占比:3%

由此能看出网购商机有多大。近期，淘宝推出国内第一张网络消费信用卡，而为了吸金，各家银行都有自己的信用卡商城，咱们看看它们有什么优势?信用卡有自己的网上商城?估计大多数人都不知道这信息。信用卡商城就是网上商城，与其他网上商城东西差别不大，它的优势在于大部分信用卡网站推行零手续费零利息和零运费。信用卡商城买东西方便，最重要比较实惠，用银行卡刷卡不收利息，从淘宝购物还收运费，这个也不收运费，两天就能送货上门，挺好的。

平时我们大家在淘宝网上买东西，虽然价格便宜，但是买完了运费要10块钱，信用卡商城就不用了。您看这手机、数码相机，全是刘小姐通过信用卡商城分期付款购买的。这手机2900多元，我是分期付款买的，一共12期，大概一月250块钱左右，我觉得女孩嘛，大概心里就是这么想的，我第一个月付250块钱，这手机我就可以用了，其他的钱我还可以买护肤产品啊，购物啊什么的，这样每月也不会占用很多钱，挺方便的。刘小姐在信用卡商城购物已经有两年的历史了，没少买东西，但她觉得最值的还是电子类产品。她说，我看很多手机卖场买3200多块，信用卡商城是2900多块钱，分12期付的，便宜了大概200多块钱。这款数码相机我也是在红孩子网上商城买的，比外面的价格便宜了大概100多块钱吧，我觉得还是比较实惠的。另一位信用卡达人小孟，也在信用卡商城买到不少超值的东西。

小孟说她刚买了一个笔记本，招行的，对比下，原价5999元，打完折3799元，当时觉得挺好的，毕竟是联想的，挺快的。她觉得一个笔记本便宜一二千块钱确实挺值的。现在好多信用卡网站都网上购物啊，买手表相机都比较便宜，比市场卖的便宜很多，比如说天梭一款手表，红色表带特别简洁，在网上买比市场便宜二三百，也就1700多元，柜台上我去看过，差不多2000块钱。您听听，网购能省将近200块钱呢，孟小姐之所以选择信用卡网站购物，是因为分期付款给她带来了更多的流动资金。她总结了一些网购的经验，就是要多做比较。

我记得那次我们有个朋友买个相机，招行信用卡网站和广发的对比了一下，广发的还要便宜100块钱。不过在信用卡商城买东西有一点不好，不是所有东西都比市场便宜，有的比市场贵点，你一定要挑特价的，优惠期的，但是这种优惠，必须去搜，每个商城的银行网站都可以看看，合适就买。注意筛选的都要是信用卡网站的价格，其他网站价格不在此作对比。

孟小姐说像这款索尼的液晶电视，信用卡商城卖3199元，而大中电器打特价卖2999元。比如尼康单反数码D3000，套机加上VR镜头和4G的卡，卖3999元，大中电器打完特价是4290元，送的东西都一样，在信用卡商城购买便宜了将近300元。还有这款尼康的S230数码相机，信用卡商城特价999元，送4G的卡，大中电器特价也要1389元，这款联想B450AT4300，信用卡商城特价3799元团购，在电器行卖4600元。诺基亚5233，信用卡商城特价1399元，而电器行卖1588元。各大银行特点都不一样，招行便宜库里很便宜，走团购至少便宜几百块钱，招行有够新鲜，首发的东西，大黄蜂鼠标，别的地方都没有，中信银行一些电子设备相当便宜，比较下，广发有个广购网，奢侈品多，并且还便宜，可以选择的，挺实惠的。

现在很多持卡人都流行信用卡商城买东西了，团购可以有优惠价格，第二个是分期付款省下来不少流动资金，那到底值不值呢，货品又是怎样的呢，今天我们就到信用卡商城的仓库来看看。

您看这个仓库都是网购的一些商品，一共有9000多件。其中卖得最好的是这款华硕的笔记本，最高一天能卖1000台呢。像手机、小家电、化妆品等产品都是热销品。记者在现场仔细看了看，还都是正品货，还有3C认证，质量没问题。据库房负责人讲，华硕笔记本每天平均能买200多台，最高时一天1000多台。这几年信用卡商城的发展也十分的迅速。刚成立的信用卡商城，作为新兴的销售模式，它的销售额不是很高，每月100万，现在销售额每月二三千万，有两个方面的原因，第一方面开始时合作银行没那么多，第二方面整个分期付款市场在国内发展热度比较高。银行为什么要开这么一个网上商城？银行开信用卡商城成本太大，人力物力投资大，所以基本上都是寻求合作伙伴。招行信用卡商城成立于2004年，是第一家为持卡人提供此类服务的信用卡商城，每年销售额不低于20%的增长，2009年网上商城的销售额突破10亿。

使用信用卡的人很多，但是为什么真正享受这些优惠的人不多？关注度少？有时候银行自己的人都不知道他们有哪些实在的优惠活动？宣传力度不够，还是打折不够实在。以上谈了不少如何巧用信用卡打折省钱的妙招，咱呢也别光用信用卡花钱，以后用卡的时候，也看看能省多少钱，做个聪明的理财达人。

附：北京电视台《天天理财》栏目专题之六

——竞争激烈，工作难找，你靠什么来淘金

要说金饭碗，相传是过去皇帝吃饭的碗，民间传说，得此碗，便可衣食无忧，这当然是一个美好的愿望。在现在这个社会，“金饭碗”代表了前途光明、能带来锦衣玉食的好职业。其实大家并不期望都能找到年薪百万的工作，更多的是希望能找到一个适合自己定位，能长期发展的好工作。想找到这些工作自己要做哪些准备呢?一起来看看。竞争激烈，工作难找，你靠什么来淘金?干了一年的时间，每个月可以拿八九千。有人靠吃苦、有人靠创意、有人靠天分。到底靠什么能够找到一生的金饭碗。

咱先看看大家心目中都有哪些行业能算得上是金饭碗，有前途的工作。

有人说，通信、金融、房地产、公务员、医师，还有人说，最赚钱的行业是大型的国有企业，或者是有垄断地位的单位薪水会高。在大家眼中，其实哪行挣钱多，哪行就算得上是金饭碗了。根据智联招聘数据显示：收入排名前三名的行业，分别是金融、房地产和 IT 业。平均算下来一个月要有七八千的工资。

但是热门的工作，找起来更是不容易。记者来到最近的夏季国展人才招聘会，虽然用人单位普遍薪金上都提高了 200 ~ 500 元，但是想找到一个自己喜欢的职位很难。像大家都觉得不错的金融行业，比如银行，在招聘会上发现了 3 家，都是在信用卡中心做销售。一位从德国留学回来的先生，现在在银行做实习员。想应聘一个金融行业的职位，想找一家证券或投资部吧。银行进去没机会，因为国有的银行都过了招聘期，而且补招的机会也很少，需要有经验的，并且招聘条件相当苛刻，而他所有实习经历加起来才一年，刚过了招聘的这个门槛。

另一位从马来西亚回国的金小姐学的金融专业，工作不像想象中那么好找，当时觉得好找，学的国际金融，结果因为没有现实社会经验，税前 2500 元，还不能要求太高。

现在想找一份一步到位的好工作可能性很小。那么摆在大家面前就有两条路，一，继续等待，什么时候有好职位再工作。第二，退而求其次，先工作，就是俗话说的骑

驴找马。这两种方法到底哪个好，咱先听听大家怎么说。

如果是个大公司，给我800，只要能给我一个机会也好。女儿刚开始在一家私企里工作，做文秘工作，小公司，基本上一个人顶三个人用，每天都累得不得了，不过女孩说，就是因为迁就了当时的工作，才学到不少知识。好处就是我之前不是专门从事这个行业，主要是做行政方面的，到这边来就偏向于企划啊，市场推广方面的。小徐是人大金融系的硕士毕业生，还算可以的吧，结果连投了十四五份简历，连个面试的机会都没有。觉得太出乎意料了，一两个月都没有消息，24小时开机，看到一个陌生电话都比较期待，结果还都是骚扰电话。看来想找一份好工作，光凭高学历早就远远不够了。小徐并没有放弃，在一家私企里做助理分析师，拿着月薪3500的工资，等待着机会。在调查中多数人还是认为应尽快找一份工作融入社会，经验是靠自己一点一滴积累起来的。

为了找到一份自己喜欢的好工作，先投钱的不在少数。李翼歌是今年刚毕业的大学生，并且是国外多媒体影视制作，找个好工作不容易，投资上百万算算值不值？为了学这个专业，在中国学三年，国内一年2~3万。美国2年，一年25万，光学费，学5年就得花家里100万，这得多长时间才能挣回来啊。那这100万的学费您肯定想知道，到底是学什么啊？电影《阿凡达》+《变形金刚》。没错，小李学的就是电影的后期色彩渲染技术。这是一般的技术达不到的效果，何况摄像机根本拍不出来。就得靠人工去画，国内还达不到这个效果。李翼歌选这行主要原因是这行是冷门，竞争也少，国内现在还没有这项工种，得空李翼歌就向她爸爸介绍电影的特技，和讲解以后的发展前途，最后李先生终于同意。李翼歌说你看这都是画出来的，你看《阿凡达》的投资回报。也有所了解，这种专业学出来了，在美国，一般年薪是20~30万美元，在国内也得几十万的年薪。应该说还值得。不知道5年学成以后，小李的成绩是不是能让李先生满意，就算学成回来，5年后国内真有适合她的岗位吗？投入与产出，这笔账到底应该怎么算呢？冷门这可两说着，不一定将来回来就能找到好工作。有赌的成分。

时下，热门专业不一定能找到一个热门的工作。职场风云变幻，没有人能准确断定，三五年后什么专业会热、什么专业会冷。能把握住的往往是自己。学有一技之长，走到哪都有饭吃。现在想一步到位找到一份安安稳稳的工作是不可能的。那么想找到一份好工作到底靠什么呢？还得靠自己！有人靠吃苦、有人靠爱好、有人靠特长。总之干好了行行都能出状元。关键是要找出你擅长什么？

有位名叫伍岳的小伙子，现在在一家知名英语培训机构从事精英外语教学，那口语很棒，不知道的人还真以为是英语专业出身呢，这您可就错了，说出来，让人吃惊。他学的是生命科学，就相当于生物中的水稻的分子进化。他现在的职业跨度也太大了。其实，学生物，伍岳本身就不感兴趣。枯燥的实验室，面对瓶瓶罐罐的试剂，最主要的是小伍提前就打听了其实本科生就业形势不太好。比较偏，比较专，据了解，也就是进入研究所，他的同学一个月收入就是两到三千，一个实验员，每天做一些比较机械的操作吧。这么少的工资和枯燥的工作让伍岳决定要转行。不过转到哪行呢?因为之前他参加过奥运会志愿服务，体验过一些翻译的工作。在离开生物这个专业以后，发现找工作的时候，这是可以利用的一个优势。所以比较自然地就选择了英语老师。他现在工作大概一年时间吧，每个月能拿到八千到九千的收入。八九千的月薪，这个年纪绝对值得骄傲。学英语的大有人在，能挣到这么多钱的人可不多见。钱没有那么好挣的，伍岳能做到这个职位，拿到这么高的薪水，就是有过人之处。因为他从小就接触英语，有几年出国经历，所以语言上比较占优势。可是出国留过学的人多了去了，难道都能回来选择当英语老师了么?就算自己有英语学习的底子在，但是要想当一名英语老师还真不是件容易的事情。吃苦受累那是家常便饭。

刚开始的时候要对着镜子掌握自己的语速等等，要录音，要写些逐字稿，课要备的比较精细，到后来就是怎么能在有趣的同时，让学生真正学到东西;开始是对技巧有些锻炼，后来就是对体系有些锻炼。别看伍岳说的那么轻松，回想起开始时，光每次备课就要花上五六个小时，加上有出国留学的背景，很快就把自己留学时候的经验应用到教学当中，虽然是半路出家的，但是在这里也算得上资深讲师了，即便这样，伍先生对自己的要求依然没有松懈。他大概会在未来的一年或者半年内，选择出国，读一些与语言相关的知识，因为之前学的是生物，跟人的听力视觉都有关系，还打算把自己以前的知识，读书以后再获得实践。

另外一个叫陶行亦的80后。工作和自己学的专业差得更远的还有这位陶先生。学法律出身，却干起了期货。陶先生说了自己就是喜欢炒股。对着书本三分钟也坐不下的他，盯着屏幕能坐大半天，同学们管家里要学费的时候，他的学费早就从股市里挣出来了。他说，我的生活费和学费都是炒股赚的。毕业后，陶先生找到一家小公司开始做起了投资销售，这份工作与炒股一点关系都没有。一个月就挣1300元。苦干了两年。为他创业打下了基础。磨练了两年后，26岁开了一家黄金投资公司。陶先生讲，

2005年刚毕业的时候，这个行业刚开放，我觉得新的行业对年轻人的机会会比较多一点吧。陶先生去年自己挣了80万。对于一个80后来讲，那是相当棒的。如何在最短的时间内发现自己的特长，并将它发挥到最大，这也是成功的秘诀之一，要善于发现自己的优势，并把它加以放大，最终会取得成功。淘金有术之吃苦+坚持＝成功。年轻人想创出一片天地来，就得看谁比谁能吃苦、谁能坚持到最后的胜利。趣游天际CEO曾戈说，最苦的是饿肚子，我现在都有强迫症，我家里只要有两袋大米，每天晚上至少得看一眼才能睡着觉，我在广州的时候睡过天台、天桥。三四个人合吃一盒盒饭。有段视频是当时一家电视台为曾先生拍的，时间已经过去十多年了，但是一想起那时候拼搏时的一段场景还是激动不已。每个打工者都会有一把钥匙，随时都可以有回家的感觉，什么都可以不要，自己可以打开家门一个人进去，那种感觉无以伦比。透过有点模糊的光线，可以看到当时曾先生的生活环境，昏暗的灯光，狭小的生活空间，最简陋的屋子，那时候才是真正体会到没有钱真是寸步难行啊。因为钱不够花要努力做两份工，白天做推广，干到下午4点，然后晚上到超市，要从晚上11点到第二天6点。一天只睡4个小时，现在形成习惯，我一天也就睡4个小时。1998年，曾戈从深圳来到北京，从事了和自己中文专业一点不沾边的网络游戏，做起了企划工作。这行在那段时间绝对是热门行业。钱那会儿真是没少挣。一直干到了总监。我离职的时候，年薪150万肯定是有的。年薪150万，别人都觉得他已经是个成功人士了，可是曾戈却做出了一个大胆的决定。我觉得作为男人的话，一定要创一次业，触摸自己的高度。于是去年他自己投资了100多万，开了自己的网游公司。现在每天他工作要在十二个小时以上，虽然辛苦但已有回报。拉到了上百万美元的风投，可以说已迈出自己成功的第一步。老话说的好，种瓜得瓜，种豆得豆，现在努力还不一定能成功，但是不努力一定成功不了。也成了许多年轻人的座右铭。

还有位小邱，就靠自己的这门手艺赚钱。他现在和合伙人杜先生开了一家自己的创意设计网站。您看这小物件，是不是特能勾起您儿时的回忆呢?大前门的logo印在了钱包上，还有各种流行词语的T恤，这些可都是原创产品。像小邱身上穿的这件衣服要卖到88元，记者觉得有些偏贵，那么88元的价位消费者认不认可?告诉您，想要吃创意这口饭很难。这两年不少人挣创意的钱，没有多少人能坚持到最后。他们自己本身就都做失败过。

邱立飞在第一次创业时投了2万多，坚持一年多，可收回的成本只有百分之六七十。最后以失败告终。打击挺大的，回去读了硕士，其实就是避一下，调整思路。之后发现自己的产品只有锣鼓巷卖得好。但是不足以支撑一个公司，这一次没有回报，回报的就是库存，最后有一千多件衣服，投进去20多万。创业的失败，虽然打击了他们，但没有打败他们，找到原因，重新再来。后来发现原创产业缺乏渠道，就做渠道，我们两个一个人做设计师，一个人负责创意，一拍即合。

这次两人的网站能否存活下来，还要看他们的努力。现在摆在面前的问题不少。第一就是成本下不来，一件T恤就做几百件，单价自然就高，只能在设计上下功夫。坚持做原创。第二，这种设计网站必然越开越多，怎么能脱颖而出，都是他们要解决的问题。任何成功的人士都有一段艰难的爬坡过程，实际就是艰难的创业之路，坚持下来就很可能走向成功，因此要有百折不挠的克服困难的精神准备。创业成功真不是大家想的那么简单，现在很多年轻人看到网店、网站都挺火，就都开始要创业，其实很难，动不动就我辞职自己干，太不现实了。自己干要比给别人干难的多。有的人创业就失败了很多次的。所以相关专家从方法、理念和事例中总结出这些成功人士的经验，激励年轻人靠奋斗去获得金饭碗。而不是一味地靠人脉关系去敲开通往成功的捷径。

第十三章

把握一生中的第四次理财机遇

——子女大学教育期(孩子上大学以后4~7年)

理财概要:子女的教育费和生活费猛增。对于积累了一定财富的家庭来说,可继续发挥理财经验,发展投资事业。而未富裕起来的家庭,应把子女教育费用和生活费用作为理财重点。

专家支招:将积蓄资金的40%用于股票或成长型基金的投资,但要注意严格控制风险,40%用于银行存款或国债,以应付子女的教育费用;10%用于保险;10%作为家庭备用。

理财优先顺序:子女教育规划——债务计划——资产增值规划——应急基金

教育理财,子女大学费用来源的保障

在如今教育费用越来越高的情况下,大部分家长都尽早开始了教育理财计划。教育储蓄作为最传统的一种方式,成为大部分家庭的首选投资方式。但在进行教育理财时,我们需要知道的东西很多,并且需要游刃有余地运用好这些理财工具。

如果一个家庭较早进行教育投资计划,财务负担和风险都较低,与其他投资计划相比较,教育投资计划更重视理财工具的稳定性。下面是教育投资工具的比较,家长朋友可以根据自身的情况选择,或者做一些组合。那么如何选择教育投资工具?

1.银行教育储蓄

商业银行的教育储蓄存款是最基本的教育投资渠道,以零存整取的方式分期存入,到期一次支取本息,存期为一年、三年和六年。教育储蓄采用实名制,办理开户时,储户要持本人(学生)户口簿或身份证,到银行以储户本人(学生)的姓名开立存款账户。到期支取时,储户需凭存折及接受非义务教育的录取通知书原件或学校证明到商业银行一次支取本息。

与其他银行储蓄存款品种相比,其优越性体现在:

利率优惠。教育储蓄存期为一年、三年和六年,以零存整取的存款方式存入资金,可以按开户日相对应年限同档次的整存整取的利率计付利息。在存期内如果遇利率调整,仍按开户日利率计息。

利息免税。储户凭存折和提供正在接受非义务教育证明,一次性支取本金和利息,可享受免征利息税(利息的20%)。

提前支取可享受计息的优惠。教育储蓄如果提前支取,存够一年且提供有效证明,可按一年定期计息办理,如果存满两年按两年定期计息,存满五年按五年定期计息,且不收利息税。

这三大优越性使得教育储蓄相对于其他储蓄品种,利率优惠幅度达25%以上,成为当前国债和储蓄中收益最高的投资理财品种。但它的局限性表现在:一是规定只能用于九年非义务教育的费用,不能满足所有在校学生需求;二是“每一账户本金合计最高限额为2万元”,“所入”还不足以“敷出”,对于教育资金积蓄只能起到辅助作用;三是需提供有关学籍证明,手续相对烦琐。

2.定期定额储蓄

每月储蓄固定数量的资金,作为教育储蓄,每隔五至十年或者等孩子上学的各个阶段取出来使用。比如:已经储蓄六年,等孩子上初中取出来,来支付孩子上初中的费用;孩子初中三年,继续按照这样的方法储蓄三年,等孩子上高中取出,支付高中费用。依此类推,等高中之后取出准备孩子上大学的资金。

这样做,第一是安全,第二是把孩子上学的时间周期按照上小学、中学、大学而分割开来,长期做储蓄,分成时间段,避免了一下子拿出大笔资金的压力。

3.基金定投

不少年轻父母收入比较多,可以在前面两种储蓄之后,再增加一个基金定投,来增加教育基金投资，但是投资比例必须是每月储蓄来攒教育投资资金的一半。如果年收入比较少的家庭，不建议做基金定投，因为基金的风险比较大。

定期定额投资基金的好处:一是操作简单方便,客户只要和代销基金的银行签订协议，在每月固定的某天，银行会自动从协议指定的账户扣除约定资金到基金账户;二是分批进场降低市场波动的风险，尤其适合长期投资理财计划，而且便于随时开始。

但是基金定投风险较大:在股市行情一路看涨的阶段,定期定额所能获得的收益将低于在行情低位单笔投资股票的收益,但是收益绝对高于储蓄和定期定额的教育投资。教育投资虽然时间很长，但是也需要短期的周期取出资金，比如三年、六年、九年的时间,这些时间如果和股市的波动周期相一致,这个时刻股市正是处于长期熊市周期,在股市震荡下跌周期，不仅没有盈利，可能本金难保，则对教育投资产生不利影响。

4.教育储蓄保险

现在市场上保险的品种越来越多，其中很多保险公司已经涉及家庭孩子的教育储蓄和孩子的一些健康保险，还有类似兼顾保险和储蓄的储蓄形式。现在很多银行都代销这样的保险。

现在储蓄又分成很多种，有储蓄分红、储蓄保险，包括年利得的保险，储蓄和保险兼顾。这种情况好在哪儿?

首先，兼顾大人也兼顾了孩子。如果家长买了一个为自己的健康分红保险，比如保险每年交费一定，每五年可以领取现金返还。这样每五年可以得到一笔钱，用这笔钱可以支付孩子的教育费用，又给自己保险，防止家庭主要的收入成员的意外。

其次，一笔钱可以保全家庭两个成员。但是，每年交费比较多，而且分红不会很大，还需要其他教育投资方式辅助。可以再选择一份一定时间的儿童健康保险，到期还本。这样既可以兼顾孩子一定时期的健康状况，到期之后转为孩子的教育基金。

最主要的是，教育储蓄保险好处是比较灵活，保全面比较广大，可以适应时间短的需求，比如五至十年。

5.贷款

如果上述目标还是不能支付孩子的教育费用，一些家庭由于贫困，只能支付到孩子考上大学之前的费用，建议考虑通过贷款来实现目标。

采用贷款这种方式很容易占用到你的退休计划资金，所以在作决定之前应该慎重考虑，并确保不会影响退休计划和其他安排。

一般情况下，可以首先考虑让子女就读学费较低的学校。其次，可以将债务归在子女的名下，你自身作为债务的担保人或第三方，只有当子女的财务状况显示无法偿还债务时，你才需要为其承担此义务。

贷款可以分为住房抵押贷款、学校贷款、政府贷款、自主性机构贷款和银行贷款等。目前中国的贫困大学生助学贷款(俗称"绿色通道")已经从一种美好的理想变成了实际的制度。下面介绍贫困大学生助学贷款的一些规定。

贷款期限:视就读情况及担保性质而定。

贷款额度:贷款额不得超过学杂费总额的80%，最高限额为单人单笔不得超过人民币20万元。

还款方式:贷款期限在一年(含)以内的，到期后一次性还本付息;贷款期限在一年以上的，实行按月还本付息。

借款人条件:能提供入学通知书或录取通知书,所读学校出具的学生学习期内所需学杂费总额的证明;能提供符合贷款人要求的担保;借款人具有固定职业和稳定经济收入证明。

江宏家境并不宽裕,但爱子情深的他还是省吃俭用地在2002年为儿子投保了一份儿童教育保险。2004年8月，江宏因车祸致残丧失了生活自理能力，也由此为家庭带来了一笔数额不小的债务。事后他以无钱交费为由提出退保。但保险公司的工作人员告诉他，他儿子这份保险有豁免保费功能，也就是说以后的保费不用再交了，到他儿子读高中时依然每年可领2000元的高中教育金，到读大学时每年可领3000元的大学生教育金。这一意外的消息令江宏及其家人都感激不已，也庆幸当初为儿子办了这么一份保险。

【专家支招】

家庭教育理财买一份带有豁免保费功能的儿童保险，不仅平时可以为孩子储蓄一笔教育金，更重要的是当意外发生时也可以保障孩子的将来有一笔充足的教育基金。正是如此，使教育保险与银行储蓄产生了本质的区别，避免了很多家庭悲剧的发生。如果一旦有什么意外事故发生，银行储蓄能领到的只是本金加一些利息，而保险领到的可能是所交保费的几倍甚至几十倍。家庭教育投资可以主险、附加险等形式办理教育保险。其与银行储蓄不同的是，教育保险在为孩子储备教育金的同时，还为孩子的成长提供各种保障。教育保险产品有分红型和非分红型两种，具有储蓄、保障、分红和投资等多项功能，优势在于可以强制储蓄，保障性强。但就保险而言，与其重金投资于孩子的保险，不如偏重于对大人的保险。此类产品在教育理财的基本配置中不宜过高，一般可占整个理财组合的1/5左右。所以是家庭教育理财不可或缺的方式。

专家点金

望子成龙、望女成凤是每一个家长共同的美好愿望。为了实现这个愿望，大多家长都在教育上投入了不少经费，并且认为只有积蓄足够多的教育资金，子女才会有美好的将来。为此，家长们感觉做什么都值得，所以慢慢地家长们发现自己家庭教育花费占家庭开支的比例越来越大。面对高额的教育费用，聪明的家长都尽早开始了教育投资。

孩子人生的教育投资目标与计划

人们也许都明白“十年树木，百年树人”的道理。所以教育投资在家庭的投资理财中不可轻视。教育不仅包括应试教育，也包括技能培训。教育投资是子女教育资金的源泉。教育不仅被西方国家重视，也被国人重视。从我国居民在教育消费方面的变化看，培养子女所需，除被动支出教育费用的因素之外，还多了不少主动接受再教育的投资。如此以来便加重了家庭子女的负担，所以更应该打好教育投资目标与计划的算盘。

子女教育投资

为了自己的下一代人，我们需要给子女的教育投资，包括我们的孩子从托儿所、幼儿园到小学、中学、高中、大学。

有人做过统计：一般情况下，让孩子从幼儿园到他的大学至少需要是20万元钱。如果要出国留学，至少要60万元的教育投资。这对于我们大多数家庭都是工薪阶层来说，如果一下子拿出这么多资金，就比较困难。但是，如果在二十年之内拿出这么多钱，假若理财得当，肯定是可以做好教育投资的储蓄。

教育理财没有目标，就不可能成功。教育理财要切合家庭的实际出发，对家庭理财做一个合理规划。教育投资不是简单的投资多少钱的问题，往往投资很多钱的富裕家庭，孩子教育并不一定好，这给教育理财很多反思。

【专家支招】

如何根据家庭收入来制定教育投资计划，显得十分重要。

1.贫穷家庭的教育投资计划

即使是一个不富裕的家庭，也都希望自己的子女得到很好的教育，出了一个大学生，将来就会富裕一个家庭，尤其是一些偏远山区。但是家庭由于财力有限，可能难以积蓄很多，但是也绝对不能因为没有钱使孩子考上大学而退学。

这样的家庭要留意大学的奖学金，奖学金是照顾那些交不起学费但是成绩又非常好的学生。第二个是贷款，了解助学贷款的一些细节，争取得到贷款。还要给孩子一些技能教育，教育孩子多进行勤工俭学，提高独立能力，让他可以自己积攒一部分教育基金。这样促使孩子德智体全面发展，这样的孩子到社会上一定适应和工作能力很强。

2.一般家庭和富裕家庭的教育投资目标

一般家庭和富裕家庭也希望自己的子女可以上名牌大学，甚至可以出国留学。掌握一至两个基本技能，比如说：驾驶证、计算机等级证书、英语等级证书，这些都是在上大学的教育投资之后的附加投资。

如果想要让自己的孩子出国留学，还需要储蓄考托福等英语水平考试的费用，还有留学的费用。这些都需要我们的教育投资的理财。

制定了我们投资教育的目标，下面我们要利用合理的教育投资的理财工具来积累这笔财富。理财教育投资资金的储备有一个特点，就是需要安全稳定的投资，不能投资风险大的投资品种。所以投资品种可能不会太丰富，不求大回报，但是一定要安全。

各种理财工具的配合使用

从理财工具来看，每个理财工具都有自己的好处，也有一定的局限性。所以，如果把这些理财工具适当的配合使用，则可以保证资金安全。依据投资收益大小的品种，合理变化理财工具投资的比例。

第一，搭配长、短期理财目标，选择不同特色的储蓄和基金投资。

依据个人或家庭的短、中、长期不同理财目标决定不同的投资方式是最基本的投资原则。如果你决定以定期定额投资基金的方式筹措资金，最好能相应考虑投资的风险程度与基金类型，并且一定资金用于储蓄，但是不管投资什么，教育储蓄是不能少的。

第二，依据收入能力调整教育投资。

教育投资也有一个明显的特点，就是随着教育年龄增高，费用也是越来越多。上中学费用高于小学，大学高于中学，留学高于大学。这和我们的年龄和收入的关系也正好一致，随着我们年龄增长，工作能力加强，收入也随着增加。

随着时间持续，孩子不断长大，父母的收入也会提高，家庭的每月可投资总金额也随之提高。所以教育投资可以这样做，在初期投资比例高，投资反而少，后期投资比例少，投资金额反而高，这样可以适应教育投资。

第三，各种投资工具投资和到期最好打时间差。

上面的一些教育投资理财工具，最好可以理财时间和投资到期做不同的时间，这样可以有几个好处。本来理财教育理财投资就是需要长期，需要细水长流。但是不同的时期可以有突发事件，这样投资理财资金可以随时使用，避免短期内没有拿出钱，如果拿出现金，需要损失定期利息，需要损失赎回费。

比如:教育储蓄投资可以是五年，固定保本、安全。

定额定期投资，可以把时间和教育投资错开，可以定为三年，这样在三至五年之间出现一些突发事件，可以用定额定期储蓄。免除拿出教育储蓄投资，损失利息。

基金定投，最具有灵活使用状态。如果一年之内需要拿出资金来支付教育资金，可以从这里做也可以做部分赎回，或是部分转换。在你一时急需资金作其他用途，或者当时市场的收益率达到或满足你的心理预期时，办理部分赎回，提前享受投资收益，是不错的办法。况且定期定额的协议仍然有效，每个月仍可持续扣款，增加投资。另一方面，若同一基金公司有符合你的理财目标的基金新产品可优惠转换时，你也可以将原有的基金部分单位转换至新产品。这样不但可以保留部分原本所看好市场的投资，又拥有了同一基金公司旗下的其他基金，手续费也较重新申购便宜。

保险，可以把储蓄保险定在五至十年甚至二十年，以便应付孩子的健康和教育投资。这样可以一举两得，并且可以把家长的一些分红型的保险做到三至五年一分红，用分红的资金作为零星储蓄应付孩子的教育投资。

目前我国大多数家庭属于工薪阶层，收入普遍处于社会的中层水平，因为需要住房，汽车，教育子女，赡养老人，所以不仅不容易，而且需要合理理财。

王先生结婚之后，在一家公司做技术人员，每月工资8000元，夫人在一家事业单位做会计，月薪5000元，孩子现在已经14岁，上初中二年级，准备上所在城市重点高中，需要一笔花费，并且孩子学习成绩很好，有留学打算。家庭其他情况是:房子贷款需要还十年，大概需要还款25万元。车子贷款已经还清，还可以使用五年。两人都有社会保险，并且两人分别买了各保证30万元的人寿，重大疾病，意外等保险，需要年交纳保险费2万元。家里现金10万元，投资股票5万元，收益30%。从孩子上高中到留学，如果直接高中后留学需要四年时间，如果上完大学之后留学需要八年时间。孩子学习成绩不错，如果国内上大学可以勤工俭学，申请一些奖学金。但是，这些是远远不够的。

从夫妇收益来看，他们是典型的城市白领阶层。每月收入稳定，但是买入的保险和其他保障也可以。孩子现在已经上初中，如果单单上大学，家庭储蓄的资金完全可以支付。如果直接高中毕业留学资金完全不够，如果大学毕业之后留学如果运用得当是可以的。

【专家支招】

首先给这个家庭计算一下，未来八年家庭的收支情况。

夫妻二人每年可以收入15.6万元，八年总收入124.80万元；八年需要支出八年的房贷款20万元，八年保险总支出16万元；八年的家庭日常支付，按照每月1500元日常开支，汽车1000元开支，教育花费500元，其他1000元，可以计算出38.4万元。

八年节余50.4万元，加上原有现金和投资收益16.5万元，家庭可以得到66.9万元。(为了计算方便，假定没有利率利息理财等手段取得的收益)这66.9万元，还有需要家庭成熟期之后的养老打算必须留下的资金，如果孩子留学美国，扣除通货膨胀因素，需要40万左右的资金。按照这样的计算必须更好地进行理财，才能达到。

如果养老和留学的最低费用需要100万元，我们预计到期只有66.9万元，我们这八年需要理财每年收益多少就成为衡量的一个标准。我们必须围绕这个收益标准来决定每年的投资收益。(这里为了计算方便，我们按照固定的年金终值来计算)66.9万资金必须收入多少个八年之后可以到达100万，5%～6%之间的收益就可以筹集到。这样，通过教育投资工具就能实现。

专家点金

目前我国大多数家庭属于工薪阶层，收入普遍处于社会的中层水平，因为需要住房，汽车，教育子女，赡养老人，从我国居民在教育消费方面的变化看，培养子女所需加重了家庭的负担，所以更应该打好教育投资目标与计划的算盘。

大学教育资金积少成多理财有四招

现在市场上流行的教育资金理财有三种方式:教育储蓄、教育基金、教育基金保险等。在此提醒大家:对不同需求和不同承受能力的家庭，应合理选择理财产品，让资金的积累事半功倍。

第一招:教育储蓄积少成多

根据人民银行出台的《教育储蓄管理办法》，对在校的非义务教育的学生实行优惠教育储蓄。教育储蓄为零存整取定期储蓄存款。存期分为1年、3年、6年。最低起存金额为50元，存入金额为50元的整倍数，可一次性存入，也可分次存入或按月存入，本金合计最高限额为2万元。存款期限的选择也要与子女的年龄相匹配，一般来说，六年期教育储蓄适合小学四年级以上的学生开户，三年期教育储蓄适合初中以上的学生开户，一年期教育储蓄适合高二以上的学生开户。教育储蓄的利率享受两大优惠政策，除免征利息所得税外，其作为零存整取储蓄将享受整存整取利率，利率优惠幅度在25%以上。

虽然教育储蓄免税，但收益率较低，且手续复杂，如对象为小学四年级以上的在校学生，支取时必须提供所在学校出具的证明。证实存款人正在接受非义务教育。并且存款具有限额，每一账户本金合计最高限额为2万元。

这种存款方式适合工资收入不高、有资金流动性要求的家庭。收益有保证，零存整取，也可积少成多。比较适合为小额教育费用做准备。

办理教育储蓄应注意五点:

(1) 必须为4年级以上学生，账户到期领取时，孩子必须处于非义务教育阶段;

(2) 到期支取时必须提供接受非义务教育的身份证明，才可享受整存整取利率并免征储蓄存款利息所得税;

(3) 提前支取时必须全额支取;

(4) 逾期支取，其超过原定存期的部分按支取日活期储蓄存款利率计付利息;

(5) 存款方式灵活，在选择按月存款时，存款人可选择每月固定存入、按月自动供款或与银行自主协商三种方式。此储蓄品种最高金额为每户2万元，但至少要存两次，每次最多1万元。另外，选择自动转账功能时必须签订协议，必须是同户提供转账。例如，孩子作为教育储蓄的存款人，父母的账户不可提供转账，只能从孩子的其他账户中转账。

第二招：教育基金多种组合

现在有不少基金特别针对教育理财需求而推出，受到了许多家长的关注。如果在孩子3岁时每个月投资500元购买该基金，一年购买6000元，到孩子进入大学时就可能拥有24万余元。

虽然这类基金在时间上做到了分散投资，规避了部分证券市场的风险，但是还是要提醒：证券市场有起有落，教育资金的投资还是要以稳健为主。不过，多种基金组合在一起是不错的投资方式，进可攻退可守。

如果教育费用缺口较大，建议可以多种理财产品组合投资，积极型投资组合侧重于股票型基金和混合型基金，每月定期定额投资，基金定投非常适合教育投资这样长期的理财方式，同时分一部分投资债券型基金，也可办理教育储蓄。投资策略应随着目标进行调整，如果先期的积极投资获得较好的收益，可以逐渐将投资组合转为稳健型投资，侧重于债券基金、可转债、银行理财产品等收益适中、风险度低的保本理财产品，降低投资风险。当然，进行教育理财要尽早开始，不要临时抱佛脚。

第三招：教育金保险重在保障

相对教育储蓄而言，教育保险受关注的程度要高些。自1993年友邦从香港引进的儿童教育金保险开始，伴随中国保险市场不断成长，目前绝大部分保险公司都有了自己的教育保险产品，并陆续开发了一些新的儿童险。但总体来看，运作模式也都差不多，一般都采用了“教育金领取＋保障功能”形式，有些还会扩展出一些“婚嫁金”、“创业金”的领取条款。

教育保险产品有分红型和非分红型两种，具有储蓄、保障、分红和投资等多项功能，优势在于可以强制储蓄，保障性强。但就保险而言，与其重金投资于孩子的保险，不如偏重于对大人的保险。此类产品在教育理财的基本配置中不宜过高，一般可占整个理财组合的五分之一左右。与其他教育理财模式相比，教育保险的投资回报率并不算高。

“教育基金保险”虽然也具有储蓄投资的功能，但它的基调是保障，因此并不是最有效的资金增值手段。此外，中途退出可能遭遇损失，只能拿到较少的现金，缺乏变现能力是其不足之处。而且这是一项长达十几年的缴费“工程”，家长在投保前要三思而后行。至于是否要选择分红型产品，则要从目前的实际经济能力出发。另外，作为储蓄成分相当大的儿童教育金保险。孩子投保时年龄越小，保费可用于累积增值的时间越长，越有利于今后获取较多教育金。

第四招：让孩子学会正确的理财

孩子太喜欢钱，就会钻在钱眼里，被人称为“小财迷”；太不把钱当一回事，长大就会成为败家子。所以，如何让孩子从小就养成正确的理财观念，学会用钱的同时又不被金钱所束缚，对家长来说是贮蓄教育经费的一条路径，对孩子来说，这是理财的启蒙教育。所以我们不妨给孩子适当地引入一些节约可以理财的概念，让孩子从小学会以下几点理财：

(1) 要让孩子了解家里的经济状况

俗话说穷人的孩子会当家。当然现在的城市孩子大都过着衣食无忧的生活，如果孩子不知道为什么要限制他乱花钱，他怎么会接受对他的限制？做父母的可以粗略地向自己的孩子谈一下家庭每月的收支情况，这不仅使孩子知道家里的经济现状，而且还有助于激励他做到勤俭节约。

(2) 让孩子了解父母的工作

如果孩子不知道父母是怎样工作来养家糊口的，那么在他的头脑里工作与金钱之间的关系就模糊不清。对孩子来说，理应让他知道父母为了谋生如何辛劳工作的情况。从小杜绝产生“不劳而获”的思想。

(3) 教会孩子储蓄

孩子应用存钱罐，这可培养孩子从小存钱的兴趣。过年时得到的压岁钱，生日时收到的“红包”，到孩子有近千元钱时，鼓励他把钱存入银行。以孩子的名义开个账户，让他有自己的存折并为之负起责任。这一经验不仅有助于养成孩子终身储蓄的习惯，还能日积月累出一部分教育经费来。

(4) 给孩子定量的零花钱

要使孩子成为一个精明又有责任心的人，并能保持收入平衡。这需要经过多年的培养才成。当孩子定期拿到零花钱时，他就会开始懂得生活的基本法则：没有钱，就不能买东西。要使孩子产生对购物的渴望，渴望是一种积极的心理活动，当他设法获得所想的东西时，其乐无穷。无原则的满足对孩子来说并不是一件好事。所以定时定量给孩子零花钱，既可以节省出教育储蓄金，还可以培养孩子的责任感和节制性。

专家点金

在如今教育费用越来越高的情况下，大部分家长都尽早开始了教育理财计划。教育储蓄作为最传统的一种方式，成为大部分家庭的首选投资方式。但还有其他教育资金途径，有许多相关知识需要了解和运用。

做好孩子不同阶段的成长理财计划

有专业人士作过一项统计，本科学历，或者是硕士学历，找工作有60%的把握，可以找到一个比较好的工作。如果大专和高中毕业生，只有30%把握找到好工作。博士以上的学历，去找工作能力反而降低到50%。这说明一个问题，教育投资是呈现正态分布，迫使家长做好孩子不同阶段的成长理财计划。

1.幼儿培训计划:定期储蓄VS每月零用钱

小朋友虽然不会赚钱，但是如果把每年的压岁钱、零用钱等，全部加起来也是一笔不小的财富。家长除了帮孩子用这些钱规划投资商品外，也应该告诉他们这些钱该如何储蓄或花费。例如约定每个月的第一天，或是每周发一次零用钱，告诉孩子在下次发零用钱之前，不可以再要。刚开始时，可以约定七天为一周期，习惯之后，再逐渐把时间拉长为两星期等;而随着孩子的年龄增长，间隔也应越长。这样的方式可以让孩子学会分配一个周期的花费，并且养成习惯，训练孩子用钱的能力。

当父母到银行办理开户，或是到银行存钱时，也不妨把孩子带上，让他们慢慢学会开户、存款以及提款的流程，并且和孩子一起了解银行定期寄来的定期定额对账单等，这样孩子可以亲身感受“复利”的效果，也是激励孩子学会多储蓄的办法。

【专家支招】

要从小告诉孩子，有进才有出，花钱要依据自己的经济状况，量力而为。

2.小学培训计划:记账VS花钱

家长总是一味责怪孩子:怎么用了这么多钱?如果换一种说法:怎么这么没有计划地花钱，就好多了。

刚开始时，父母可以帮助孩子在领到零用钱时，就把未来一个周期所需要的花费记录下来，额外的支出也要随后一一记录，养成孩子记账的习惯。几个月后，家长可依这份资金流量表，看看孩子的消费倾向，了解他对金钱的价值与感受，发现偏差，可适时纠正，或是作为奖励孩子节俭的依据。

【专家支招】

记账不仅可以帮助孩子培养良好的理财意识和习惯，也很容易让他们理解花钱容易挣钱难的现实。

3.**初中培训计划:家长买VS自己买**

在不同阶段，孩子总有不同的消费需求:如小时候买自行车、玩具。小学时买电脑游戏，初高中时让父母添置MP3、手机，或者到大学时让家长买笔记本电脑等。添置东西不是不可以，但是要让孩子觉得有一种区别:让家长买的东西用起来就感觉欠了父母一份人情似的，但通过自己的零用钱积攒下来的方式买的东西用起来就很顺。

从小家长就可以帮助孩子从每个月的零用钱推算出时间表。估计大约花多少时间可以达到梦想，建立孩子的理财目标及投资观念。很贵重的东西仅仅凭借孩子自己的力量是很难一下就搞定的，这时候你可以适时地告诉他:妈妈可以帮你忙，还是算你自己买的，借钱给你算利息好不好?该给孩子买的东西还是要破费的。

【专家支招】

让孩子懂得有借有还非常重要。但是千万不要把这一手段做得太过分，否则孩子长大以后就只认钱不认亲情了。

4.**高中培训计划:要钱VS赚钱**

就算孩子读大学了，家长还是不能断了他们的生活来源。这时候一个理财概念就突显出来:自己赚钱和要钱。

通常这个理财观念可以在孩子上中学的时候教给他们。比如，买一些内部价格的参考资料，告诉孩子是否有同学愿意购买，多余的差价就算孩子的。

朋友的孩子在朋友的帮助下，联系到一个卖鱿鱼干的生意，上家发出的价格是每公斤6元，下家接货的价格是7元，孩子打了几个电话就赚了1000元，除买了一辆自行车外，在家长的启发下，他给那位长辈买了一条香烟。虽然这是一件小事，但在孩子心目中就有这样一种理财意识：任何一种货品都存在差价，有差价就有钱可赚，自己赚钱并不难。

【专家支招】

这一理财方式是让孩子从赚钱的过程中了解人情世故，不要让孩子在踏入社会后被人说成什么也不懂。

5.留学费用节省五法则

留学教育费用是一笔不小的开支，国外的学习费和生活费自不用说，出国前从备考出国考雅思、托福、GRE到咨询留学服务中介、设计留学方案，然后再申请学校、办理签证、行前准备等等阶段都要花费不少。如何节省留学费用?为此总结列出以下五大节省留学费用的基本原则及一些节约妙法，希望帮助每位计划出国的学子尽可能地节约留学费用。

方法一：申请奖学金

不少留学国家会给国际学生提供奖学金，如果能够获得全额奖学金，留学费用将大大降低。而在目前的留学热门国家中，美国奖学金的规模最大，对中国学生最有吸引力。美国的奖学金多如牛毛，国家有国家级奖学金，学校有校级奖学金，系里有系里的奖学金，还有一些社会团体设立的多种形式的奖学金。通常学校越大奖学金越多，学校越知名、专业越知名，奖学金就越多。但一般来说，美国的大学提供的本科奖学金少一些，硕士和博士奖学金多一些。英国和澳大利亚的大学也都设有奖学金，但从数额和申请难易程度来看，一般的学生比较难以获得。即使无法申请到大额的奖学金，充分利用一些学校推出的小额奖学金，也能够节省不少费用。法国也有一定数量的奖学金，如EIFFEL奖学金，每年颁发给在法国学习经济、管理、政治、法律、行政管理、工程学等专业一到两年的学生。

方法二：在国内完成语言课程

通常出国留学都需要学生提供语言成绩，虽然有些国家留学可以先去读语言，但如果希望节省留学费用，建议学生应在国内完成语言阶段的准备，毕竟国内的学习费用相对国外还是要低很多的。在准备这些语言考试的时候，一定要提前规划，打好语言基础，同时，提前安排好考试时间，避免因为报不上名而耽误自己的留学计划。

方法三：选择“性价比高”的留学目的国

选择学习及生活费用都较低的国家也可大大节省留学费用。比如法国、新西兰等国，拥有优质的教育体系，但学费和生活费却较英美等留学国低，是性价比较高的留学选择。法国本国学生可以享受的免学费、住房补贴、交通补助、学生保险、餐补等，外国学生一律享受同等待遇；留学新西兰本科一年连生活费和学费，约需15万人民币，相对来讲还是比较低的。

方法四：巧选地区、学校和课程

各国留学费用不一，而且同一个国家的不同地区甚至不同学校、不同课程，学费、生活费也可能有较大的差异。美国的州立大学学费比较便宜，一般的留美学费大约15000美元左右，选择州立大学学费压力会小一些，而且有很多州立大学教学质量非常好。不同城市的消费差别也很大，美国大城市如纽约、洛杉矶、芝加哥、波士顿等的生活费比较高，一般在12000美元/年，而中西部、南部某些州，如俄勒冈州、犹他州、亚利桑那州、俄克拉荷马州等地区生活费一般不超过1万美元。

据介绍，加拿大很多大学提供带薪实习，参加带薪实习课程每月可获1000~3000加元的薪水。学生申请参加带薪实习课程一般需成绩在中等以上，并通过学校和实习公司的面试；大学的带薪实习一般在大二下学期开始，通常3~5个学期。实习和课堂教学穿插进行。

方法五：打工

在国外，勤工俭学一直是留学生解决经济问题的常规途径，这不仅可减轻经济负担，还可积累海外工作经验。美、英、澳申请打工的留学生年龄必须在18周岁以上；必须持有允许打工的学生签证。政府还规定留学生平时可以每周工作20个小时，假期无工作时间限制。澳大利亚可以从事的工作种类很多：餐馆或者酒店的服务员、刷碗工，超市的收银员、清洁工，到农场去摘水果、收割等。政府规定的最低工资是10澳币/小时。一般来说，留学生每月打工可获得的收入在1000澳元左右。法国规定，第一年学习期间禁止打工，第二年已开始专业学习且申请到工作许可的学生可以打工。留学生打工每周不得超过20小时。最低工资为每小时7.5欧元。

专家点金

通常情况下，孩子从义务教育阶段到非义务教育阶段，家庭的教育费用就开始骤增，所以最好不要选择与子女结束接受义务教育时间相同的存期。当孩子尚有一年即上高中，选择一年期的教育储蓄是极不经济的，而应选择三年期或六年期的，教育储蓄利率较高，教育理财要充分利用好国家给予的利率优惠政策，以得到更多的经济实惠。

"全职太太"的理财规划方案

李太太42岁，为了照顾丈夫和10岁的儿子，辞职做了"全职太太"。李太太的先生45岁，是一个软件设计工程师，正处于职业生涯的收获期。李太太一家每月收入总计1.2万元。其中，她先生的工资收入为1万元，房租收入为2000元，月度支出总计4900元，主要用于日常基本生活开销。由于没有房贷还款等支出，家庭月节余达到了7100元，加上李先生3万元的年终奖，每年能节余近12万元。李太太的理财风险偏好属于中庸保守型，比较害怕投资冒险，也具有一定的风险承受能力，希望在保证本金安全的基础上能够增加投资收入。

李太太计划购置一辆15万元左右的汽车，若加上牌照以及购置附加税等估计需18万多元。还有汽油费等开支，购车后每年实际支出(保险、停车等)约1.5万元。孩子大学本科学杂费支出，每年约2万元;出国留学35万元。家庭保障及养老计划:李太太的家庭保障支出占家庭年收入的5%~10%。在养老金储备方面，李太太50岁后有13万元养老金，而先生没有参加社保。但李太太希望先生退休后保持现有的生活质量。

李太太家庭财务现状分析:

1.李太太儿子教育金储备列入家庭计划

儿子大学阶段教育费用增加。但李太太还没有明确地为儿子制订教育金储备计划，有可能造成将来现金流的不稳定。

2.家庭总体特征是收入稳定，财政负担日益加重

从收支状况来看，李太太家除去每月开销后约有7000多元节余，再加上先生年终奖等收入，足够应付目前家庭的生活需求。但李太太家的家庭支出将进入一个高峰期，家庭花费将逐步倾向于一些较为昂贵的项目:换房、购车、养车，此外，儿子的大学教育费也将上升为家庭的主要负担内容。

3.资产整体配置欠理想，金融资产投资回报低

李太太的家庭资产构成中生息资产较低，增值未达到预期目标。这是因为李太太

家的金融资产中主要持有无风险资产，生息资产主要以人民币存款等固定收益类为主，这种投资方式虽然较为稳妥，但其年综合收益率低于2%，不但难以抵御物价上涨带来的资产贬值风险，也影响整体资产收益。

4.家庭保障及养老计划存在一定疏漏

李太太对保险的保障作用有一定的认识，为自己及儿子今后的生活建立了一定的保障，而唯独没考虑她的先生。她先生作为家庭经济支柱，尚没有任何社会保障以及商业保险，在人身及收入安全方面完全处于风险暴露状态，一旦有意外发生，家庭主要收入就会中断，没有现金流补充，会对家庭的财务安全构成重要隐患。

5．养老理财计划尚不充足

要维持家庭将来的生活品质不低于目前的状况，单单依靠其50岁后13万元的养老金和已有的130余万元的可用资产，仍存在不小缺口。

【专家支招】

针对李太太的家庭财务存在的一系列问题，给李太太做出以下理财规划：

(1)重视家庭资产的流动性管理

为家庭大项支出及应急基金预留出足够的现金储备。其中，预留部分要以现金及变现能力强的金融资产为主。可以利用合适的短期投资工具，如通知存款、货币式基金、债券基金等，既能提高收益又能保证流动性。

(2)调整现有金融投资资产配置

建议李太太适度调高风险资产比例，重点持有低风险资产，降低无风险资产持有比例。根据李太太中庸保守型的风险偏好，可将金融投资资产按3∶5∶2的比例配置无风险资产、低风险资产和风险资产。无风险资产18万元，组合存款10万元、国债及其他8万元，预期年收益2.5%；低风险资产32万元，企业债、可转债、信托凭证、债券型基金、资产证券化产品等品种间分散配置，预期年收益5%；风险资产13万元，股票及偏股型基金，期望年投资回报为8%。另外，在每年收入中，扣除备用金外的多余部分以及盈余资金，按照一定比例进行金融资产的投资。对盈余资金的追加投资比例仍可按照无风险资产、低风险资产、高风险资产3∶5∶2的比例。无风险资产的投资总额上限控制在30万元，当无风险资产的投资总额达到30万元之后，在进行盈余追加投资时，对无风险资产的投资就转移至低风险投资(低风险投资比例占到80

%)，而高风险资产的投资比例始终不变。

(3)家庭理财风险控制

家庭理财风险控制是理财规划方案执行过程中重要的部分。建议李太太着重关注以下几个方面：

一要了解相关投资品种的风险收益特征，每类投资的预期收益不同，风险度也不一样。在开始某类投资之前，尽量了解相关知识，包括投资要点及可能承受的损失。

二要定期进行绩效评估，适时调整投资策略，定期对家庭资产进行盘点，并对各项投资的收益情况进行检查分析，调整那些持续未产生预期收益的投资。评估家庭资产的风险状况并决定是否需要进行策略调整。

三要坚守既定配置方案，对风险资产设定风险警戒线。某一项投资的成功并不意味着可以不断提高该项投资的比例，资产价格的正向波动虽然在某一阶段带来了超额收益，同时该项投资的风险也在不断累积。为每一项投资设定警戒水平，当亏损达到该水平时，考虑是否须调整该类资产持有比例，或考虑是否应该继续持有该类资产。

四要定期与理财师沟通，审视和评估理财环境的相关变化。这有助于了解理财方面的最新讯息。同时由于经济的持续波动和国内金融市场市场化进程加快，理财环境的波动加剧，定期的沟通有助于主动调整相关投资，避免不必要的风险。

(4)家庭购车规划

李太太可于近期实施购车计划。由于购车后每年的费用支出约1.5万元，使用成本不高，建议一次性付款购买私家车。因为车属于纯消费类产品，不能带来收益，如采用按揭形式，会增加成本。

(5)养老及家庭保障规划

从规避风险的角度来看，李太太家需要一套周全的保险组合应付未来风险。从收支的角度来看，定期的保险费支出也有利于优化李先生的个人收支结构。建议全家的年缴保费为每年1.2万元左右，做到强制保障，优化消费结构。首先，为林先生适当准备一份保障型保险计划，使家庭无远虑。其次，可以考虑加入本市的社保体系，获得基本养老、医疗保障。最后，李太太应加强医疗方面的保障。

专家点金

合理安排资金结构，在现实消费和未来的收益之间寻求平衡点，根据自己家庭的需求和风险承受能力考虑收益率。为人父母者莫不望子成龙，对于全职太太更是如此。教育是头等大事，自然要充分保障，但未来的花费也许不是一笔小金额，需要早日打下基础。

低收入工薪家庭的理财规划方案

何懂今年48岁，主要从事人力资源管理工作，月收入4000元。妻子49岁，在一家IT公司做技术工程师，月收入8000元，有一个20岁的男孩。夫妻二人已经购买100平方米的房子，住房贷款已提前还清，没有任何负债。夫妻俩主张适度消费，每月消费后略有节余。两人所在单位都上了社保，但两人也分别买了保险，月支出共1300元。家庭具体财务状况是：家有现金及活期存款4万元，一年定期存款4万元，房产100万元。每月日常支出6000元，房屋支出600元，保险1300元，旅游娱乐1100元，支出总计9000元。每月工资收入为1.2万元。

理财分析：

何懂家的财务状况还不错，房子已经购买，且没有负债，储蓄率达到25%。但是，从家庭投资结构分析，何懂尚没有明确的理财观念，投资渠道只有储蓄。何懂家庭面临子女教育这一刚性的现金支出，未来孩子继续教育是笔不小支出，应及早准备。从上述资金需求看，何懂家需要做一些投资，来实现家庭金融资产的保值增值。

【专家支招】

其理财情况可从以下几方面规划：

1.教育规划

孩子读大学的费用一般为7万元左右，考虑通货膨胀率2.5%，三年后读完大学约共需8万元。建议以每月定期定额投资的方式，专项准备教育金。可以投资于基金，由于基金投资期较长，平均回报率较稳定，每月只需投入300元，就可轻松筹备子女的教育费用。可见，只要有合适的投资理念与方式，大额支出款项也可轻松解决。

2.保险规划

保险支出大约占收入的10%，保额大约为收入的10倍，这是保险的双十原则，目前何懂家庭的保险支出基本合适，不用做太大调整。

3.投资规划

银行存款建议保留5万元的应急准备金，其余可以投资于基金产品。每月结余的3000元亦可采取定期定额的方式投资基金。

4.保健规划

何懂和妻子都是白领，日常工作忙碌，在进行投资规划和家庭收入提高的状态下，也可安排两个人的健身活动计划，两人可每月花上1000元，作为健康保健。

投资操作规划：

从何懂家庭的实际情况来看，何懂和妻子日常工作比较忙碌，且两人都不具有足够的证券投资专业知识，所以不适合直接参与证券市场的投资。何懂与妻子皆属于风险厌恶型人，但也能适当承受风险、讲求一定收益，在组合选择上应采取攻守兼备型策略，即偏股票型基金40%；混合型基金40%；债券型基金20%。在各类型基金挑选中，精选长期业绩稳定良好的基金。以优质老牌基金为主，这些基金多经历过熊市和牛市的双重洗练，相对其他基金的平均风险回报率要略高一些。挑选基金时，一是优选品牌基金公司，这类投研团队人员充足，经过长期磨合，经验丰富，比较忠诚稳定，并有严谨的流程保证，有利于创造长期稳定良好的业绩；二是优选品牌基金经理，因为过往基金的长期良好业绩记录，能体现出稳定优良的投资运作能力；三是选择适当的细分产品，例如选择股票基金时，可适当搭配指数型股票基金和债券型基金等。

最后，对于何懂的家庭，长期保持投资、基金组合投资、充分投资，既是增收的法宝，也是控制风险最基本、最简便易行的方法。

一个即将退休的职工家庭该如何组合投资？张先生今年52岁，还有至多8年的工作时间，他现在面临的主要任务就是为自己和下岗的妻子准备足够的养老金。由于前几年的投资多半都为上大学的女儿交了学费，现在张先生的资产只有18万元，对于有两位退休老人的张先生一家来说，这是不够的。但是目前，如果再进行张先生以前投资的高分红的股票型基金（收益率5%左右），风险就有些大了。在这种情况下，张先生追求的是风险小而收益适中的投资。专家建议，张先生可以做一资产分配，一部分继续投资红利型基金，并将分红再投资，从而享有投资复利待遇；剩余的部分可以投资收益率比较稳定的债券基金，年收益率在4%左右，同样采取分红再投资的复利投资方式。假设张先生将10万元进行红利型基金投资，8万元进行债券基金投资，则八年后二者分别增值为21.4万元和14.8万元，即张先生退休时资产总计约35万元，基本够夫妻退休生活所需了。

构建好自己的基金组合后，必须养成定期检查、监控投资组合的良好习惯，针对各种变化适时做出调整，这主要包含三个层面的调整：

一是“再平衡调整”(固定比例法)，即根据组合中各基金的市值变动情况，定期进行一次“再平衡”，以保持各基金投资的比例不变，这是投资组合的经典方法。有经验的投资者大致遵循这样一个准则：每隔三个月或半年调整一次投资组合。这种方法不仅可以分散投资成本，抵御投资风险，还能见好就收。不致因某只基金表现欠佳或过度奢望价格会进一步上升而使投资额大幅度上升，或因盲目追涨而使到手的收益成为泡影。当然由于重新平衡要涉及买卖费用，所以重新平衡也不一定放在年初，可在某类品种偏离预定比例5%~10%后进行此调整。

例如，你决定分别把50%、35%和15%的资金各自买进股票基金、债券基金和货币市场基金，当股市大涨时，假定股票增值后投资比例上升了20%，你便可以卖掉20%的股票基金，使股票基金的投资仍维持50%不变，或者追加投资买进债券基金和货币市场基金，使它们的投资比例也各自上升20%，从而保持你原有的投资比例。如果股票基金下跌，你就可以购进一定比例的股票基金或卖掉部分等比例的债券基金和货币市场基金，恢复原有的投资比例。

二是“生命周期调整”，即根据年龄增长情况将动态调整组合中各种基金的配置比例，投资者越年轻，越应更多地考虑收益性，随着年龄的增长，风险承受能力的降低，应该把重心逐渐转移到安全性和流动性，也就是应该逐步增加债券型基金等稳定性和流动性好的基金，而减少激进积极的股票型基金。

一般人的财务生命周期分为四个阶段：第一个阶段是个人工作生涯中前期的积累阶段。这个阶段需要累积资产，通常在这一阶段内，净资产值较小，因为所承担的各项贷款可能比较重。由于具有较长的投资期限，以及不断增长的盈利能力，所以处于累积阶段的人们通常进行较高风险的投资，以期获得高于平均水平的收益率。第二个阶段是巩固阶段，此时人们通常已过了工作生涯的中点，此时，人们的收入一般大于支出，超额收入部分就可以用于投资，但是这时候人们一般更加关注资本保值，而不想承担太大的风险，以防遭受损失。第三个阶段通常始于个人退休，是花费阶段。在此阶段，生活费用来自社会保障收入和先前的投资收入。此时，人们更加倾向于为资产寻求更好的保护。第四个阶段是遗产捐赠阶段，过剩的资产可以用来资助亲戚和朋友，此时，避税是主要目的。退休金的积累阶段主要是第一和第二阶段，投资风险也应逐步降低。由此，作为投资者要结合自身年龄阶段的投资特点，适当定期做出调整，这事实上是在改变投资目标和策略的前提下，进行核心组合和非核心组合的配置变动。

三是基金品种的调整，即对核心组合或非核心组合中的个别基金品种进行重新调整。它既可以是资产比例的平衡调整，也可以与生命周期调整结合起来。一般来讲，基金的申购赎回费率比较高，频繁的调整将吞噬很大一块收益，应该本着长期投资的理念来进行基金组合投资。因此，除非相关基金公司发生了难以逆转的重大变化，否则就不必急于调整基金品种。一旦决定转换基金品种，在同等情况下，应该优先选择伞形基金下的转换。因为其一，伞形基金转换所需的申购费优惠，有的基金甚至免费转换，比如景顺长城系列基金等；其二，伞形基金转换只需两个工作日，比一般的交易程序节省了3天的在途时间。

专家点金

低收入工薪家庭的理财规划方案应在稳妥的前提下实现财产的保值增值，以确保子女能够接受良好教育，保证夫妻退休后的生活质量有保障。有了余钱积累起来，等有一笔存款之后，就要合理运用，使之保值增值，使其产生较大的收益。

学高收入家庭的理财经验，定自己的理财方案

高薪家庭的理财规划方案。

高女士39岁，在外企工作，月收入约7000元，包括薪金收入5500元、稿酬收入1000元、其他收入500元。丈夫王先生43岁，在某著名金融机构工作，月收入约1.2万元，包括薪金收入4000元、奖金6000元、各项补助1800元和其他收入200元。有一个女儿19岁，上大学一年级。高女士一家住60多平方米的房子，还是王先生在单位实行房改后，以12万元的成本价买下的。高女士家有存款22万元，包括三年期定期存款14万元、五年期定期存款5万元、活期储蓄2万元、现金1万元。家庭投资类型只有存款，投资收益不高，为了提高收益，高女士想尝试购买一些风险低的理财

产品。此外，固定资产投资、孩子的教育和保险投入也是夫妻俩颇为关心的问题。

高女士投资计划是：安全性、收益性和流动性是一项资金是否值得投资的重要标准，定期储蓄的安全性较高，但是收益性和流动性较低，收益固定且需要缴纳利息税。高女士希望适当减少定期储蓄存款的比例，改为投资基金、人民币理财产品和国债。此外，为了提高生活质量，高女士希望将现住房出租，用部分存款购置一套新房，并在原有的基础上增加孩子的教育投资和全家的保险投入。

对于像高女士这样的高知、高薪家庭来讲，收入一般由三部分组成，即薪金收入，受所从事的工作和投资水平的限制，高知、高薪家庭通常没有更多的精力放在理财上，使应占家庭收入重要比例的理财收入变得微不足道。

【专家支招】

建议高女士一家的理财规划采取下述方案：

一是对于家庭22万元的存款，随着各期存款逐一到期，应只保留1～2万元的3年期定期存款，其余的用于理财产品和固定资产的投资。投资比例为6：4，即12万元购买人民币理财产品等，7万元用于购置新房的首付。

二是从12万元理财资金中拿出4万元购买证券投资基金产品。虽然股票型、债券型、保本型和货币市场型等都适合于中小投资者，但由于高女士一家风险承受能力不是很高，所以最好购买保本型或货币市场型基金，这两种基金的安全性都较高。而货币型基金的流动性较高，且申购、赎回不收手续费又能免税，所以应将资金重点投向于货币市场基金。货币基金首次认购的数额不少于5000元，此后可按1000元的整数倍追加认购，基金管理公司会每天公布每万份基金单位收益，月月复利，月月返还收益，可根据客户的实际需求随时兑付。与股票型基金相比，基金管理公司一般会将此基金投资央行票据、短期债券等安全系数较高的资金市场，在安全性方面是有保障的。在4万元购买基金的钱中拿出3万元购买货币市场基金应该很不错。

三是银监会出台的《商业银行个人理财业务管理暂行办法》规定，保证收益理财计划的起点金额为5万元。高女士可拿出5万元购买人民币理财产品。人民币理财产品的特点是一般没有认购手续费、管理费、无存款配比且收益比储蓄要高很多，是储蓄类产品的替代品。所以高女士一家应购买一款半年期的人民币理财产品。

四是国债同样也是不错的投资工具，投资风险几乎为零，不用缴纳利息税，还可以拿到债券市场去交易，流动性也不错，因此高女士一家拿出3万元作为国债的投资应该是合理的。

五是高女士一家可以选择一套85平方米，均价在5000元每平方米的房子，售价约40万元，高女士夫妇两人可以从剩余的存款中拿出7万元，再将累计住房公积金一次性取出，首付款达12万元，剩余的部分向银行申请15年贷款期，采用等额本息还款法，月供约为2100元，可从每月的薪金中支出。

六是高女士的家庭情况比较优越，但是日益高涨的教育投资必将占据家庭支出的重要部分。为了供应孩子上完大学的教育费用，为孩子进行教育理财是至关重要的事。这些教育投资从高女士夫妇的每月节余中支付即可。

外企高管家庭如何做理财规划方案。

刘先生46岁，是一家外企的高级管理人员，每月税后收入1万元;妻子是一家公司的部门经理，每月税后收入8000元;儿子21岁，在一所大学读一年级。刘先生家庭月累计收入为1.8万元。目前，他们有家庭积蓄35万元，分别为国债5万元、定期存款20万元、活期存款10万元。两人的单位均提供有正常的养老和医疗保险。他们现有一套90平方米的住房，每月需要偿还按揭本息2500元，剩余还款额度为10万元。家中有一辆捷达轿车，全款购置。家庭开支情况:每月生活费用2800元，养车费用1000元，其他交往等费用1000元，儿子的学杂费1500元，加上其他费用，家庭累计月支出7500元左右。

在稳妥的前提下实现财产的保值增值，以确保儿子能够继续接受良好教育，保证夫妻退休后的生活质量不降低。这是刘先生的理财目标。

【专家支招】

刘先生的理财规划方案如下:

1.考虑提前还贷

2005年3月17日，央行上调了商业银行自营性个人住房贷款利率，这是继2004年10月29日上调0.270个百分点之后，半年内个人住房贷款利率的第二次上调，两次累计上调0.47个百分点。住房贷款利率已经偏高，且刘先生有20万元定期和10万元活期存款不用作投资，所以，刘先生最好支取部分存款，一次性提前偿还剩余的10万元贷款。

2．增加理财投入

提前还贷后，5万元国债可以继续持有，还剩20万元银行存款，可以拿出10万元购买货币基金。货币基金主要是投资央行票据、记账式国债、金融债、协议存款等稳健型金融产品，这就决定了它的收益非常稳妥，货币基金购买和赎回均没有手续费，发出赎回指令后，只需1～2天便可变现。所以，刘先生把10万元存款转成货币基金，既能保证理财收益，又可以保证日常的资金使用。

3．适当增购保险

刘先生和妻子收入较高且较为稳定，家中车房俱备，短期内没有太大的开支项目，他们夫妇非常注重教育投入，将来孩子上研究生以致出国留学的费用将是一笔不菲的开支。所以，刘先生可以考虑拿出5万元为儿子买教育保险，再拿出一部分作为专用教育基金。

另外，刘先生和妻子如果仅凭普通的养老保险，到退休时只能维持两人的基本生活，无法维持现有的生活水平。所以，为了提高保障能力，刘先生有必要提早规划养老金。刘先生夫妇有必要购买一些人寿险，这样，不但可以确保家庭意外变故下的生活保障，还能补充退休后的家庭收入，提高晚年的生活质量。另外，因为刘先生的儿子不能享受公费医疗保险，应购买一些健康和意外伤害类的保险。

专家点金

高收入家庭通常都是高知、高薪的职场人士。对于这样的家庭来讲，收入一般是薪金收入，受所从事的工作和投资水平的限制，高知、高薪家庭通常没有更多的精力放在理财上，使应占家庭收入重要比例的理财收入变得微不足道。

第十四章

把握一生中的第五次理财机遇

——家庭成熟期(子女参加工作到父母退休前约15年)

理财概要:经济状况达到最佳状态,子女生活独立,家庭负担逐渐减轻,最适合积累财富,理财重点应侧重于扩大投资。进入人生后期,不宜过多选择风险投资的方式。还要存储一笔养老金,为晚年安康奠基。

专家支招:将可投资资本的50%用于股票或同类基金;40%用于定期存款、债券及保险,10%用于活期储蓄。风险投资比例应逐渐减少。

理财优先顺序:资产增值管理——养老规划——特殊目标规划——应急基金

教你做好退休养老理财规划

退休养老规划就是指为了保证个人在将来有一个自立、尊严、高品质的退休生活,而从现在开始积极实施的理财方案。退休后能够享受自立、尊严、高品质的生活是一个人一生中最重要的财务目标,因此退休养老规划就是整个个人财务规划中不可缺少的组成部分。合理而有效的退休养老规划不但可以满足退休后漫长生活的支出需要,保证自己的生活品质,抵御通货膨胀的影响,而且可以显著地提高个人的净财富。

在现实生活中,有大量的因素会对个人退休生活造成影响。这些因素构成了对退休养老规划的需求。这些因素包括:预期寿命的延长、提前退休、社会保障与养老金资金紧张等其他不确定因素。

制定退休养老规划便是应对上述不利因素、保障个人退休生活的重要机制。制定退休养老规划的目的是，通过对个人可用财务资源的正确规划，满足个人在退休阶段的个人财务需要。为了确保退休养老规划方案的成功，个人需要尽早开始考虑制定退休养老规划并且通过一套科学、系统的程序来保障退休资金的充分积累。

退休养老规划的内容。在制定具体的退休养老规划方案时，退休养老规划所包括的范围必须全盘考虑。总体来说，在我国退休养老规划包括：利用社会保障的计划、利用企业年金计划以及购买保险公司推出的年金产品等手段。

1.利用社会保障的计划——养老保险

养老保险是国家和社会根据一定的法律和规定，为解决劳动者在达到国家规定的解除劳动义务的劳动年龄界限，或因年老丧失劳动能力退出劳动岗位后的基本生活而建立的一种社会保险制度。

2.利用企业年金计划——企业年金制度

企业年金制度是指企业在参加基本养老保险并按规定履行缴费义务基础上，自主实行的一种补充性养老保障制度，旨在为职工提供基本养老保险以外退休、死亡和因病致残的收入保障的养老保险计划。它一般由国家宏观政策指导，企业内部决策执行。与强制性的基本养老保险制度相比，企业年金往往由雇主根据法律法规、集体谈判结果或者自愿原则建立，政府参与较少，但会给予一定的税收优惠政策。企业年金计划的类型、缴费标准、支付水平形式多样，但大多实行市场化运营管理。

3.商业养老保险

个人养老保险是个人自愿为实现老年收入保障提前进行的养老基金积累行为。通常有两种积累方式，即银行储蓄和购买商业养老保险，后一种方式更为普遍。年金保险是人寿保险的一种，它与养老的关系最为密切。

针对不同的家庭经济状况，应实行不同的退休养老规划，根据家庭的经济状况，一般分为自保和富裕。对于家庭经济并不宽裕的人来说，一般性的家庭开支还能应付，而不断增长的子女教育费，可能会成为生活的负担。夫妇俩的收入几乎是家庭的唯一的经济来源，一旦两人当中有一方下岗、生病或发生伤残等意外事故，家庭的财务状况很可能岌岌可危。因此，这样的家庭，未来夫妇俩的自身保障显得更为重要。可以选择将收入的一部分用于购买商业保险。具体来说，可以购买部分低额的终身寿险（最好含养老)、重大疾病险，加上最需要的医疗险、意外险等。对于家庭富裕的家庭来说，他们已经通过投资积累了相当的财富，净资产比较丰厚，不断增大的子女教育费用不会成为生活的负担，对于一般性的家庭开支和风险也完全有能力应付。因此，在购买了足够的保险后，还可以抽出较多的余钱来发展其他的投资事业，比如购买一套房产或者尝试实业投资。

工薪阶层的养老规划。我们已经可以算出10年、20年或30年以后，自己退休时每个月能有多少退休金，也可以算出需要多少钱才能保证自己的生活质量不会因为退休而下降。那么对于工薪阶层来说，怎样才能准备出充足的养老金，来保证退休后的生活质量呢?

工薪阶层最可靠的养老金积累来源仍是工资收入。在进行工资积累的同时，最好是进行一些适当的投资，如投资货币市场基金或债券等。如果货币市场基金按平均年收益率2%估算，如果每月定期定额投资1500元，30年后这笔积累可以超过73万元。所以，工薪阶层若从现在开始，除了留足每月必需的生活费用外，将剩余资金进行投资，退休时也可以拿到一笔可观的资金。

但是，并不是所有的工薪阶层都能做到每个月都进行一定的投资。工薪阶层的大多情况是为房产为家人忙碌了一生，付出了所有，却没有为自己准备足够的养老金。李先生夫妇就是一对这样的人。

李先生58岁，是某贸易公司职工，月收入2000元。妻子王女士55岁，是一名公务员，月收入2000元。夫妻二人都上了养老保险、医疗保险和大病统筹。办完儿子的婚事，夫妻二人仅剩下3万元的存款和一套位于市区的价值50万元的房子。

李先生夫妇都接近退休年龄，如何在现有条件下，尽可能保证退休后的生活水平不发生较大程度的下降，成了李先生当前主要考虑的问题。

虽然两人都有退休养老金，但这笔钱对上班时的收入的替代率是比较低的，这就意味着，退休后他俩的生活水平会骤然下降，这将会给两人的生活带来很多不便。

如果两人退休后还能生活25年，而且保持生活水平不下降，李先生除了养老金收入外，起码还有10多万元的养老金缺口。同时，两人只有社会医疗保险和大病统筹，没有购买商业保险，这将只能覆盖最基本的医疗保障，其保障质量并不高。

由此看来，因为李先生夫妇的养老金缺口比较大，所以他们应该在防范风险的前提下，增加投资比重，提高收益率。

【专家支招】

基本方案是：李先生可将存款中的1万元作为保本基金，以备不时之需；再留出5000元作为生活费；剩余1.5万元进行投资。同时，在退休前家庭每年的净收入为2.4万元，这笔钱同样也可以进行投资。

养老投资首要考虑的问题是安全性，因此，李先生进行投资时可以把债券作为固定收益类的金融产品。投资债券可以在获得固定收益的前提下，通过适当操作获得更高的差价收入。

如果李先生没有足够的精力和知识直接投资债券，也可以选择购买债券型基金的方式间接投资债券市场。投资基金可以弥补投资者在金融知识和时间方面的欠缺，充分发挥专家理财的优势。

另外，建议李先生在退休后卖掉市区的房子，到郊区买一套30万元左右的两居室。通过卖掉市区房换成郊区房，不仅可以增加老两口的居住面积、改善居住条件，而且郊区良好的空气质量和较为缓慢的生活节奏非常适宜老年人健康地安度晚年。更重要的是，他们还可以获得20万元的余款，用来弥补退休生活费用的缺口。

我们可以看出，只要合理地理财，李先生夫妇退休后，不仅改善了居住条件，搬到了更适宜居住、空气状况更好的郊区。而且从财务角度看，也有效地保障了退休后的生活质量，提高了医疗保障的程度。

专家点金

制定退休养老规划是一个长期的过程，比理财规划中其他组成部分具有更强的前瞻性，一旦退休养老规划制定得比较合理并且得到顺利的执行，个人便可获得对未来退休生活的保障乃至由此取得优厚的回报。

个人退休养老早规划

退休是人生不可避免的问题。总有一天，我们必须依靠过去储蓄下来的东西维持生活。想在年老时活得有尊严，就要从上班第一天开始未雨绸缪退休规划。

社保养老、企业年金制度以及个人自愿储蓄，是退休理财的金三角。中国的社会保障体系正在建立当中，社会养老保险、企业年金制度正在不断完善。但是，光有好的养老保险和企业年金，对保障退休后的生活远远不够。在中国，一家基金公司曾经做过调查，北京高收入白领阶层夫妻在退休时需要建立450万的养老基金，才能让退休后的生活水平和退休前相同。中国已经提前进入了老龄化社会，长寿有可能变成了生活中的一种风险。现在健康标准和医疗条件都大大提高了，活到90岁似乎不是件困难的事。如果60岁退休的话，1～50万要支撑退休后30年的生活。

此外，通货膨胀也是必须要考虑的因素。中国目前通货膨胀率在3%左右，专家预测15年以后实际购买率将打一个对折，也就是说，现在的1块钱只相当于15年后的5角。450万在15年之后是不是也就只值200多万了呢?通货膨胀是财富保值的杀手，所以，必须有纪律、有计划地储蓄并进行投资，使财富保值增值。

所以说，退休规划是贯穿人一生的规划，对于年轻人来说尤为重要。一个好的开端，一个有计划的过程，将使老年生活富足而有尊严。

大学毕业开始工作就应该有退休规划的概念了。现在有些行业的员工50岁就退休了，有些甚至提早到45岁。退休后的生活占人生整个生命周期的1/3，而工作的时间却不到1/3。由于工作的不确定性、未来的不稳定性，应该尽早开始对退休进行未雨绸缪的计划。

很多年轻人认为，目前首要的问题是进修、买房、买车、结婚、养育孩子，而退休是几十年后的事情，做事总得摆一个先后。这么说没错，年轻人在做养老规划的时候最需要注意的就是支出的优先分配，但即使这样，也有必要每个月拿出一小部分钱来投资于自己的养老基金。利用货币的时间价值，让时间把少量的资金一点点积累起来。可以用定期定额投资基金的方法，每个月拿出几百块钱，聚沙成塔。也就是减少一点娱乐的消费，应该是可以做到的。

“要准备多少钱才够养老?”对于这个问题，每个人有不同的答案。国际社会上较常用的计算方法是:通过目前年龄、估计退休年龄、退休后再生活年数、现在每月基本消费、每年物价上涨率、年利率等要素来估算。

举例来说，何先生现在的年龄是35岁，估计退休年龄60岁，估计退休后再生活年数25年，现在距离退休还有25年。假设现在他每月基本消费1000元，每年物价上涨率5%，年利率3%。

那么，退休后他的每月基本消费(保持相当于现在1000元的消费水准)为:1000 × 3.386＝3386元。

退休后再生活25年所需养老金总额为3386 × 25 × 12＝1015800元。备注:3.386根据25年来累计物价上涨率计算得出。

你可以参照上述公式，根据自己的年龄和消费情况，计算出你可能需要的退休金，然后把退休时可拿到的社保金算出来，这两者之间的差额，就是自己要准备的退休金。

1.养老金缺口有四成

那么，退休后我们能够领到多少社保养老金呢?

以上海市民退休后的标准来分析，每月可领退休养老金分别为:1993年1月1日以后参加工作的人员为“基础养老金 + 个人账户养老金”;1992年底以前参加工作，1998年1月1日以后退休的人员为“基础养老金 + 个人账户养老金 + 过渡性养老金”。

其中，“基础养老金”按本人退休时上年本市职工月平均工资的20%计发，个人无法掌握和改变这一数据。“过渡性养老金”对于1993年以后参加工作的人而言无法享受，对于1993年前参加工作但之前工龄较低的人而言，这部分占将来可领取养老金的比例也相当低。

“个人账户养老金”按本人账户储存额除以120计发，对目前在职人员而言，这部分正是大家的核心利益所在。而这次缴费标准的调整，影响到的也正是这一部分数字，但这一数字的计算同样有很多不确定因素。

我们不妨换用替代率来分析将来可能获得的养老金水平。所谓替代率，是指退休后的养老金除以其现在每月的工资，得到的数字称作“替代率”，也就是退休时和在职时的收入比。如:2002年新退休人员领取的平均养老金为650元/月，上一年度在职职工的平均工资收入为1100元/月，则退休人员的养老金替代率为(650 ÷ 1100) × 100%＝59.09%。

这就是说，我们退休时领取的养老金，可以达到在职时收入的六成。那么，对于那些追求生活品质的人来说，缺口的四成，就需要通过储蓄或投资来积攒。

2.最晚35岁启动养老规划

如何准备这笔退休金呢?所谓“愚公移山”，巨大的资金需求量是可以通过日常生活的理财而得到弥补的。而这个理财计划实施得越早，就越有可能帮你解脱未来可能的困境。

退休的年纪可以先预估，男性大致在60岁左右，女性大致在55岁左右。所以投资期限就是预估退休的年龄减掉开始的年龄，早开始，可以投资的期限就比较长。正常来说，20年是最低的要求，所以一般来说，最晚35岁或40岁，必须开始考虑养老问题。

如果要缩短期限，只有提高每个月的投资金额，或是选择回报率更高的投资工具。这两种方法都有成本，提高投资的金额，意味着要压缩现在的生活水平；选择高回报的投资工具，表示要承担更高的风险。以风险承担能力来说，年轻时可承担高风险，来日方长，还有时间可以把钱赚回来。但越接近退休年龄，你能承担的风险也越低，能做的投资选择也跟着减少，安全性考虑将逐渐比回报率考虑提高。所以，越早开始，实现理想的财务规划的可能性越大。

3.定期定额投资有魔力

最后也是最重要的一步是执行。在众多可投资的工具中，挑选出几个，真的把钱放进去。在初期，可以承担较高的风险，以追求高回报；随着退休时点的接近，安全性需求越来越高，资金也应随之调整比重。开始的投资组合可能以股票为主，随着年龄的增加，可以考虑逐渐增加固定收益的理财工具。

如每月拿出固定比例的工资加入到你为养老专设的账户中，比如每月500元或者800元，因为“神奇的复利”的作用，多年下来，收益一定十分可观。由于目前我国银行还没有专门为个人退休计划而设计的储蓄产品，因此可以用定期定额购买基金来替代。

4.商业保险作适当补充

企业年金和商业性养老保险是另外两个投资工具。企业年金在未来潜力巨大，但由于在中国刚刚起步，因此只在少数的企业中推行。而个人商业养老保险可以由自己来决定是否购买，并可根据自己的能力进行灵活的自主规划和选择。

同样以35岁的何先生为例，假设他退休时养老金替代率可以达到60%，剩余40多万元的养老金缺口可以通过商业保险来填补。比如他购买“信诚福享未来养老金保险B款”，每月交保费653元，缴费期25年，从60岁起，他每年可领取1.2万元退休金，持续领取20年，共领回24万元，到80岁时合约期满，可以获得6万元的贺寿金，此外每年还享有公司回馈的丰厚红利，并有高达12万元的意外身故保险金，并可享受保费豁免。所以，获得退休之后的幸福生活并不难，关键在于走好年轻时候的理财之路。

专家点金

在现实生活中，制定退休养老规划便是应对不利因素、保障个人退休生活的重要机制。为了确保退休养老规划方案的成功，个人需要尽早开始考虑制定退休养老规划并且通过一套科学、系统的程序来保障退休资金的充分积累。

不同年龄阶段退休金的储投规划

面对人口老龄化的大潮及养老保险体系的不完善等严峻形势，国家有关方面正在出台各种应对措施。但理财专家指出，中国未来老年人的绝对数量实在太大了，单纯依靠社会养老很难解决某些现实问题，所以，不仅是老年人，中青年人和年轻人也应及早进行养老理财规划。

1.老年人退休金储投计划

老年人在养老理财时，应以投资安全为主，着眼于有一定收益保障的投资工具，如果条件允许还可适当配以小比例的积极性投资。

在储蓄方面，除交纳固定的养老金外，一部分人已经开始为自己养老作计划或将养老理财部分纳入自己的理财计划，这些计划主要集中在人们熟悉的储蓄等方面。

在进行养老储蓄时，要掌握一定的储蓄技巧。比如采用“递进储蓄法”，假如手头有6万元的积蓄，可以按照2万元为单位分别存一年、二年、三年3种定期存款。一年下来，就可将到期的2万元，转存成三年定期。两年后，存单全部为三年定期。这种储蓄方式既可以随时调整，又能获取银行存款的最高利息。

在投资方面，可以选择货币基金，其有“准储蓄”之称，除具有和银行存款一样安全的特性外，而且可随时兑付，从收益上来看，平均年回报率高于银行一年期定期存款。在保证流动性和低风险的情况下，货币基金的一般收益都能达到2%以上。货币基金不收取赎回费用，管理费用也较低，转换灵活，收益还是免税的。

此外，还有各种债券或者债券型基金，因为债券本身具有还本付息的特点，风险小，收益稳定，这样就可以使老年生活有保障。特别是国债，因为有国家的信用作为保证，可以在养老计划中起到基础的保障作用。通常情况下，中长期国债的收益率不仅高于定期存款的收益，而且国债的利息收入不需要交纳利息税。在目前加息预期背景下，投资人可以用低于票面价值的价格买进中长期国债，获得的收益率更要高于票面上所规定的收益率。

2.中年人退休金储投计划

中年人的养老理财，应注重通过各种投资途径让自己和家庭的资产保值增值，以便抵抗通货膨胀带来的危害。

中年人在准备养老金方面，有两件工作要做:一是合理分散风险;二是合理进行稳健投资。只有将这两部分调节好，才能有效地积累养老金。建议采取稳健的投资策略来分配投资组合，例如可以选择投资股票型和投资债券型开放式基金相结合的模式，做到收益平衡。此外，企业的可转债也是可以考虑的养老金投资方式。可转债兼具了股票和债券的双重身份。作为债券的一面，能够在保底前提下收回债券的面值和票面利息收益，有效地保障了养老资金的安全性;而作为股票的一面，它赋予了投资者将债券转换成股票的特殊权利。另外，还有外汇理财新品。从目前理财市场品种来看，外汇理财产品虽属于保本型投资，风险较低，但收益相比较而言属于偏高。

在保险方面，考虑到现在的医疗体系并不十分完善，建议适当购买重大医病保险和住院医疗保险，同时还可以采用15年年交的方式购买养老保险，以达到养老保障的目的。

3.青年人的退休金储投规划

青年人的养老理财，应选择积极的投资方式，以取得良好的投资收益为目标。但在投资时还是要注意稳健型投资方式的搭配。

在储蓄方面，据《全球退休生活角度调研》显示，中国在职人员中，每个月为养老平均储蓄625元。虽然与其他国家相比并不高，但是与受访退休人士平均每月966元的退休金水平相比，这一储蓄资金已占到退休金的60%。所以年轻人一定要养成储蓄的习惯，以备养老路上的不时之需。

保险投资是最适合年轻人的，投保养老险越早越好，因为保费与投保年龄成正比，且在红利的积累上也更合算。根据个人经济能力和发展周期等因素，一般30岁左右投保养老险比较合适。据介绍，临近退休时购买保险，需要支出相当大的费用，会给当时的经济生活带来沉重的负担。虽然10周岁保费支出会比25周岁的少，但从时间成本方面考虑，25周岁以前投保年金保险不够科学，购买年金保险最合适的年龄是25周岁。

由于年轻人的风险承受能力较高，可以选择积极型投资项目。例如股票投资、基金。可以拿出一部分资金，放在定期定额的开放式基金中。可别小看了资金积累的效应，每年投资1万元(平均到每个月只有833元)，如果年投资收益可以达到10%，40年后就可拥有442.59万元，就算只坚持投资了30年，总资产也可以达到164.49万元。如果年均投资收益只有5%，连续投资30年也有66.439万元，40年则为120.8万元。

总之，不同人生阶段的不同人士，对于保障、储蓄和投资功能的需求应各有侧重。30~40岁的人士，应保持较高比例的投资，辅以部分的保障，为自己今后的生活做好充分的准备;有经济压力的40~50岁人士，应该侧重在保障方面，然后辅以提前的退休准备，如储蓄、投资等;50岁以上的人士，资金筹备侧重转为退休方面，投资也要更加追求稳健。

专家点金

当今，面对人口老龄化的大潮及养老保险体系的不完善等严峻形势，不同人生阶段的不同人士，对于保障、储蓄和投资功能的需求应各有侧重。需要根据个人的实际情况和需要来规划。

老年理财以“稳”为重，讲究多元化投资是关键

退休前必须考虑的四件事:

1.预计退休后的年支出情况

一般来说，退休之后我们日常的消费还是会相应地减少。基本维持退休生活的费用占到退休前月支出的70%~75%。这样，我们也就可以算出预计退休后的年支出。

2.退休后的年收入情况

这块主要是由社会保障收入、雇主退休金、补贴、儿女孝敬、投资回报和其他收入组成。这也是最重要的一部分。因为估算出这个预计总收入的总年收入，就可以用上面的年支出减去这一年度的收入，算出到底你退休之后的生活如何?是净值，还是有缺口?这也就是我们常说的是富裕还是窘困。

3.通货膨胀

假如平均每年通胀率是6%，如果将你的财富置之不理，那么，12年后通胀会将

你原本的100万元蚕食一半，最终的实际购买力将剩下不足50万元。

4.增加你的净值或补充你的缺口

在这一部分里，就可以依据你在退休前投资的回报总和加上你退休后的回报总和来减少自己维持退休后生活费用。

如果按上面算出的退休前你的花费，你在60岁以后，还有多少钱可以维持70%的基本生活费用呢?

过年时，小辈往往会给长辈送份孝心钱以表孝心，而老人的货币资产同样也有贬值缩水风险。如今不少小辈瞄准各类理财产品，希望替父母找到“钱生钱”的捷径，并让长辈也享受一下理财的乐趣。

【专家支招】

1.老年理财以“稳”为重

尽管多数老人在退休后都有一笔可观积蓄，但这笔钱毕竟是老人的“养命钱”，理财时应讲求稳健。只有真正闲置的钱才是理财主力。

随着年龄增长，老人医疗费用开支会逐步上升，应预留1～2万元应急。应急备用金可考虑储蓄、货币市场基金或短期银行理财产品，以求取得较高变现性和一定收益，尤其是货币市场基金，“零认购费率”和“零赎回费率”能降低投资成本，提供更多的短线收益空间及流动性。

接下来，部分风险承受力较高的老人，可偶尔到市场上“冲一冲浪”，但原则仍以“稳”为重，购买银行理财产品，最好选择有保本承诺、设计简单的产品。眼下债券仍是老人偏爱的理财渠道，如凭证式或电子式国债等。

储蓄式电子国债是其中最稳妥的方式，安全且收益比同期限储蓄高。目前银行均销售储蓄式电子国债，但国债发行有一定周期。可留意银行的理财快讯，在下一次储蓄国债销售时，可提前到银行柜台开立债券托管账户。

2.老人理财讲究多元化

当然要想战胜通胀，仍需花些心思找到高效的理财路径。除了保险产品，还应将闲置资产做一份多元化的投资计划。

基金是多元化投资的主力。债券型基金较适合求稳的老年人。此类基金本金安全，且大部分债券型基金参与一级市场新股申购，收益较好。如果资金不急用，还可考虑选择中长期增值潜力高的混合型或股票型基金，模式可选定额定投。眼下多数银行均代销这类基金产品，投向为开放或封闭式基金、证券基金，并参与股票投资及打新股。

此外，投资渠道有第三方担保的信托计划或投资债券等，风险相对较小，收益率较高。目前在售的信托投资人民币理财产品，一般投资期1年，最高年收益达5.2%，即便提前终止投资，年化收益率也保持在4.5%以上。在银行理财产品中，固定收益类及保本浮动收益型产品也较适合老人。

3. 黄金投资长线可期

对于老人来说，黄金投资也是一条长线生利的财路。去年下半年起，在CPI持续高位运行背景下，翻看金价走势图可清晰看到，金价正处于明显的上升通道中。由于地缘政治不稳定，石油价格仍将上涨，黄金也势必跟随上涨；美国经济“双赤字”和美元持续走软，使全球投资者加剧了对美国经济的担忧；国际黄金市场正吸引越来越多的投资基金。这些因素均推动了黄金价格走高。

目前投资黄金的渠道很多，工行、兴业、华夏、深发展等银行均提供实物黄金交易，金价与上海金交所挂钩。此外，中行、建行等还开通“纸黄金”交易，变现灵活，费率较实物黄金更低。不过专家提醒，现在黄金牛市，黄金资产投资比例不应超过5%。想保值应选择实物黄金投资，纸黄金是一种账面交易，本质更类似于炒股，只通过电子交易而不进行实物交割。

专家点金

在现实生活中，有大量的预期寿命的延长、提前退休、社会保障与养老金资金紧张等其他不确定因素，会对个人退休生活造成影响。这些因素构成了对退休养老规划的需求。通过对个人可用财务资源的正确规划，满足个人在退休阶段的个人财务需要。

附：北京电视台《天天理财》栏目专题之七

——小投资者如何做到小钱也能生钱

股市今年表现好，赚钱基金哪里找。一位老年人说，2009年我什么也没干，净看孩子做饭了。还有位中年女人说，我买了一些基金，跟去年持平吧，没有赚到更多的利润。可以说挣了一点点吧。挣了点，以前赔的现在能回来点了。一个刚毕业的小姑娘，工资全存起来了，今年刚毕业，刚刚开始工作，手里积蓄也不多，想着慢慢攒钱。另外一位老年人也跟着说今年孩子们做点也赚了点钱，以前也赔过也赚过。不想操那些心，退休了过过幸福的晚年生活得了。

记者在街头随机调查，别看今年股市还不错，但是真正挣到钱的人并不多，大多数人年终岁末一总结，发现一年弄个平进平出，还有的人今年刚刚回本，也有的人小赚了10%。那到底今年谁挣到钱了呢?我们也学习学习到底怎么买基金能挣钱。还别说，大家还真有一些高招。

您看这些基金今年都是投一万块钱能拿回来两万块钱的。不过我们发现，这里面的基金虽然好，但是有些是买不到的。姜先生是sohu网基金版版主，买基金到现在有七八年了，绝对的老基民，他说有的基金就不能入这个排名。您看华夏大盘表现再好，它也不能申购，应该被剔除出去。除了这个原因，姜先生还说了一个买不到的原因。像中邮核心，它可以申购就那么几天的时间，来不及做反应，所以也应该从这前20只基金排除出去，因为不能给投资者带来收益的基金就不应该入选。因为入选排名对基民没有任何有意义的地方。

业内人士算了算排在前11位的基金中，华夏大盘精选、华夏复兴、中邮核心优选、银华领先策略现在都处于暂停申购的状态，谁也买不着，那么剩下的7只基金又有什么特点呢?易方达深证100ETF、融通深证100，属于指数型基金，随着大盘涨跌走，适合激进型的投资人。而新华优先成长、华商盛世成长、兴业社会责任都是2008年成立的次新基金，算是今年的黑马基金。易方达价值成长也是成立不到三年的基金。

所以这些基金没有什么以往的业绩进行比较。只有排名第四位的银华核心价值优选是成立4年现在还处于申购的老牌基金。从牛市熊市中过来，三年年均回报在54%。那您说了，我能不能买到暂停申购的基金，现在教您一招。不怕千招会，就怕一招鲜。有人挣钱有道，方法简单，实用奏效。几经大面积撒网，求经问路，挖掘挣钱招数。

容维投资证券分析师、技术分析专家赵力行，1999年第一批获得证券投资咨询资格职业证书，著有《股道犀锋》。明年要想挣钱，还能不能买入这些基金。买基金前一定要看清楚这些基金的特点。激进型的基金，你也要看大势，像中邮核心优选，它的仓位长年在90%以上，等同于指数型基金。2007年牛市排名在第二位，收益在191%，而在2008年熊市的时候，排名就在到数第几名了，收益为负61%。今年它又排到前10了。这种基金一定要看大势。那种黑马基金，做的不错，基金经理好，但可以再看看它的业绩，要多了解它一下。好多老基金是绩好的都暂停申购了。

你可以定投，比如说你多买点，比如买个5万的话，你定投设高一些，设5万，然后第二个月来取消，这样也算买上了。其实大家买基金不一定买到最牛的基金，大家求稳就可以了，现在我身边好多同事就想定投，但是不知道投哪个好，咱们马上看看，哪些是长年发挥稳健的优质基金。侯先生说自己虽然喜欢买股票，但是现在也考虑定投些基金。基金不会进行一个频繁的调仓，那这块能吃到一个持续性的收益，等于鱼的中段全都享受到了。和侯先生一样有定投想法的年轻人是越来越多，所谓定投是每个月固定时间，以固定的金额来买基金，类似于银行的零存整取。绝对的懒人理财术，理财师韩莹帮我们算了一笔账，如果你现在25岁，每月定投1000元，投资股票型基金，每年以8%的收益算，到了50岁这笔钱一共是32.4万。不少2007年高点定投的基民，到现在都开始盈利了。那么我们应该定投哪些基金呢?说实话，挑一只发挥稳定的基金真是一件很难的事，我们做一个比较就知道了。你看以前一些牛基这两年风光已经不再了。

2007年排名03 博时主题行业股票 2009年同类220只基金中，排名在140位。

2007年排名11 大摩资源优选混合 2009年同类220只基金中，排名在80位。

2007年排名14 上投摩根成长先峰 2009年同类220只基金中，排名在197位。

这就好像打牌，如果手里是一把好牌，就要想办法多赢，要是一把烂牌就想办法少输。所以有没有基金大势好的时候，它跟着涨，大势不好的时候，它比别人抗跌呢?买基金不一定要看一个时点上的排名，一定要有综合的考虑，要看三年的排名。我当时买基金的时候就买的三年期以上的，它的三年期排名是靠前的还是第几位的，才是比较有参考的价值。

好基金一定要经得起时间的考验。银率网基金分析师谢亮将三年来发挥稳健、年均回报超过50%的基金做了一个排名。我们从中挑出了长年发挥稳建的基金，您可以关注一下。

数据提供:银率网

稳健型	**2006年11月到2009年11月期间**	**三年年均回报**
华夏红利混合	222%	74%
兴业趋势投资混合	199%	91%
中信红利股票	196%	65%
华宝兴业收益增长混合	184%	61%
华安宏利股票	178%	59%
交银成长股票	169%	56%
银华价值优选股票	164%	54%
华夏回报混合	160%	53%

从这些基金的走势图就能看出来，没有大起大落，从2006年开始都在稳步上升。拿华夏回报混合来说，2008年跌幅只有负24%。远远低于大盘下跌的幅度。如果您不要求稳健，就要求短期高回报，那怎么选呢?在此我们集民间智慧，来和您探讨几招选基金挣钱的高招，简单一听就明白。

高招一:寻找有潜力基金。

挑一些重仓概念的股票里头，看哪个基金持有量大就可以给记下来，就可以做重点参考，比较好的我就买入。像福建水泥要被收购了，完了之后看看哪个基金公司持有福建水泥比较多，然后我就对它的基金进行关注，但是我为什么不买股票，因为这个消息是不是真的我还不清楚，我要是买了股票而这个消息不真实，我等于实实在在被套牢，买基金就不会有这样的问题，放心一点。找潜力基金其实很简单，比如在大智慧里找出停盘的股票，然后按F10,看看它们停盘的原因，有资产注入、资产重组、整体上市等，您再点上边的主力追踪，只要有基金持有这股票的就抄下来，基金分额占的越大的越重点关注，每个停盘的都照这个方法捋一遍，先别急着去买，再从网上看看晨星对基金的历史业绩和评级介绍，做出判断后就可以买了。当然这个方法只适用于那些激进的投资者。

高招二：按主题选基金。

基民姜先生也有一个高招，就是找有主题的基金。比如他明年看好黄金，他就在季报当中看看哪些基金投资黄金仓位比较多，这样就等于买了一揽子黄金类股票。我买博时平衡配置的时候就是因为它的重仓股是中山黄金、山东黄金、紫金矿业，我买了这只基金的话等于我买了三只股票，进行了风险的平衡配置，我要是买山东黄金的话，这么高的价钱，几万块钱根本就买不了几股。您看像山东黄金80多块钱一股，这一涨一跌对投资人来讲都不是小数，通过买基金来配置这个股票，风险就自然小多了。用这样的方法姜先生每年都能挣到20%的收益，虽然不多，但是他对这种稳健的回报很满意。

高招三：买基金要一赚抵三赔。

股市基金，无非就是上涨和下跌。如果巧妙设好止损点和止盈点，会使得自已挣钱的机会增加。比如止损点设为10%，那就在赔了10%的时候，坚决卖出，以减少损失。这是一位基民给出的方法，大家也可以参考一下。我止损点设到10%的话，我的盈利点要设到20%到30%。通俗一点的可以讲赚一次要顶上你赔三次的机会。应该有一个比例，但是我不太清楚。

那么止损点和止盈点的比例应该如何设置呢？

理财师给我们总结了买基金的基本原则：分析一下原因。买基金重基金经理，而不仅仅看基金公司的品牌。买基金最好定期定额，每月多少合适（每月剩余的一半），买基金要根据基本面的变化及时调整。

现在很多投资人都在想下半年基金业绩会是怎么样，我今年没抓住这行情，明年能不能还有行情能挣到钱。咱们听听大家是怎么说的。

俗话说巧妇难为无米之炊，股市不好，基金也很难有一个好的收成。远的不说，就说明年上半年，还能维持这么好的行情吗？加息的预期、货币政策是否会有变化、股市的调整会延续多久呢？很多投资者这个时候都选择观望。想入市又不敢进。我想再观望一下，因为整个经济形势不是还没有起来吗？

现在买基金一次性投入的话可能风险比较大一些。这段时间还是以观望为主。以个人观点来看吧，还得看看明年年初开门的情况，然后才能决定基金股票的走势。

笔者总结了一下，绝大部分基金公司看好明年一季度，二季度后就要随机而变了。选股能力的好坏是明年成败的关键，而不是点位的高低。基金公司认为明年的机会会出现在金融、大消费等板块。券商又是怎么看的呢?广发证券2010年策略认为:上证综指2010年底的合理估值区间为3500~4100。国泰君安认为:2010年A股市场会走出震荡行情。所有调查中，认为明年股市会震荡向上，仍有投资机会的占到了80%，剩下的20%认为要保持谨慎态度。

明年如果震荡式，指数型基金不会有这么大的优势了吧?

买指数型基金一定要在大势好的情况，大势好指数基金都排在前几位，很容易入围。大势不好，2007年要是下跌买，再涨上去得有年头了，而且指数型基金要是震荡式就要做波段，包括ETFLOF要操作，不然可能一年到头没变化。

第十五章

把握一生中的第六次理财机遇

——退休期（退休以后为老年生活穿上保护服）

理财概要：子女已经自立门户，要以安度晚年为目的，最好不要进行风险比较高的投资，尤其不能再进行风险投资。要以比较保守稳健的固定收益类投资，以防影响幸福的生活。

专家支招：将可投资资本的10%用于股票或股票型基金；50%投资于定期储蓄或债券；40%进行活期储蓄。

理财优先顺序：养老规划——遗产规划——特殊目标规划——应急基金

如何做好老年人退休规划设计

无论是年轻人，中年人，还是即将退休的中老年人，都需要做退休规划。退休规划基本上分为四个阶段去进行。

1.第一阶段：毕业走向社会

大学毕业后开始工作就应该有退休规划的概念了，要开始想到自己退休以后的生活。现在有的单位50岁就退休了，有的甚至45岁就退休了。退休以后的生活占人生整个生命周期的三分之一，而真正赚钱的时间只有不到三分之一。由于工作的不确定性，预期的不稳定性，应该尽早开始对退休进行一个未雨绸缪的计划。从小事做起，每个月的收入当中应该有计划性地拿出一二百块钱来建立养老基金。

年轻人在做养老规划方面要注意支出的优先分配。很多年轻人认为现在的首要问题是买房、买车、结婚，养孩子上学等等，这些现实的问题很急切，做事总得讲一个先后。即使这样，我们也有必要拿出一小部分钱来投资于自己的养老基金。利用货币的时间价值，让时间把少量的资金一点点的积累起来，为以后更好的未来计划。所以每个月拿出200块钱，减少一点娱乐的消费，应该是可以做到的。

2.第二个阶段:年轻家庭

这是人生中压力最大的阶段。既要供房，又要养小孩，还要在事业上打拼，是单身族的延续。这个时期要继续增大养老基金的支出，并学习建立投资的理念和投资的知识。

要适当尝试一些风险比较大的投资，例如股票型基金和单只股票。这么做不仅仅为了财富的增值，更重要的是投资经验的积累。另外，不论是单身还是年轻的家庭都要有保障意识，适当的购买一些商业保险，避免失业和人身意外。

3.第三个阶段:中年家庭

中年家庭到了财富积累的最高阶段，孩子可能已经上高中或大学了。这时候可以考虑建立一个全面的投资组合:不仅仅有刚提到的高风险、高收益的投资产品，还可以有基金、外汇投资、信托产品。

这个阶段子女教育问题是最重要的，孩子上大学，国内可能平均下来要10万元，出国留学可能要100万元以上，所以在家庭支出方面也要相对控制好一些。

4.最后阶段:空巢期

这个阶段即将要走入退休生活或者是已经走入退休生活的人群。这个时候精力和学习能力也相对降低，投资风险也应当相对降低。可以关注债券型产品，比如国债，还有企业债券，基金投资要更偏向于保守的指数型基金，债券型基金。在整个投资组合里，像股票这样的高风险投资产品要相对降低到15%以下。

鉴于以上分析，你现在处于哪个年龄阶段呢，对于退休规划，你又是怎么安排的?无论如何，未雨绸缪你的退休规划，从现在做起，让老年生活更加美满和有尊严。

一个完整的退休规划，包括工作生涯、退休后生活设计及自筹退休金部分的储蓄投资设计。由退休生活设计引导出退休后到底需要花费多少钱，由工作生活估算出可领多少退休金(企业年金和社会保险金)，最后，退休后需要花费的资金和可领取的退休金之间的差额，就是应该自筹的退休资金。

自筹退休金的来源，一是运用过去的积蓄投资，一是运用现在到退休前的剩余工作生涯中的储蓄来累积。退休三项设计的最大影响因素分别是通货膨胀率、工作薪金收入成长率与投资报酬率，而退休年龄既是期望变数，也是影响以上三项设计的枢纽。

1.退休生活的长远规划

有一个重要问题:退休之后你要过什么样的生活?除了我们的理财上面的安排，我们更需要对我们的退休生活做一个长远规划，我们的退休生活质量，退休之后要圆自己年轻时刻那些没有圆的梦?是否可以在退休之后完成?

在上海就有一对退休夫妇在退休之后花费5万元3个月周游了欧洲中部6个国家。这对夫妇一个63岁，一个68岁，他们还计划明年到北欧5国去旅游，来圆自己老年周游世界的计划。据说这对夫妇一句英语也不会说，但是凭借自己的执著和尽心准备做了让我们年轻人都没有做到的事情。

大部分退休之后的人士，退休之后，刚开始很多老人有失落感。而且身体状态很好，休闲时间很多，现在我们到北京的各个大公园，看到晨练、公园内唱歌、游园的大部分是老年人。还经常看到很多老人带着自己的孙子、外孙女等，为自己的儿女看孩子。

有些人参加社区的公益活动，参加居委会日常管理，发挥余热。有些人希望做志愿者，为社会公益事业做义工。老人退休之后，基本就是这样的生活，平时到公园去运动运动，之后参加社区的公益事业，做志愿者，养养花草，生活也过得有滋有味。

如果退休之后，没有合理安排自己生活，自然日子过得很无聊，觉得很孤独，这样的情况，不仅不能长寿，而且还容易生病。人有压力容易生病，人寂寞、情绪不稳定更容易生病，一旦生病，不仅多花费医药费，还要影响自己本来就紧张的退休费。所以退休生活，心理健康更重要。

生活越快乐，寿命越长;工作压力越大，生命越短。这个不用医学证明，很多人都明白这个道理。所以我们是愿意活得长寿，还是想因为不善于理财退休规划而多工作，最后令寿命减少?

2.估算退休后的日常花费

退休之后，我们的花费也比年轻时候要少很多，消费在你的一生里面也是属于“正态分布”。我们先看看我们退休之后需要日常的支出和年轻时刻的变化，从中测算我们退休的日常花费。

调查过很多退休老人，他们的日常支出则是必须支出的支出，能不支出的绝对不支出，消费已经很理性，而且趋于保守。

以退休生活的变化来分析：

退休之后的消费方式会改变。退休家庭消费方式的研究表明：退休家庭在食品、看病医疗的支出比例大于非退休家庭，而退休家庭不需要花费的消费内容在增加。

退休可以减少或节约下列开支：

上班的交通费用，不用上班了只有少量的去公园费用。

外出应酬开支：几乎很少，甚至没有，很多老年人退休之后，自己有自己的退休生活，有充分时间自己在家里做饭，所以很少到外面吃饭。

衣服开支：退休之后因为交际、应酬的减少而不用买太多的衣服，很多以前的衣服还可以继续穿。

住房开支：只是需要交纳物业费、取暖费。

其他的税款支出几乎没有，因为退休金不够缴税标准。其他的支出一般很少，但是医疗方面的支出增加了。由于年龄关系，生病的概率加大，每年看病的时间和次数多了，医疗支出加大，而且很多时候，医疗费支出超过每月的所有其他支出。

其他的支出主要是一些旅游的花费，年轻时候很少有时间初期旅游，现在时间充足，可以旅游的时间增加，花费也多一些。

可能其他家庭还有一些保险支出增加，养孙子等的支出加大一些。每月根据这个支出情况，加总就可以算出自己一个月的大概花费。但是退休之后的每月消费不能平均计算，因为医疗呈现很多不确定因素，所以只能做参考。

还有一些不确定的支出无法体现预测。所以建议留下一些可以随时变现的资金，做活期储蓄，这样可以不用动用定期存款，以免损失利息。

专家点金

退休之后，如果没有合理安排自己生活费用，自然日子过得很艰苦，这样的情况，不仅不能长寿，而且还容易生病。所以许多现代人都自筹退休金的来源，一是运用过去的积蓄投资，一是运用现在到退休前的剩余工作生涯中的储蓄来累积。退休三项设计的最大影响因素分别是通货膨胀率、工作薪金收入成长率与投资报酬率，而退休年龄既是期望变数，也是影响以上三项设计的枢纽。

人生如何理财才可以夕阳红

老年人退休之后，收入来源于退休金，其他就要靠以前的一些积蓄了。但是理财也需要活到老理财到老。面对市场经济的变化和各项支出的不断增加，老年人同样也有“以钱生钱”的理财需要。对老年人理财的忠告是:安全第一，保本第二，投资第三。

1.老年人投资理财原则

老年人投资理财应把握三条原则，就是安全性、流动性、收益性原则。目前投资品种虽多，但各品种收益有高低，风险也有大小。一般投资收益高的，风险也大，此种投资并不适合老年人。退休后的老年人理财，可从以下几方面进行:

首先是选择适当的储蓄品种。老年人最好不要将退休金都存在活期储蓄账户上或是放置在家中，要通过适当的操作实现利息最大化。比如，通过零存整取的方式增加利息收益。

现在一年期零存整取的利率是1.71%，活期储蓄利率为0.36%，两者的收益相差1.35%。一般可以和银行约定每月自动将退休金划转到定期账户中，如果以退休金每月3000元计算，则一年后将取出本金36000元，而利息收益则比活期储蓄多486元。然后，再用这笔钱去购买国债或其他投资品种。

若有一笔较大的资金暂时闲置，但过不了多久就要派上用场，这时不妨去存个“通知存款”。该存款取用较方便，且收益高于“定活两便”及半年期以下的定期存款;也可以去定存半年，哪怕是定存三个月，也总比活期存款利率要高些。

其次是选择货币市场基金。对个人投资者而言，货币市场基金无疑具有明显的吸引力。目前，货币市场基金主要投资于到期期限在一年以内的国债、金融债、央行票据、AAA级企业债和上市公司发行的可转换债券等，具有流通性好、投资风险低、收益率高于银行短期存款利率等优点。

货币市场基金的预期收益率稍高于银行存款利率，但空间并不大，投资者不能对其收益率期望过高。它的最大亮点是可以取代一年期以内的银行储蓄，收益率更高，同时流通性又强，有“准储蓄”的美誉。

和储蓄相比，货币市场基金具有一些特点。首先，我国的存款利息收入要缴纳5

%的利息税，但持有货币市场基金所获得的收入可享受免税政策。其次，对于收益稍高的银行定期储蓄来说，储户急需用钱时往往不能及时取回，能随时存取款的活期储蓄税后利息又极低。而货币基金却可以在工作日随时申购、赎回，一般情况下，申请赎回的第二天就可取到钱，收益率一般也要大于一年期定期存款。

2.不能把“保命钱”投入到风险渠道中

2007年5月30日深沪股市大跌时，某地曾有一位老年朋友承受不了快速下跌的压力，而在证券公司当场晕倒，幸亏及时抢救才脱离生命危险。其实这则报道已经详细地说明了风险，就是我们需要在要表达的意思，老年人投资，心理承受能力差，不能遭受损失，否则影响退休生活。

所以不能把“保命钱”投入到风险渠道中。如果老年朋友的积蓄不是太多，只够应付日常养老和医疗之用，则这时必须选择储蓄、国债等稳妥的投资渠道。如果自己的积蓄应付养老绰绰有余，自己想多给孩子多留点积蓄，并且个人对股市或基金等高风险投资有一定了解，这时也可以根据情况适当参与，但投资股票或股票型基金的比例最好不要超过总资产的20%。

3.心理承受能力差的人应谨慎投资

老年人在证券公司“晕倒”的现象并不少见，股市可以说瞬息万变，目前开放式基金也紧跟股市涨跌，并且当日涨幅或跌幅丝毫不亚于股市，而炒股或买基金不可能买上后便一路上涨，经历下跌甚至暴跌是很正常的，因此老年人如果没有很好的心理素质，经受不住亏损的打击，则很容易出问题。

目前银行的理财工作室都提供风险属性测试，其中有“对风险的认识”和“亏损承受能力”等测试项目，老年朋友们可以先自己测试一下，如果自己是保守型或稳健型投资者，则还是采取稳妥的投资方式为好。

老年家庭目前应坚持以存款、国债的利息收入为主要导向并且可以投资一些债券。将大部分的养老钱存入银行或用来购买国债、金融债券，尽管是一种较保守的投资，其利息收益也不算高，但却是从老年人理财的实际出发，其投资收益是稳妥且安全无风险的。

在存款、购买债券的投资活动中，应注意国家的投资政策导向和利率水平的变化因老年人的分析判断能力较强，从而可注意抓住重点投资品种，灵活运用投资策略。任何家庭投资都离不开国家的经济大背景。看清国家的长期利率政策，如果利率处于上涨周期，可以把资金尽量存短期的定期存款。如果国家经济处于扩张期，需要降低利率刺激投资，则可以把一部分不用的资金存在长期的定期存款。

4.老年人炒股的投资心理测试

专家主张老年人还是少买股票。现在去股市，基本看到很多炒股的人员中，白发族占很大比例。这个不是一个好事情，如果老年人一定要炒股，建议先做一个网络上很流行的炒股测试：

在日常的股票投资活动当中，每一位投资者多多少少都会犯上一些的各种各样的错误。以下的各种错误当中，有些是自己以前所犯的错误中总结出来的经验，有些则是从别的投资者身上所发现的。

(1) 买入价本位思想。无论何时、何地、何种情况(市况)，都是以自己的买入价作为卖出或是继续持有的标准和主要参考。“买入价本位思想”是一种非常低级的错误，但是它又偏偏是投资者存在的最常见和最普遍的现象。

(2) 小亏不出，大亏认赔。主要的原因是缺乏行之有效的止损方法和原则。

(3) 向下买入摊平。只能说这是一种很业余的水平或境界，甚至与第一种错误相比更低级。

(4) 盘中临时作出买、卖决定。同样地，这是一种非常低级的、轻率的举动，也是很不专业的一种表现。

(5) 喜欢便宜货而不敢买入高价股。这种错误经常发生在初入股市的新手身上。

(6) 持股过于分散。这种做法，表面上看起来可以分散风险，但是对于一般的中小投资者来说，其实是一种极其分散精力的行为，归根到底是一种缺乏信心的表现。真正成功的投资者应该是把握一两只可以赚大钱的好股。

(7) 买卖时喜欢限价交易，而非现价交易。有时候往往会因为一两分钱而因此误了大事。

(8) 不能客观看待自己手中的股票。最常见的错误是永远只朝乐观和好的方面看待自己手中的股票，不利因素视而不见。

(9) 小赚急于离场，死抱亏损的股票。这是导致绝大部分投资者最终亏损的最根本原因。此错不改，将意味投资最终失败。

(10) 总想在最短的时间内，不费力气赚大钱。这种急功近利的思想，普遍存在于大多数投资者思维当中。而最终的结果往往是：越亏越多或者是赚十次不够一次赔。

(11) 喜欢低市盈率和派息高的股票。这种人通常赚不了大钱。

(12) 依据专家、传言、小道消息或者是媒体的建议作为买卖的标准。缺乏主见和自己的投资标准，只能永远停留在业余水平。

(13)(牛市中) 不敢买正在创新高的股票，而喜欢买处于(长期)下跌趋势的股票。撑死胆大的，饿死胆小的。通常98%的人不会也不敢买那些正在创新高的股票。

(14) 不知道什么时候卖出。“会买的是徒弟，会卖的是师傅”，这句话虽然不是全对，但至少“会卖出”也是投资成功的重要组成部分，缺乏“会卖出”充其量也只能算是跛腿，因此属业余水平。

(15) 不敢赚大钱。“贪心”并不是导致亏损的根本原因，“不敢贪”或者是“不会贪”才是导致绝大多数投资者最终失败的最根本原因之一。

个人曾经作过一些统计，以上十五条错误当中只要超过三条以上，说明你的投资水平尚处于业余水平，更准确来讲:你的(股市)投资将以失败和亏损告终。

人总有犯错误的时候，重要的是我们应该懂得怎样在失败当中吸取教训，更重要的是不要让同样的错误多次地发生。“成功的方法在于发现和改正自己的问题，把自己的弱点变成长处。”按照这个原则，炒股还是大多数人容易亏损，老年人应该远离高风险的投资。

据说很多年轻人都考不过这个测试，因为职业金融投资者都经常亏损，何况没有经过任何培训，任何股票知识都不懂的老年人?很多老年人连电脑都不会操作，如果行情下跌，波动剧烈，买卖都成问题。

专家点金

给老年人的理财忠告:是最好不去炒股，看到股市上涨，但是很多人还是亏损。可以适当做一些基金投资，但是必须占你退休资金的很少比例。不能全部投资，虽然基金是专家理财，亏损要小于自己买股票，但是如果基金遇到股市大跌，净值也一样缩水。

老年人投资债券型基金的策略

2006 年火爆的基金市场，让许多原先并不涉足基金投资的老年人也加入其中。然而，近期股市的波动，引来了众多投资者的不解与抱怨，特别是收入微薄却把家当都压在基金上的老年人。这一现象给我们敲响了警钟——老年人基金理财应“稳”字当先。

临近退休的老年人有更多的时间来享受自己的生活，但由于年龄的增长，老年人的精力远不如年轻的时候，需要以一个平和休闲的心态来安享晚年。那些高风险、高收益的投资产品显然不符合老年人的选择。其次，从某种程度上来说，老年人一般不再直接创造财富，最主要的生财之道便是理财。他们投资的金融产品，应该以稳健类为主。了解这两点特征后，我们可以为老年人如何优化基金组合提出以下几点建议。

【专家支招】

1.整理投资品种

老年人应当认识到，高收益其实意味着高风险，应当了解不同基金产品的特点。基金市场中品种众多，股票型基金、债券型基金、混合基金和货币市场基金的风险存在较大的差异。一股说来，股票基金的风险最高，混合基金次之，而债券型基金和货币市场基金风险最低。由于股票型基金中股票占据了投资组合的绝大部分，当股市调整时，基金跌得也厉害。老年人应当避免这种高风险的投资，而低风险的稳健投资品种——债券型基金等不失为一种好的选择。

2.重新确立资产配置目标

不同的投资者，由于投资期限、财富多少和风险承受能力不同，资产配置目标也会千差万别。老年人可以把基金理财作为理财“菜篮子”中的一员，切忌押上毕生积蓄投资基金。因为相比起银行存款和购买国债，基金理财总是存在风险的。老年人必须准备好养老钱，在资金还有富余的情况下再酌情投资基金，一来具有获利的希望，二来也可以体验退休后快乐健康的生活方式。

3.筛选品质不佳的基金

在一定要卖出原有基金来调整组合时，老年投资者首先要考虑的就是那些业绩表现不佳的品种。但要注意不能仅根据绝对收益率来衡量其表现，而要将之与同类风格的品种相比较，而且不能太注重短期表现，可以采用最近一年的回报率作为依据。从基金的评级角度来看，如果一只基金的级别下降幅度较大，老年投资者就要密切关注其相关信息，如基金公司都有哪些高风险、高收益的投资产品，显然它们不符合老年人的选择。

人员或研究团队是否发生变化、投资风格或投资策略是否变更较大等，老年投资者在选择卖出基金的时候应考虑这些“基本面”已发生巨变的基金。换而言之，要看看基金评级变化背后的原因，因为有的时候某只基金评级下降是同类基金表现变好所致。

4.精选业绩优良的替代品

当老年投资者需要在同一类别里用更好的品种替换已有品种时，相关专业网站的基金搜索器可以为他们节省大量的时间，自动从数量繁多的基金中选出为数不多符合老年投资者需求的基金。老年投资者还可以利用一些专业网站的基金管理器将选出的基金加入原有的投资组合中，透视新组合的资产配置比例和投资风格等，以供参考。

总的说来，老年人进行基金理财一定要“稳”字当先，主要以选择债券型基金等低风险品种进行投资。

一个离休干部的理财规划方案：

刘老先生70岁，是一家国有企业的离休干部，老伴5年前去世了，现在和儿子一起生活。刘老先生每个月能够领到4800元的离休费和补助津贴，并在一家企业做技术顾问，定期到企业进行技术指导，该企业每月支付顾问费1500元。

刘老先生现有存款35万元，全部为定期存款。月支出约3000元，其中，日常生活消费2000元，资助希望工程孩子的生活费和学费800元，其他支出200元。

因为刘老先生是离休干部，不必为今后的医疗费担心。刘老先生的理财目标是：把现在居住的房子留给儿子，再在近郊买一套一居的新房，自已养老用；对自己的存款做一个系统的规划。

刘老先生的理财规划是：

首先，假设北京近郊的房价在5500~6000元平方米，如果买一套一室一厅60平方米的单元房，至少需要35万元，刘老先生的积蓄可以一次性买下，但是为了保险起见，还是建议刘老先生从积蓄中拿出20万元，剩下的15万元由儿子负担，用儿子的住房公积金做房贷。

其次，刘老先生的存款比较单一，存款也不是以增加收益为主要目的。建议刘老先生把购房后的结余款做分散投资，以保证资金的保值增值。当然，老年人的投资策略应以稳健为主，对于刘老先生来说，应以国债、定期储蓄、人民币理财产品、现金或通知存款等短期投资工具为主。

刘老先生可以从结余的积蓄中拿出7万元，购买国债和定期存款。从流动性和安全性的角度看，这两类投资工具流动性较强，基本不存在偿付风险；从收益的角度看，收益固定且风险较低，这两类投资工具非常适合风险承受能力较弱，投资回报要求较低的老年人投资群体。

最后，休闲医疗规划。老年人尤其是空巢老人应该充分享受晚年生活，刘老先生的生活条件较富裕，所以建议老人每年安排2~3次旅游，时间最好和“五一”、“十一”旅游高峰期错开，每次旅游消费1000元左右。

另外，离休干部每年都组织2~3次的体检，刘老先生有高血压和哮喘病，为了能够更好地治疗和护理，可以考虑聘用一名家庭医生，一方面定期给老人做身体检查，另一方面还可以给家里其他人看病，一举两得。

专家点金

近年火暴的基金市场，让许多原先并不涉足基金投资的老年人也加入其中。然而，近期股市的波动，引来了众多投资者的不解与抱怨，特别是收入微薄却把家当都压在基金上的老年人。这一现象给我们敲响了警钟——老年人基金理财应“稳”字当先。

养老规划的投资工具选择

人到暮年时，青年时的“风华正茂”不再，辛苦了大半辈子，很多人所向往的后半辈子的生活是“老有所养，老有所终，老有所乐”。但是，我们需要的这笔退休“老本”到底从何而来？传统的养老理财工具有银行存款和社会养老保险等。银行存款难以抵抗通货膨胀的侵蚀，社会养老保险保障水平较低，只能满足人们最基本的生活需求，保障程度较弱，仅仅依靠上述工具养老往往会捉襟见肘。过去的一些养老经验已经不适用于现在的养老需要。

一位鹤发童颜老人的投资故事：

某银行工作人员日前迎来了一位老年客户，只见这位长者鹤发童颜，精神矍铄，只是腿脚不太利索，只得在亲人的搀扶下来到柜台前。在简单咨询之后，老人递上了基金开户申请表和基金申购委托书，要购买几万元的某某股票型基金。

工作人员见老人有家人陪同，以为他已经对基金的风险有所了解，可在输入客户身份证信息时，工作人员吓了一大跳：老人的出生时间为1909年，也就是说老人今年已经98岁了!工作人员一时做不了主，便连忙向主任汇报，主任和工作人员经过一番商量之后，决定不接受老人买基金的申请。可他们在向老人详细解释基金有风险，不适合老年人投资的时候，老人却大为不悦:哪条法律规定老年人不能买基金了?最后在工作人员的反复劝说之下，老人才悻悻而去。

自2006年以来，中国A股市场以及开放式基金的涨幅普遍达到100%以上，因此很多老年人禁不住赚钱的诱惑，纷纷加入到了买股票和买基金行列。其实，投资理财的规则是高收益必然伴随着高风险，并且高风险需要较好的心理承受能力，而老年人由于受思想观念、心理素质以及身体等方面因素影响，风险承受能力一般偏弱。

由这则故事可以说明一个问题:老年人投资理财要适合自己的实际情况。那么究竟如何选择适合老年人的投资工具呢?

随着金融产品的创新和丰富，养老规划可以选择更多的理财工具。适合养老理财的常用工具还有:股票投资、债券投资、基金投资和商业养老保险，等等。

第一，股票和债券的长期投资收益能够抵御通货膨胀对财富的侵蚀，以美国为例，20世纪100年间，美国的年平均通货膨胀率为3.2%，股票和债券投资的年平均收益率达到了10.1%和4.8%。多年以来，全球的投资者喜欢从股市和债市中获取长期回报，持续了一代又一代。然而，个人投资者在进行股票投资和债券投资方面，由于信息不对称、专业性不足和时间精力有限等因素，与机构投资者相比往往不具备优势。

第二，基金投资的风险收益视品种而定，股票型、债券型、货币市场基金等，风险收益各异，可根据自身的风险承受能力选择不同类型的基金品种，采取一次性投资或定期定额的方式投资。基金的专业化管理可以帮助个人投资者从大量的投资细节中解脱出来，轻松享受财富增值的乐趣。

选择基金一般是越早越好，如果选择五年以内的投资品种，债券型基金和混合型基金也可供选择，他们的净值相对平稳。长期投资还可以选择波动性较大的股票型基金，以长期持有分散波动风险。

第三，商业保险是一根不可缺的“拐杖”。商业养老保险是社会养老保险的有益补充。商业保险品种较多，缴费水平比社会养老保险高，相应保障水平也高。风险收益水平较低，流动性一般，退保成本较高。个人在选择商业养老保险时，可以结合自身需要的保障程度灵活选择，重视产品的保障功能，不要太关注某些产品附加的分红功能。

在整个养老保障体系中，商业保险正在成为不可或缺的一部分。购买商业保险也成为目前人们规划养老生活最主要的方式。但是，目前我国的实际情况是，许多人并不真正了解商业养老保险的重要性，真正有意识的购买就更是少之又少了。

其实，目前许多寿险公司都推出了将养老金、生命赔付乃至重大疾病保障捆绑在一起的产品，它不仅可以让投保人选择按月或按年领养老金，而且为他们增添了生命、重大疾病的保障。

那么，应该花多少钱买养老保险呢?建议总保费支出一般应占家庭年收入10%~20%。另外，投保养老险应该越早越好，因为保费与投保年龄是成正比的，越年轻保费越低，而且在红利的积累上也更合算。

第四，养老保障体系的另外一个支柱是最近炒得火热的企业年金，即企业自愿为员工建立的补充养老保险制度。

虽然企业年金正在被广泛热炒，好评如潮，但是一涉及实质性问题，各个企业又开始顾左右而言他了，企业年金正在面临“叫好不叫座”的尴尬局面。

与基本养老保险相比，企业年金不是强制性的社会保险，由企业根据国家政策自愿实施。正是如此，使得绝大部分企业出于自身考虑，不愿为职工缴纳“多余”的费用。目前，影响年金市场迅速发展的瓶颈是税收优惠政策。目前，员工交企业年金的钱，是企业在员工税后工资中代扣的;若干年后，员工可以领到的企业年金，应该按什么样的个人所得税缴纳，国家也没有明确政策。而且，我国在国际市场上具有比较优势的产品仍然是劳动密集型产品，这种优势的来源主要是我国丰富的劳动力资源和低廉的劳动力成本，而低廉的劳动力成本当然也包括养老保险等税费。因此建立了企业年金制度可就意味着成本上升、竞争力下降，企业自然瞻前顾后。所以，企业年金一般在效益较好的企业里才能现享有，并不是人人可以享受到的免费午餐。此外，适合养老理财的品种还有黄金投资、房产投资和收藏品投资，等等。

专家点金

当人进入到老年时期，家庭财政收入也减少。更何况很多人往往都向往后半辈子的生活是“老有所养，老有所终，老有所乐”。据此个人对养老投资具有更强的依赖性，但是每个老年投资者要选择投资工具，要根据熟悉程度、经济水平和风险承受能力而定。

附：北京电视台《天天理财》栏目专题之八
——银行理财产品怎样才能生钱

最近的股市可是不太争气，房价也在稳步下降，风险小收益相对又高的理财产品开始热卖，但是有一条新闻不知道您看见没有，银监会叫停了银信合作，据说60%的银行理财产品都要受到波及，那咱百姓还能买什么样的理财产品，哪种收益最高，哪种又最适合您呢？

黎先生觉着目前没有特别好的产品能替代它，打新股或者国债这种产品收益率不会太高，各类投资者能否在理财产品中淘到真金。理财产品对顾客的承诺一定要达到，不要老是在条款上做文字游戏。期限短，保收益，普通百姓如何抉择。贾女士说主要还是怕风险吧，收益比银行高一些就成。

现在银行的理财产品种类确实挺多的，什么债券类的，信托贷款类的，还有主打高流动性的日日金、日日赢什么的，老百姓的要求各不相同，我们就为您盘点一下理财产品的几宗“最”，看看哪种最适合您。

性价比最高的理财产品——信托贷款类理财产品，适合人群：能承担高额起点的投资者。在众多的理财产品里，要说最有吸引力的肯定就是收益高的理财产品了，可是今年股市行情不好，那些投资资本市场，号称最高能达到百分之八甚至十的理财产品基本都兑不了现了，而收益稍低，能达到百分之六七，风险又低的信托贷款类的理财产品很受百姓的青睐。

就让我们来看看董先生的投资策略，它们一般固定收益大多在6%～7%左右吧，并且起步的资金比较高，还不是三五万就可以的，往往要几十万资金起步。信托贷款毕竟比债券这些产品高一些吧。也存在一些风险，起点也高一些，一般10万算比较低的，一般都是百万以上的。不少人对信托贷款类理财产品第一印象就是起点高、收益高，而且风险相对较小。那个产品还是不错的抵押么，老百姓也比较认可，叫停以后其他类的产品收益都不高，没有那个高，我觉着对老百姓来说是一个损失。

信托贷款类理财产品基本都是银行将募集上来的资金交给信托贷款公司投资，所以叫信托贷款类理财产品。而信托贷款公司将资金再投资于一些优质的企业或者建设项目，基本都能达到预期收益，风险确实并不高。信贷类的产品大多数都差不多，哪家银行都有比较优质的企业客户，像他们的信贷资产风险都是比较低的，通过信托贷款平台，使老百姓的资金通过信贷资产可以获得比较高的收益。

但是能达到高收益百分之六七的理财产品起点都很高，起步价都是几十万，银行也是推荐给一些高端客户，徐先生就是其中之一。不惑之年的徐先生随着年龄的增长，决定把资产转移到低风险的项目上。徐先生说，一是我自己去银行办业务他们直接给我介绍一些产品。二是有一些朋友在银行做理财，有个还在汇丰银行，但是门槛比较高，需要三五十万，年回报可能在3%到6%~7%呢。到了徐先生这个岁数，自己手里也有点积蓄了，可以购买高门槛的理财产品，但是他自己对这类产品却并不完全认可。徐先生认为没必要将这么大笔的资金交给银行打理。这么大笔的资金投资股市或房地产收益可能更高。

虽然年化收益率在4%到7%左右的信托贷款类产品基本都能兑现，但存期三年甚至更长，流动性很差。

先解释一下信托贷款类理财产品为什么风险低。我们来看看截止到2009年或者2010年一季度预期收益率兑现情况。

1.过去几年，信托贷款类理财产品在银行理财产品总数中的比例如何?收益水平如何?高收益理财产品有多少可以达到预期承诺?

2.据了解银信合作其实是一个广义的概念，目前银行的哪些理财产品涉及了银信合作，哪类产品目前已经停止发售了?已经发售的产品银行是否兑现?

我们先给您找了几家银行目前在售的银行理财产品:(见图表1)

看来银行的理财产品确实种类马上就要减少了，咱们来看看长期投资银行理财产品的老百姓下一步有什么打算。

最稳健的理财产品——债券货币类理财产品，适合人群:追求稳定收益的中老年投资者。张女士觉着自己有点闲钱买点理财产品，买点股票，再存点钱，不要将鸡蛋放在一个篮子里，那时候也不是特别懂。您看这位张女士，2004年就开始买理财产品，尤其是经过前几年股市的大起大落，在股市坐了几回过山车之后，张女士已经把大部分的资金都转移到理财产品上了。张女士说，像我这激进型的快100%了，一般40%

图表1

银行	名称	起点金额	限期	投资标的	年化预期收益
民生银行	非凡财富管理	5万元	2个月	债券市场	2.9%
	非凡财富高端理财	20万元	3年	信托贷款计划	7.2%(浮动)
	非凡财富资产管理	5万元	12个月	债券市场	3.7%
中信银行	中信理财假日赢	5万元	3天	美元利率	1.34%(浮动保本)
	中信理财期期赢	5万元	8天	美元利率	1.5%(浮动保本)
	中信理财债赢	5万元	28天	债券市场	2.2%(浮动)
建设银行	日日鑫开放型	5万元	1天	金融票据	1.5%
	周周鑫	5万元	7天	金融票据	1.9%
	股权类人民币理财产品	20万元	4年	信托贷款计划	8%(浮动)
工商银行	联珠币合玉米挂钩型	10万元	93天	玉米期货	4.5%(浮动)
	灵通快线	5万元	1天	金融票据	1.45%

是收益高一点的，半年、一年的，那60%是3个月20几天的。

张女士算下来也买了不少年的理财产品了，除了偏爱信托贷款类的理财产品，张女士还购买了很多债券货币类的理财产品，她买理财产品非常看重具体的投资方向。张女士讲，小的公司小的企业贷款的我就不买，我怕再有风险了。一般国家国债央行票据比较稳妥，还有国家比较大的建设项目的。

对于张女士这样的普通投资者，现在信贷类的产品几乎没有了，数量比较多的都是投资债券或者货币市场的理财产品，产品也都差不多，5万元的起点，年化收益在2%~3%之间。虽然不算很高，但是基本没有风险，非常稳健，而且一般都能跑赢同期的定期存款利率。

最看不明白的理财产品——结构型理财产品，适合人群:能承受中等风险的投资者。我觉着期望值也不是很高，比一般的储蓄利息高一些，承诺一定要达到，不要老是在条款上做文字游戏，一般的老百姓能真正读懂条款的不是很多。

在刚才所讲的这些理财产品中，我们还发现了一只投资玉米期货市场的理财产品，产品说明连他们内部人看着都晕，更别说普通老百姓了。其实这类和高风险的金融衍生品或者汇率、利率挂钩的产品有个名字，叫结构型理财产品。

结构型产品很简单，客户的钱募集过来分为两块，一部分投资基础资产国债等几乎无风险的产品，另外一部分做一下期权衍生交易，特点就是挣钱可以挣很多，赔可能赔没，结构型产品几乎是可以保本和保最低收益的。

比如过去中信银行的一只结构型理财产品，用2.2%的本金投资高风险的黄金期权，97.8%的本金放在银行里做定期存款，这种情况下即使黄金期权完全赔掉了，97.8%的资金正常计息，到期仍然能付给客户最低0.36%的收益。如果期权挣钱了最高收益能达到7.5%。

除了老年人，不少青年人也购买了理财产品，他们对于理财产品有哪些选择呢?最短期的理财产品——短期金融票据类理财产品，适合人群:对流动性要求较高的青年投资者。

除了刚才介绍的一年期甚至几年期的理财产品，还有很多是期限不到10天、甚至可以日日赎回的理财产品，购买这种产品的，不少都是年轻人。

日日金、日日赢相当于一种流动性的管理工具吧，大概相当于货币市场类的管理工具，你不能希望它能挣钱，只要能保持现金比例就OK。我觉着现在年轻人好多都是月光，我身边的朋友可能有钱也是什么时候就用了。可能还是这种比较灵活的产品比较好。对于年轻人来说，未来的理财计划有很大的不确定性，而且手里的存款也不多，随时都有可能要支取一部分存款，这种超短期的理财产品对于年轻人来说，正好弥补了活期存款几乎负利率的缺点。而且在收益方面，年轻人对于理财产品的期望值并不高。倾向于收益合适，风险低，要是风险高的就直接去股市了。收益率和风险形成一个最佳的优化，年轻的时候可能会投入一些比较有风险的理财产品，随着年龄的增长会看重一些风险。

对于三四十岁的人来说，手里也有点积蓄了，他们期望理财产品能够丰富自己的投资组合。这位侯先生自己是从事金融行业的，在公司已经做到中高层的职位了，还考取了理财师资格，在他看来，银行理财产品是自己财产中的重要部分。

侯先生分析说，银行理财产品占到30%，主要是因为它的稳定性收益的确定性。无论是银行的信托贷款产品，还是债券产品，期限比较明确，收益也比较明确，能让我的资产稳定。

侯先生投资的项目从股票、基金、债券等等项目都包括了，其中不少都是高风险的投资品种，但是对于银行理财产品他也做过很大额度的投资。真正的信托贷款产品给我印象最深的是大概能拿到4%的收益，大概3年左右的时间，将近30万。当时侯先生发现了一款信托贷款类的低风险理财产品，把大部分的银行固定存款都买了理财产品，但是这款产品马上就要到期了，他对这笔资金有了新的打理。有10万的债券产品，有20万的信托贷款产品，我看了有很多的信托贷款产品收益还是可以，但是风险比较高，有的能到7%，债券类产品是2%多一点，我把这两种产品综合起来还可能比原来的银信产品收益高。

侯先生已经咨询过了，虽然银行的信托贷款类理财产品叫停了，但是有一些信托贷款公司直接把信托贷款计划拆分成了小额发售，这样一来起点就高多了，20万是最低限了，而且大多是投资地产市场，风险确实不低。

其实银行也还有很多的理财产品种类，但是每个人的投资需求并不相同，我们还是希望您能在众多的理财产品中找到适合您的优质品种。

图书在版编目(CIP)数据

天天理财:一生不可错过的6次理财机遇 / 北京电视台《天天理财》栏目组.—北京:中国华侨出版社，2010.5
ISBN 978-7-5113-0379-0

Ⅰ.①天… Ⅱ.①北… Ⅲ.①家庭管理:财务管理—通俗读物 Ⅳ.①TS976.15-49

中国版本图书馆CIP数据核字（2010）第070482号

●天天理财:一生不可错过的6次理财机遇

作　　者 / 北京电视台《天天理财》栏目组
责任编辑 / 文　心
装帧设计 / 孙希前
责任校对 / 胡首一
经　　销 / 新华书店
开　　本 / 710×1000毫米　1/16　印张 / 22.5　字数 / 280千字
印　　刷 / 三河市华润印刷有限公司
版　　次 / 2010年11月第1版　2010年11月第1次印刷
书　　号 / ISBN 978-7-5113-0379-0
定　　价 / 36.00元

中国华侨出版社　北京市安定路20号院3号楼305室　邮编:100029
法律顾问:陈鹰律师事务所
编 辑 部:(010)64443056　64443979
发 行 部:(010)64446051　传真:(010)64439708
网　　址:www.oveaschin.com
e-mail:oveaschin@sina.com